全国技工院校计算机类专业任务驱动型教材（中/高级技能层级）

中文版 Excel 2010 基础与实训

人力资源社会保障部教材办公室　组织编写

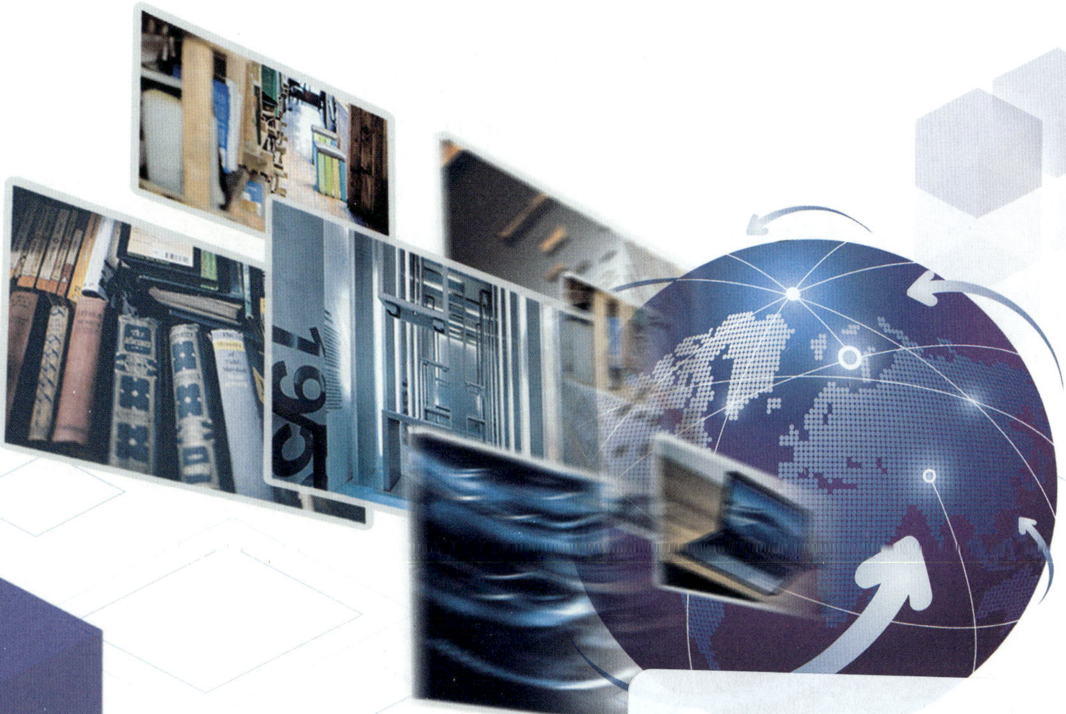

中国劳动社会保障出版社

简 介

本书为全国技工院校计算机类专业任务驱动型教材（中/高级技能层级），主要内容包括Excel 2010 基础操作、工作表和工作簿基本操作与技巧、数据输入与编辑管理、表格样式编排和数据管理、插入图形和图表、打印及其他操作、数值计算与分析、Excel在实际中的应用。

本书由赵慧慧主编，周丹、王晓璐、周乐来、马婧、王丹、马宁、刁科、张伯颉、王辰旸参加编写；王鑫审稿。

图书在版编目（CIP）数据

中文版 Excel 2010 基础与实训 / 人力资源社会保障部教材办公室组织编写 . -- 北京 : 中国劳动社会保障出版社，2019

全国技工院校计算机类专业任务驱动型教材 : 中 / 高级技能层级

ISBN 978-7-5167-3806-1

Ⅰ . ①中… Ⅱ . ①人… Ⅲ . ①表处理软件－技工学校－教材 Ⅳ . ① TP391.132

中国版本图书馆 CIP 数据核字 (2019) 第 020242 号

中国劳动社会保障出版社出版发行

（北京市惠新东街 1 号 邮政编码：100029）

*

北京市艺辉印刷有限公司印刷装订 新华书店经销

787 毫米 × 1092 毫米 16 开本 16.25 印张 328 千字

2019 年 2 月第 1 版 2022 年12月第 6 次印刷

定价：41.00 元

营销中心电话：400-606-6496

出版社网址：http://www.class.com.cn

http://jg.class.com.cn

前　言

为了更好地满足技工院校计算机类专业的教学要求，适应计算机行业的发展现状，我们根据人力资源社会保障部颁发的《技工院校计算机类通用专业课教学大纲（2015）》《技工院校计算机应用与维修专业教学计划和教学大纲（2015）》《技工院校计算机网络应用专业教学计划和教学大纲（2015）》中对相关课程教学内容的要求，对2008年出版的计算机专业任务驱动型教材进行了修订，开发了《中文版Word 2010基础与实训》《中文版Excel 2010基础与实训》《中文版PowerPoint 2010基础与实训》《中文版Access 2010基础与实训》《中文版Office 2010基础与实训》《中文版AutoCAD 2018基础与实训》六种教材。

本次教材修订工作的重点主要有以下几个方面：

第一，在教材定位方面，坚持以能力为本位，重视实践能力的培养，突出职业技术教育特色。根据计算机专业毕业生所从事职业的实际需要，合理确定学生应具备的知识结构与能力结构，对教材内容的深度、难度做了调整。同时，进一步加强实践性教学内容，以满足社会对技能型人才的需要。

第二，在教材内容方面，根据计算机行业的发展，合理更新并拓展教材内容。一方面根据当前主流的计算机软件版本进行编写；另一方面，又不仅仅局限于某一计算机软件版本的具体功能，而是更注重计算机使用能力的拓展，使学生能够触类旁通，提升计算机使用的综合能力。

第三，在编写模式方面，采用任务驱动的编写理念，将软件功能分解到若干具体的工作任务中进行描述。每个任务按照教学目标、任务分析、相关知识、实践操作、巩固练习的思路进行编写，让学生在完成一项具体任务的过程中，不仅能掌握相关计算机软件功能，还能掌握该软件功能的具体应用环境，从而提高学生的岗位适应能力。

第四，在表现形式方面，结合计算机类专业教材的特点，强调图文并茂，部分教材采用四色印刷，增强了教材内容的表现效果，提高了教材的可读性。

第五，在教学服务方面，为方便教师教学和学生学习，配套提供了制作素材、电子课件、教案示例等教学资源，可通过中国技工教育网（http://jg.class.com.cn）下载使用。除此之外，还借助二维码技术，针对教材中的重点、难点内容，开发制作了操作演示微视频，可使用

移动设备扫描书中二维码在线观看。

本次教材的改版工作得到了山西、江苏、山东、湖南、广东等省人力资源社会保障厅及有关学校的大力支持，在此我们表示诚挚的谢意。

人力资源社会保障部教材办公室

2018 年 12 月

目　录

项目五　插入图形和图表

项目六　打印及其他操作

项目七　数值计算与分析

项目八　Excel 在实际中的应用

项目一　Excel 2010 基础操作

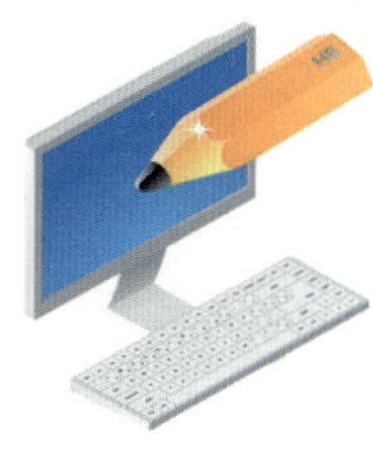

Excel 2010 是微软公司推出的功能强大的电子表格制作软件，Excel 具有强大的数据组织、计算、分析和统计功能。本项目主要学习 Excel 2010 的特点和一些基础操作，通过练习，熟悉 Excel 的数据输入、文件的打开和保存、创建及修改工作簿和工作表等基础操作。

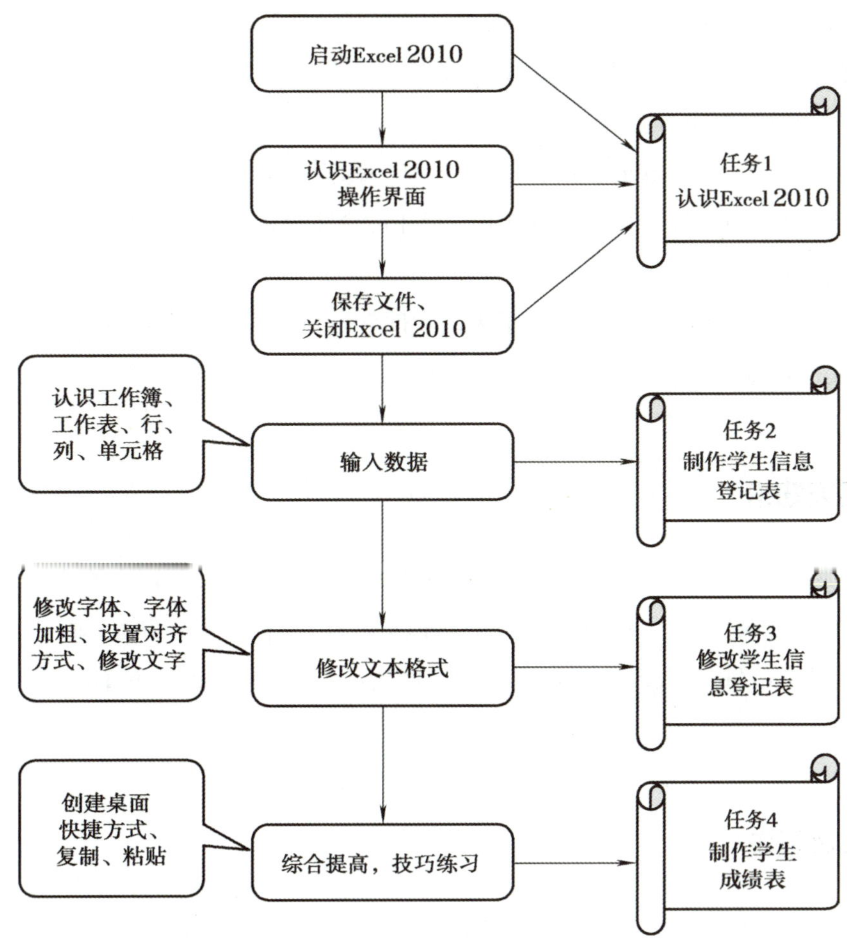

任务 1　认识 Excel 2010

学习目标

1. 能描述 Excel 2010 的操作界面组成和主要功能。
2. 能完成 Excel 2010 的启动和关闭、文件的保存等基础操作。

任务描述

与传统的表格相比，电子表格在输入、修改方面具有简单、方便和效率高的特点，它的存储也极其方便，还可节省空间。此外，电子表格内置的统计分析功能，在统计分析数据方面也有着极为重要的应用。

Excel 可以用来制作电子表格，即工作簿。工作簿包含多张不同的“页”，称为工作表（worksheet），每一页均可以是一个电子表格，根据不同的内容加入各页的编码或命名，方便编辑和查找。

本任务的主要内容是认识常用电子表格软件 Excel 2010 的操作界面，并练习 Excel 2010 的启动、文件保存和退出。

相关知识

Excel 2010 较 Excel 2003 有很大变化，界面制作得更加漂亮，以前的菜单形式也都改成了按钮形式。在格式设置、页面设置、数据筛选等方面都有了新的功能。而且 Excel 2010 的表格容量较 Excel 2003 大，并且新增了多个使用函数。Excel 2010 具有非常强大的数据处理功能。

实践操作

（1）单击“开始”|“所有程序”，选择“Microsoft Office”|“Microsoft Excel

2010”，如图 1—1 所示，启动 Excel 2010，启动后的界面如图 1—2 所示。

图 1—1 启动 Excel 2010

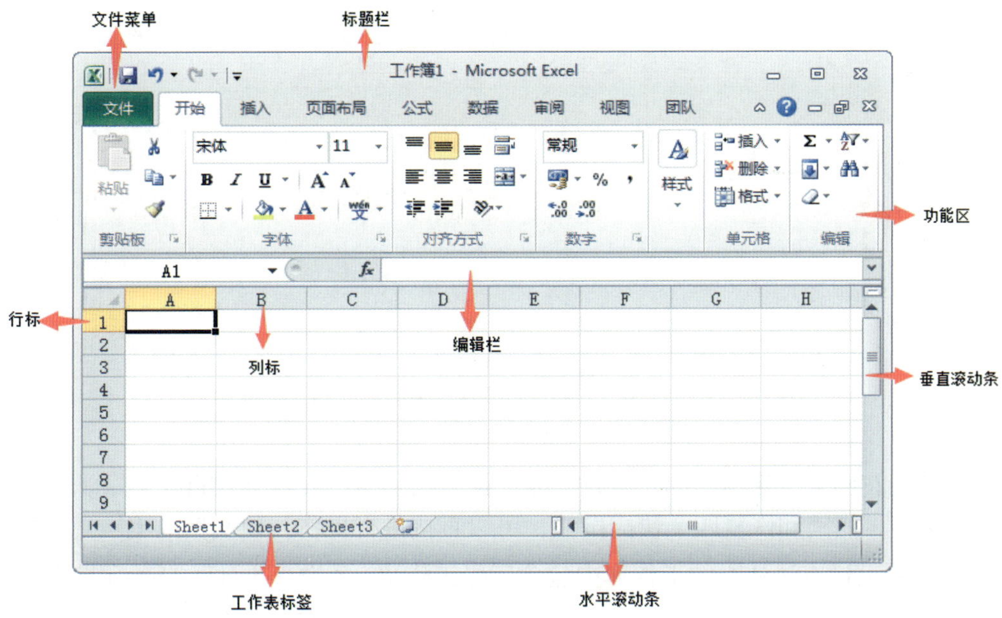

图 1—2 Excel 2010 的操作界面

启动 Excel 2010，还可以通过单击“开始”|“搜索程序和文件”，输入 Excel 2010，然后按 Enter 键，如图 1—3 所示。程序启动时，主程序会自动创建一个名为“工作簿 1.xlsx”的工作簿。

图 1—3 “搜索程序和文件”搜索框

（2）操作界面最上面一行是标题栏，用来显示软件名称和当前文档名称。双击标题栏时，可以切换主窗口的“最大化”和“还原”状态。

表格的右上方有两组窗口控制按钮，分别属于 Excel 主窗口和工作簿的窗口，分别用于最小化、还原和关闭。单击下面这组的还原按钮，可以分离工作簿和主窗口，如图 1—4 所示，便于多工作簿窗口的操作。同样，最大化工作簿窗口，又可以合并工作簿窗口和主窗口。用户可以根据习惯决定主窗口和工作簿窗口的分离与合并。

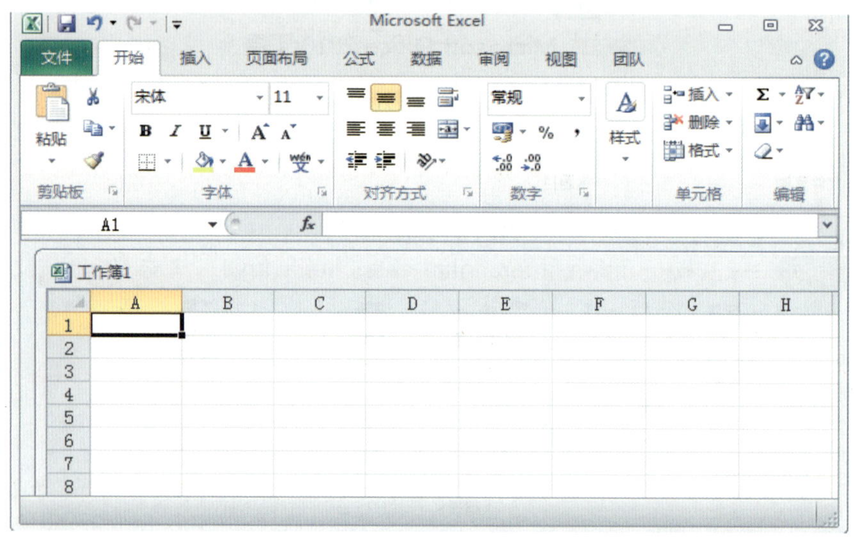

图 1—4　主窗口和工作簿窗口的分离

在标题栏左侧有“快速访问工具栏”，在默认情况下该工具栏上有控制菜单、保存、撤销和恢复四个快捷按钮，可以直接进行操作，使文档的编辑更便捷。

（3）按照上述方法建立的工作簿中包含三张工作表，名为“Sheet1”“Sheet2”“Sheet3”，方便编辑和查找，工作表的张数也可以根据需要进行修改，具体操作是右击，选择相应的选项即可。当工作表标签为白底时，该工作表处于可编辑状态，单击另一标签，则该工作表被切换为可编辑的工作表。

（4）Excel 2010 的菜单栏一改 Excel 2003 等早期版本的“下拉式菜单”和“工具条界面”，主窗口上部有 开始 插入 页面布局 公式 数据 审阅 视图 团队 等选项卡按钮，这些选项卡共同组成了 Excel 2010 功能区。不同的选项卡下有其各自的子目录，分别包含不同的功能。

图 1—5 所示为“开始”选项卡，在该选项卡中，可以设置单元格的字体、对齐方式、数字、样式以及对单元格进行简单的编辑等。

单击“插入”按钮，即可切换并看到“插入”选项卡的内容，如图 1—6 所示。在“插入”选项卡中可以插入表、插图、图表、链接、文本以及特殊符号等。

图 1—5 “开始”选项卡

图 1—6 “插入”选项卡

单击“页面布局”按钮，即可切换并看到“页面布局”选项卡的内容，如图 1—7 所示。通过该选项卡，可以设置工作表的版式和打印的页面。

图 1—7 “页面布局”选项卡

单击“公式”按钮，即可切换并看到“公式”选项卡的内容，如图 1—8 所示。该选项卡中有 Excel 2010 自带的函数库和公式审核等内容。

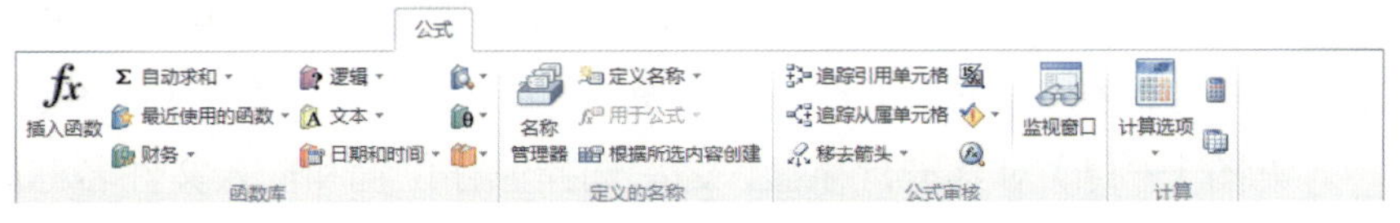

图 1—8 “公式”选项卡

单击“数据”按钮，即可切换并看到“数据”选项卡的内容，如图 1—9 所示。通过该选项卡，可以获取外部数据、连接、对数据进行排序和筛选、分级显示等，对工作表中的数据进行管理。

图 1—9 “数据”选项卡

单击“审阅”按钮，即可切换并看到“审阅”选项卡的内容，如图 1—10 所示。通过该选项卡，可以对工作表进行校对、批注和更改等，还可以进行中文简繁体的转换。

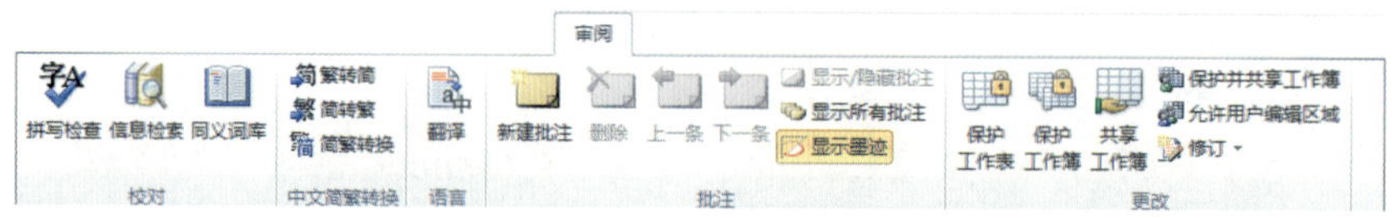

图 1—10 “审阅”选项卡

单击“视图”按钮，即可切换并看到“视图”选项卡的内容，如图 1—11 所示。通过该选项卡，可以调整工作簿的视图、显示模式以及显示比例等，还可以调整编辑窗口和宏。

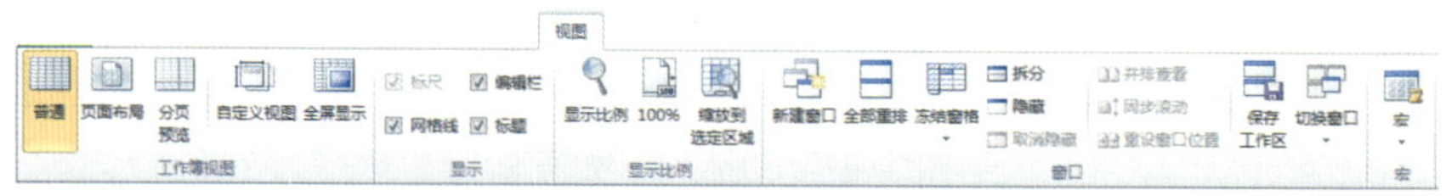

图 1—11 “视图”选项卡

单击“团队”按钮，即可切换并看到“团队”选项卡的内容，如图 1-12 所示。在该选项卡中用户可以通过连接、共享和合作完成更多工作。

图 1—12 “团队”选项卡

（5）文档编辑完成后，想要对编辑的工作簿或者工作表进行存盘时，可以单击“快速访问工具栏”中的“保存”按钮，如图 1—13 所示，还可以在“文件”菜单中选择“保存”或“另存为”（见图 1—14）对其进行存盘，之后选择保存位置和输入文件名称后单击“确定”按钮即可。

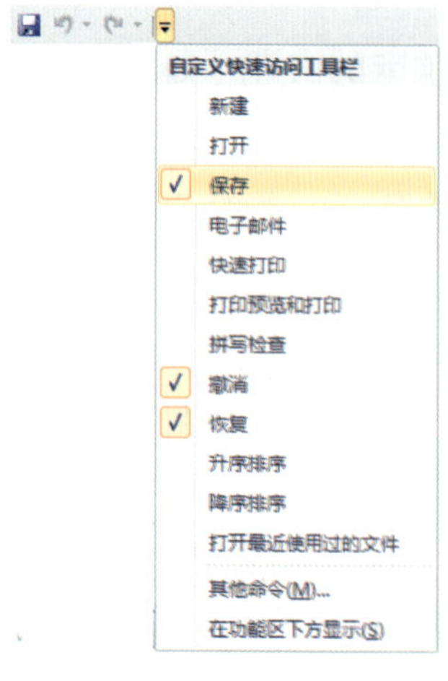

图 1—13 “快速访问”工具栏

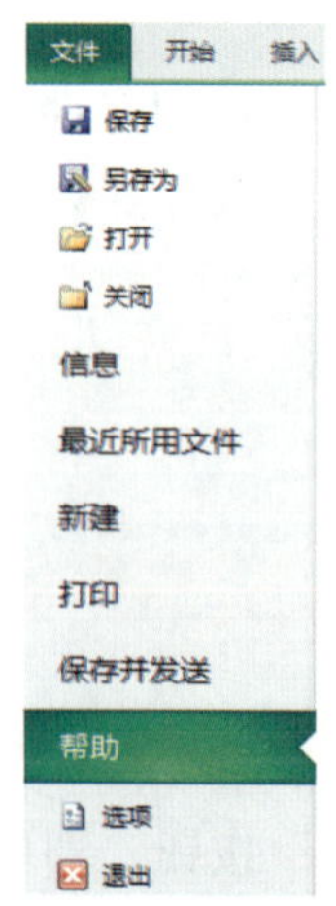

图 1—14 “文件”菜单

在“快速访问工具栏”中除了“保存”以外，还可以添加或删除其他一些按钮，在图 1—13 所示的下拉列表中依据用户的使用需要进行选择，可以提高编辑效率。

（6）关闭 Excel 2010，可以单击操作界面右上角的关闭主窗口按钮，还可以在如图 1—14 所示的左下角选择 退出 按钮。

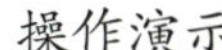

提示 关闭 Excel 2010 还有一些更简单的方法，如双击 按钮，即可快速地关闭。还可以使用 Alt+F4 键进行关闭操作。

巩固练习

1. 尝试用多种方法打开 Excel 2010。
2. 打开一个电子表格，熟悉 Excel 2010 的操作界面。
3. 保存及退出 Excel 2010。

任务 2　制作学生信息登记表

学习目标

1. 进一步熟悉 Excel 2010 操作界面、启动和关闭、文件的保存等基础操作。
2. 能描述工作簿、工作表、行、列、单元格的功能，能完成 Excel 2010 数据输入、行列操作等一些基础操作。

任务描述

“学生信息登记表”包括学生的基本信息和联络方式，人们主要关心文字内容，因此表格的文字要清楚。

通过制作“学生信息登记表”可以熟悉 Excel 2010 的基本功能，学习工作簿的建立、打开和保存，学习调整表格中的行、列宽度的方法。此任务中，只需练习工作表数据输入的基本操作，对于特殊形式的数据输入，项目三中另有详细介绍。

本任务通过 Excel 2010 制作学生信息登记表，来练习上述基本操作，更深入地了解 Excel 2010 的相关功能。本任务中包含学号列、姓名列、性别列、籍贯列、出生年月列、联系电话列等数据输入的操作，见表 1—1。

表 1-1　　学生信息登记表

学号	姓名	性别	籍贯	出生年月	联系电话
1	张三	男	河南	1996 年 12 月	13311116666
2	李秀丽	女	河北	1995 年 10 月	13211002222
3	王芳	女	山东	1996 年 2 月	13211982211
4	李鑫	男	北京	1997 年 1 月	13277654891
5	张乐新	男	河北	1996 年 8 月	13344828202
6	付梅	女	陕西	1997 年 2 月	13688904213
7	潇潇	女	北京	1997 年 3 月	13322890087
8	周凯旋	男	山东	1995 年 4 月	13299064333

相关知识

1. 工作簿

工作簿是 Excel 2010 中计算和存储数据的文件，扩展名为 .xlsx。在 Excel 2010 中，用户处理的各种数据以工作表的形式储存在工作簿文件中。常说的 Excel 文件指的是工作簿文件。工作簿文件是存储在磁盘上的最小的独立单位，工作簿窗口是 Excel 打开的工作簿文档窗口，由多个工作表组成。默认条件下，工作簿窗口处于最大化状态。每个工作簿包含多张不同的“页”，称为工作表，默认情况下，包含三个工作表，分别为 Sheet1、Sheet2、Sheet3（在屏幕底部的工作表标签处）。使用中可根据不同的内容加入各页的编码或名称，以方便编辑和查找。每个工作簿内最多可以有 255 个工作表，当前工作的只有一个，称为活动工作表。

2. 工作表

工作表是用来存储和处理数据的主要文档，也称为电子表格。工作表由排列成行或列的单元格组成，Excel 2010 网格为 1 048 576 行、16 384 列，与 Excel 2003 相比，它提供的可用行增加了 1 500%，可用列增加了 6 300%。行号从“1”到“1 048 576”，列号采用字母编号，由“A”到“XFD”。工作表总是存储在工作簿中。

工作表是用户需要经常面对和管理的一个对象，一个工作簿文件可以包含多个工作表，所以工作表是日常管理数据的基本单位。对于较为复杂的数据处理，通常需要涉及多个表，这时可以在一个工作簿中建立多张工作表，并可根据需要在多个工作表之间建立连接，用以相互引用数据。

3. 单元格

工作表中行与列相交形成的长方形区域，称为“单元格”，用来存储数据和公式。单元格是工作表的基本单位，也是电子数据表软件处理数据的最小单位。每个单元格用其所在的列标和行号标示。例如，工作表的左上角即 A 列第 1 行的单元格用 A1 表示（见图 1—15），F5 表示 F 列第 5 行的单元格，而从 C 列第 2 行到 B 列第 8 行之间的区域用 C2:B8 表示。

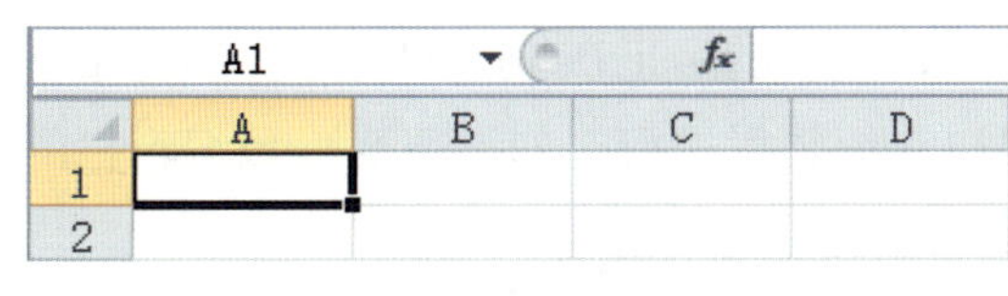

图 1—15　单元格 A1

对于每个工作表的存储单元——单元格来讲，可以存储多种形式的数据，除了通常的文字、日期、数字外，还可以储存声音、图形等数据。

（1）启动 Excel 2010，单击“开始”|“所有程序”，选择“Microsoft Office”|“Microsoft Excel 2010”。启动 Excel 2010 后会自动生成一个空白的、主文件名为“Book1”或“工作簿 1”的工作簿，并且定位在工作表“Sheet1”的“A1”单元格，如图 1—3 所示。

选择合适的单元格，在其中输入数据，就可以实现在 Excel 中输入数据。

（2）在工作表中输入数据，要先单击（选中）单元格。在单元格“A1”中输入“学号”，输入过程中，单元格内有光标闪烁，表明处于被编辑状态。然后按回车键确认，即完成了对单元格“A1”中的数据输入。此时选中框自动向下跳，单元格“A2”被选中，如图 1—16 所示。

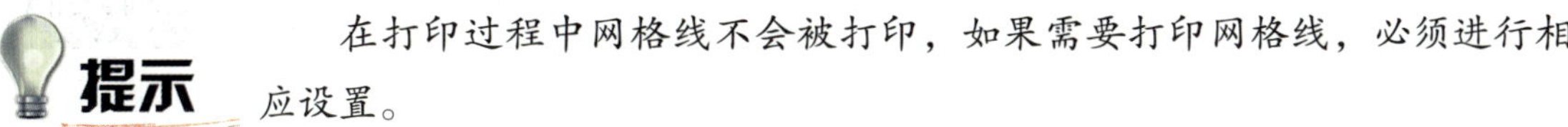

在打印过程中网格线不会被打印，如果需要打印网格线，必须进行相应设置。

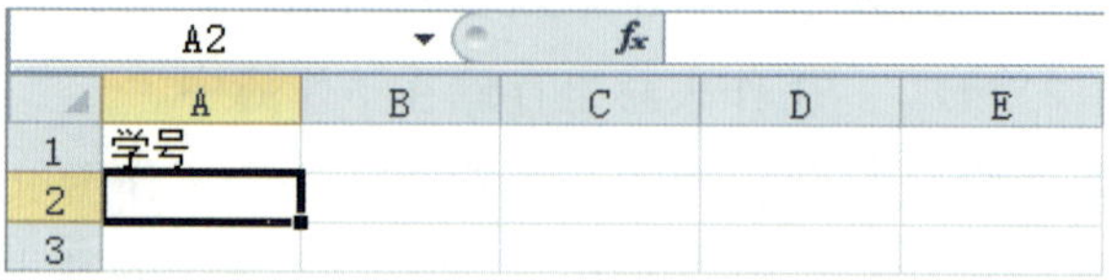

图 1—16 输入数据确认后的结果

提示 默认情况下按回车键后，选中框会向下移动，十分便于纵向的输入。若需要横向输入（向右移）可以使用 Tab 键（默认向右移），还可以单击（选择）其他的单元格。

（3）通过键盘上的上、下、左、右键，可以选择要编辑的单元格。按照此方法，选中单元格“B1”，输入“姓名”并按 Tab 键确认。同样，在单元格 C1 至 F1 中分别逐个输入“性别”“籍贯”“出生年月”“联系电话”。

工作表的“编辑栏”，显示的是正在编辑的内容，如图 1—17 所示。在单元格进行的数据输入和编辑，也可以在编辑栏进行。如果想要隐藏编辑栏的显示，则可以在“视图”的“显示”中的 ☑编辑栏 进行取消对钩选择。

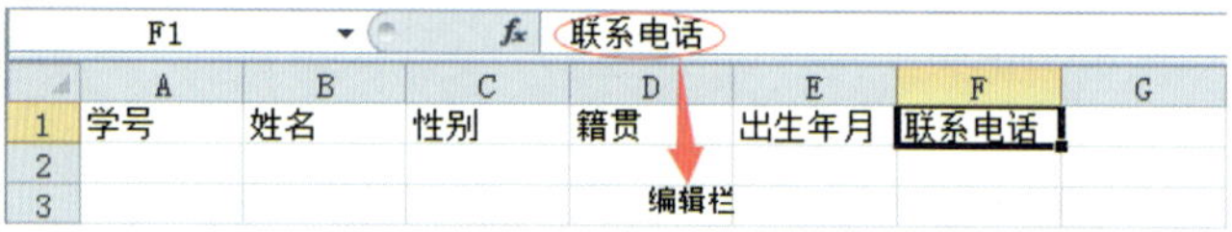

图 1—17 文本数据的输入

（4）使用方向键或者鼠标，选中单元格 A2，输入班级成员第一个人的学号“1”并确认，再依次在单元格 B2 至 F2 内输入姓名等个人信息，如张三。

若在输入过程中单元格内并未显示输入的内容，而是一串“#”或者类似“1.331E+10”的科学计数法的数，则表明是单元格的宽度不够，如图 1—18 所示。将鼠标指针置于两列的列标之间，此时鼠标指针呈十字状左右带箭头，按住鼠标左键的同时向右拖动，此时光标的右上方会出现一个显示当前列宽的标签，如图 1—19 所示，即可显示输入的内容。

对于“联系电话”一列，无论怎样调整列宽，单元格 F2 内的数据都保持科学计数法显示。这是因为电话号码为文本型数值，这种情况可以通过在单元格 F2 内输入数字前加半角单引号“ ' ”，再输入数字，并确认增加列宽，这样长度大于 11 位的身份证号码就可以正确显示了，如图 1—20 所示。“ ' ”表示该数据以文本的形式存储并显示。

操作演示

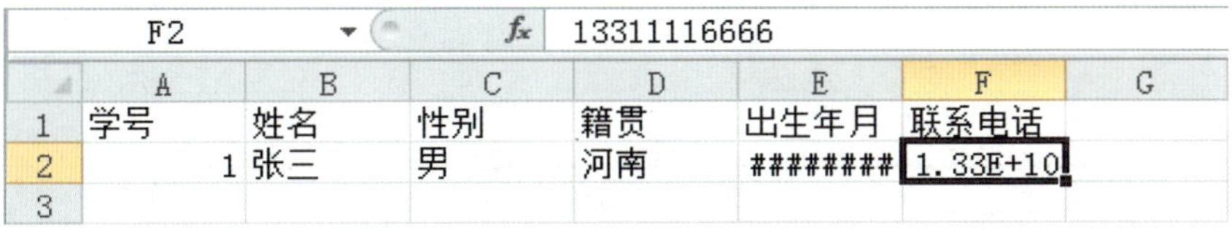

F2 | f_x 13311116666

	A	B	C	D	E	F	G
1	学号	姓名	性别	籍贯	出生年月	联系电话	
2	1	张三	男	河南	########	1.33E+10	
3							

图 1—18 数字数据的输入

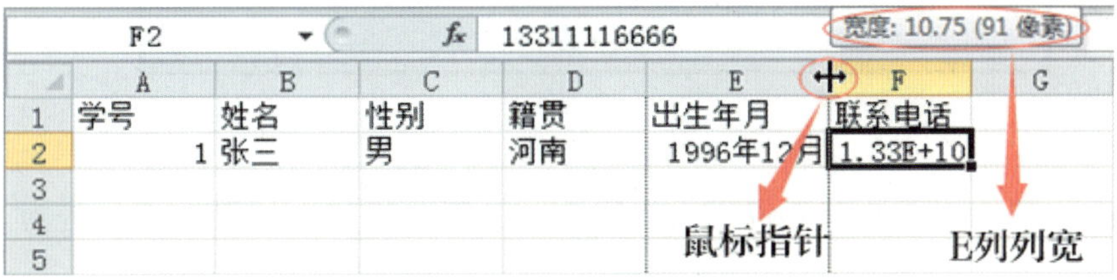

F2 | f_x 13311116666 宽度: 10.75 (91 像素)

	A	B	C	D	E	F	G
1	学号	姓名	性别	籍贯	出生年月	联系电话	
2	1	张三	男	河南	1996年12月	1.33E+10	
3							
4							
5							

鼠标指针　E列列宽

图 1—19 列宽不够时的数据显示

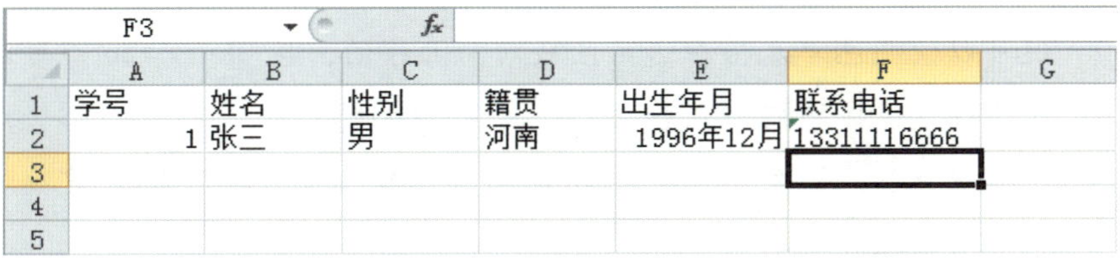

F3 | f_x

	A	B	C	D	E	F	G
1	学号	姓名	性别	籍贯	出生年月	联系电话	
2	1	张三	男	河南	1996年12月	13311116666	
3							
4							
5							

图 1—20 过长数据的显示

（5）选中单元格 A3 后，单击并按住鼠标左键，同时向右下方拖动鼠标至“F9”，释放鼠标左键，这样选中的这个单元格区域，表示“A3:F9”。该区域的左上角 A3 单元格的颜色呈亮色，表明该单元格处于可编辑状态，如图 1—21 所示。

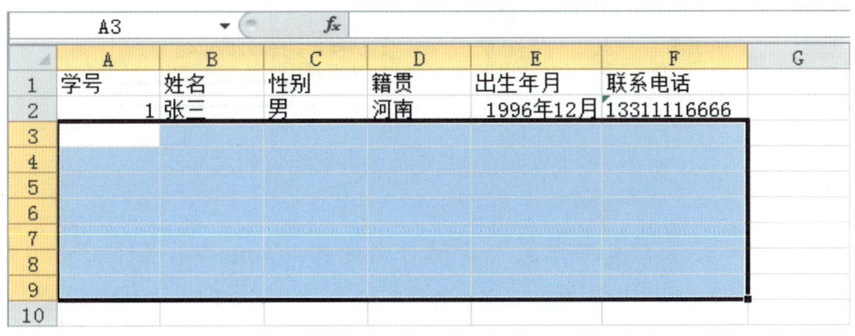

图 1—21 选择单元格区域

向单元格 A3 中输入班级第二名学生学号“2”后，按 Tab 键，亮色单元格右移，依次输入第二个学生的个人信息。在选定区域内输入完毕单元格 F3 的内容后，按 Tab 键，亮色单元格自动换行，移动到单元格 A4，如图 1—22 所示。

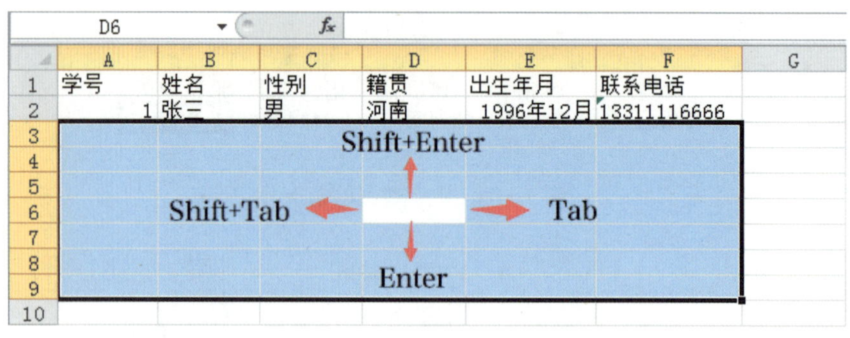

图 1—22　选择单元格区域的数据输入

（6）输入其他 7 人的全部资料，如图 1—23 所示，并将其保存，命名为“学生信息登记表”。

按 Enter 键可以使亮色单元格在选定区域内向下移动，按 Shift+ Enter 键可以使亮色单元格在选定区域内向上移动，按 Shift+Tab 键可以使亮色单元格在选定区域内向左移动，如图 1—22 所示。

注意：在选定区域内移动活动单元格不能使用鼠标左键或者方向键，将取消区域选定。

F10

	A	B	C	D	E	F	G
1	学号	姓名	性别	籍贯	出生年月	联系电话	
2	1	张三	男	河南	1996年12月	13311116666	
3	2	李秀丽	女	河北	1995年10月	13211002222	
4	3	王芳	女	山东	1996年2月	13211982211	
5	4	李鑫	男	北京	1997年1月	13277654891	
6	5	张乐新	男	河北	1996年8月	13344828202	
7	6	付梅	女	陕西	1997年2月	13688904213	
8	7	潇潇	女	北京	1997年3月	13322890087	
9	8	周凯旋	男	山东	1995年4月	13299064333	
10							
11							

图 1—23　学生信息登记表的数据输入和保存

“学生信息登记表”素材可通过网站 http://jg.class.com.cn 下载，位于软件资源包“中文版 Excel 2010 基础与实训 / 项目一 / 任务 2”中。

巩固练习

1. 用方向键选择的方法，练习将任务 2 中表 1—1 的“学生信息登记表”重新制作成电子表格。

2. 将表 1—2 制作成电子表格。

表 1-2　　某系第一学期必修课学分一览表

高等数学	10	大学物理	8
英语	8	思想道德修养	4
大学物理实验	6	计算机基础	6

任务 3　修改学生信息登记表

学习目标

1. 能描述 Excel 2010 在工作中的作用。
2. 能完成 Excel 2010 中表格修改的基础操作。

任务描述

任务 2 中已经制作了“学生信息登记表”的电子表格，本任务是对该电子表格进行一些文本修改，包括将学号、姓名、性别、籍贯列的文字居中显示，将第 1 行表头字体加粗并更改字体显示等。修改前后的电子表格如图 1—24、图 1—25 所示。

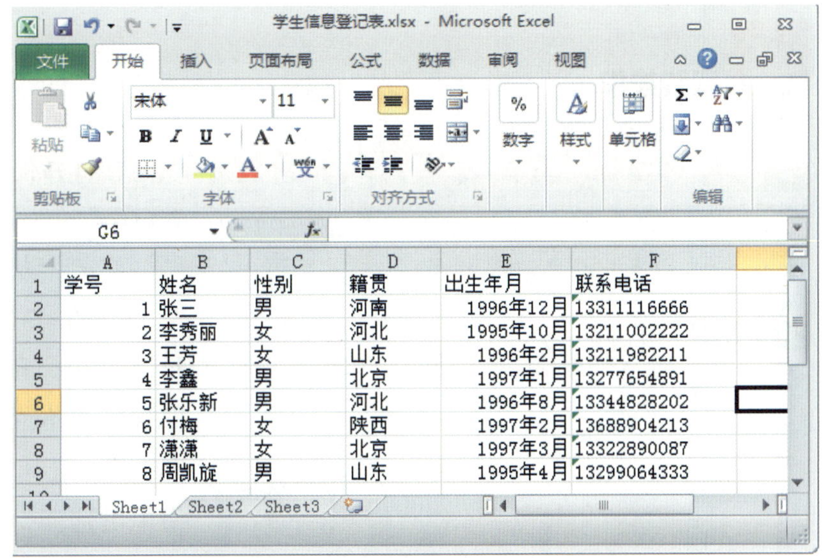

学号	姓名	性别	籍贯	出生年月	联系电话
1	张三	男	河南	1996年12月	13311116666
2	李秀丽	女	河北	1995年10月	13211002222
3	王芳	女	山东	1996年2月	13211982211
4	李鑫	男	北京	1997年1月	13277654891
5	张乐新	男	河北	1996年8月	13344828202
6	付梅	女	陕西	1997年2月	13688904213
7	潇潇	女	北京	1997年3月	13322890087
8	周凯旋	男	山东	1995年4月	13299064333

图 1—24　格式修改前的“学生信息登记表”

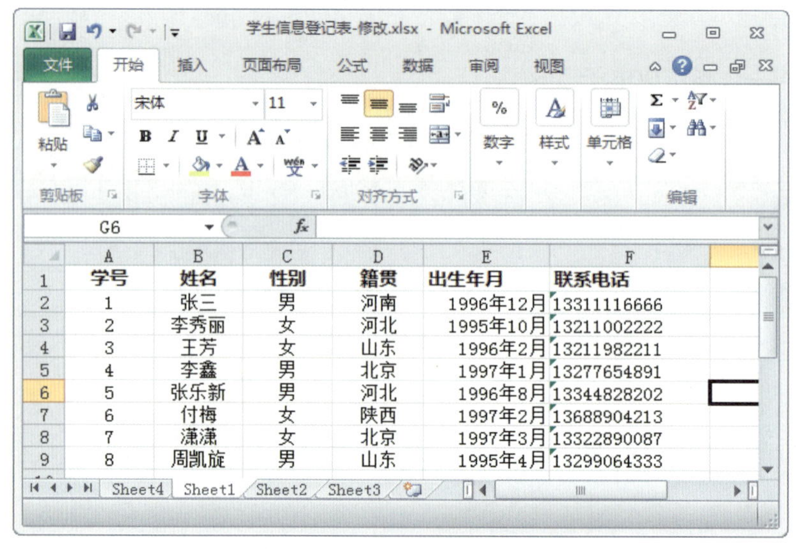

学生信息登记表-修改.xlsx - Microsoft Excel

	A	B	C	D	E	F
1	学号	姓名	性别	籍贯	出生年月	联系电话
2	1	张三	男	河南	1996年12月	13311116666
3	2	李秀丽	女	河北	1995年10月	13211002222
4	3	王芳	女	山东	1996年2月	13211982211
5	4	李鑫	男	北京	1997年1月	13277654891
6	5	张乐新	男	河北	1996年8月	13344828202
7	6	付梅	女	陕西	1997年2月	13688904213
8	7	潇潇	女	北京	1997年3月	13322890087
9	8	周凯旋	男	山东	1995年4月	13299064333

图 1—25　格式修改后的“学生信息登记表”

相关知识

在 Excel 2010 中，提供了对电子表格的数据格式进行修改的功能。可以通过选取字体格式来修改文字的字体，如中文字体、英文字体等，也可以设置字体的加粗、斜体和下划线等。此外，为了美化工作表，还可以对文字的颜色以及文字在单元格中的对齐方式进行设置。其他方面格式的修改，包括填充颜色、边框、条件格式化以及自动套用格式等，将在后面的章节中具体介绍。

实践操作

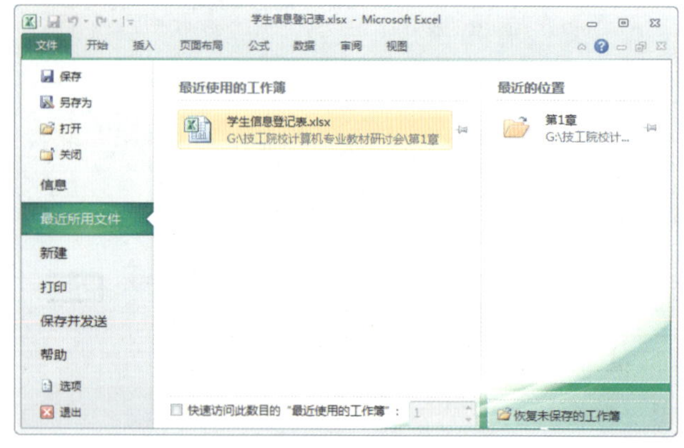

图 1—26　打开“学生信息登记表”

1. 打开任务 2 编辑的“学生信息登记表”

首先启动 Excel 2010，单击主窗口左上方的“文件”菜单，单击“打开”命令，随后在对话框中选择文件保存的位置，然后单击选中，确定打开。还可以在“最近使用文档”中单击选择“学生信息登记表”打开，如图 1—26 所示。

除了这个途径外，还可以双击“学生信息登记表”图标以打开文档。

2. 更改“学号”“姓名”列以及“性别”“籍贯”列的对齐方式

（1）在打开的文档中，鼠标指针放在列标“A”上，出现一个向下的黑色箭头，单击以选中 A 列，如图 1—27 所示。

A1　f_x　学号

	A	B	C	D	E	F	G
1	学号	姓名	性别	籍贯	出生年月	联系电话	
2	1	张三	男	河南	1996年12月	13311116666	
3	2	李秀丽	女	河北	1995年10月	13211002222	
4	3	王芳	女	山东	1996年2月	13211982211	
5	4	李鑫	男	北京	1997年1月	13277654891	
6	5	张乐新	男	河北	1996年8月	13344828202	
7	6	付梅	女	陕西	1997年2月	13688904213	
8	7	潇潇	女	北京	1997年3月	13322890087	
9	8	周凯旋	男	山东	1995年4月	13299064333	
10							

图 1—27　选中整列操作

（2）想要让学号居中，则在“开始”|“排列方式”中选择居中按钮即可，如图 1—28 所示。这样在“A10”以下的文本也都会被居中。

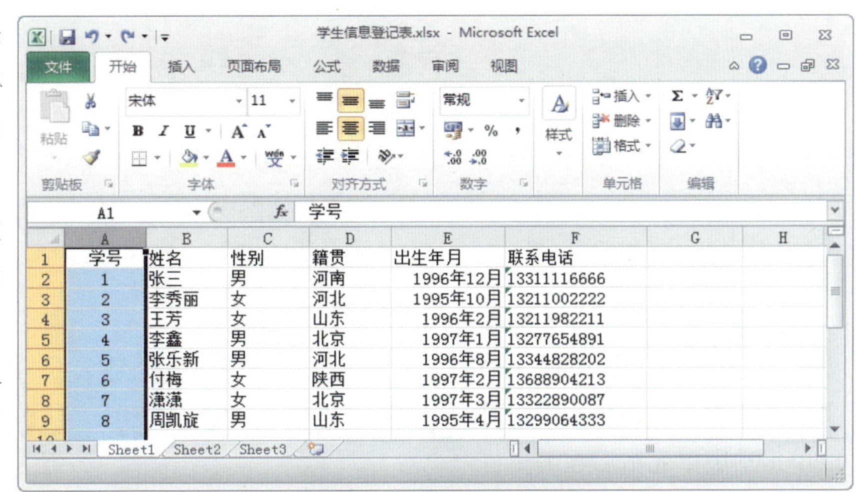

	A	B	C	D	E	F	G	H
1	学号	姓名	性别	籍贯	出生年月	联系电话		
2	1	张三	男	河南	1996年12月	13311116666		
3	2	李秀丽	女	河北	1995年10月	13211002222		
4	3	王芳	女	山东	1996年2月	13211982211		
5	4	李鑫	男	北京	1997年1月	13277654891		
6	5	张乐新	男	河北	1996年8月	13344828202		
7	6	付梅	女	陕西	1997年2月	13688904213		
8	7	潇潇	女	北京	1997年3月	13322890087		
9	8	周凯旋	男	山东	1995年4月	13299064333		

图 1—28　选中列使文本居中

（3）选中“A 列”，然后单击“开始”中的格式刷 按钮，在这种状态下，选择 B1:B9 区域，出现如图 1—29 所示的状态。放开鼠标左键，即得到 A 列的格式被复制到 B1:B9 上，B1:B9 的文字得到居中，但“B10”以下的文本不会被居中。

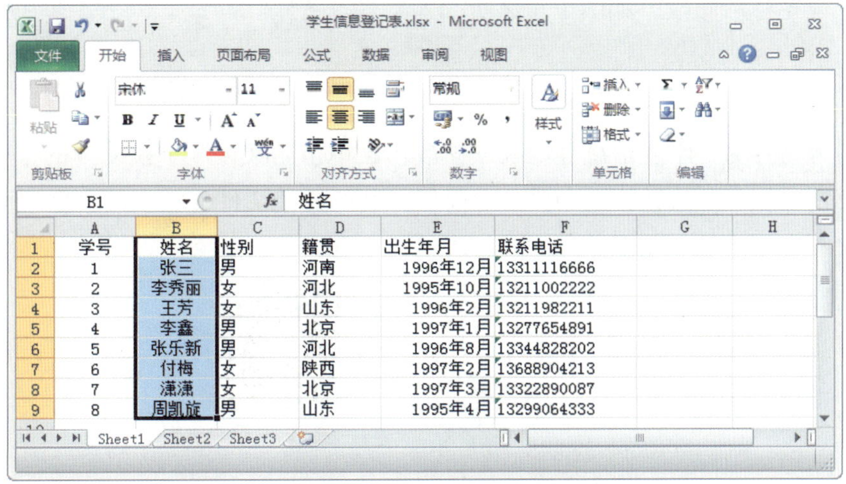

	A	B	C	D	E	F	G	H
1	学号	姓名	性别	籍贯	出生年月	联系电话		
2	1	张三	男	河南	1996年12月	13311116666		
3	2	李秀丽	女	河北	1995年10月	13211002222		
4	3	王芳	女	山东	1996年2月	13211982211		
5	4	李鑫	男	北京	1997年1月	13277654891		
6	5	张乐新	男	河北	1996年8月	13344828202		
7	6	付梅	女	陕西	1997年2月	13688904213		
8	7	潇潇	女	北京	1997年3月	13322890087		
9	8	周凯旋	男	山东	1995年4月	13299064333		

图 1—29　格式的复制结果

按照这种方法，使表格内的“性别”

和“籍贯”列的文本居中显示，最后结果如图 1—30 所示。

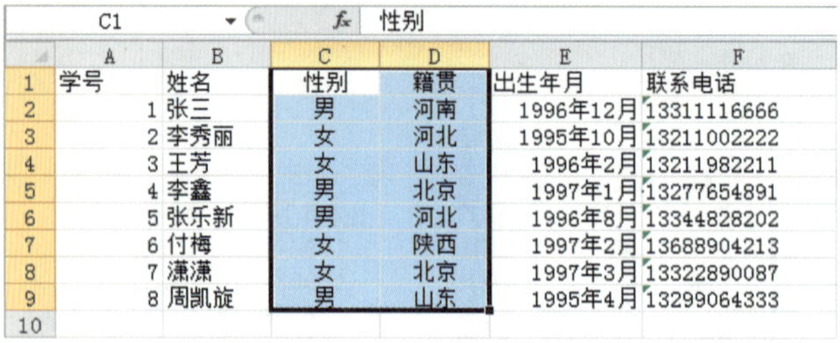

C1 | 性别

	A	B	C	D	E	F
1	学号	姓名	性别	籍贯	出生年月	联系电话
2	1	张三	男	河南	1996年12月	13311116666
3	2	李秀丽	女	河北	1995年10月	13211002222
4	3	王芳	女	山东	1996年2月	13211982211
5	4	李鑫	男	北京	1997年1月	13277654891
6	5	张乐新	男	河北	1996年8月	13344828202
7	6	付梅	女	陕西	1997年2月	13688904213
8	7	潇潇	女	北京	1997年3月	13322890087
9	8	周凯旋	男	山东	1995年4月	13299064333
10						

图 1—30　居中显示的结果

3. 更改表头行字体

单击行标标签“1”，会出现一个向右的黑色箭头，这时选中了“1 行”，在“开始” | “字体”中选择加粗按钮 **B** ，将字体更改为“微软雅黑”，如图 1—31 所示。

图 1—31　“字体”命令组

4. 检查并保存“学生信息登记表”

（1）当检查发现输入的文本有错误、需要修改时，可以单击选中单元格后在编辑栏中修改，也可以双击单元格出现光标后修改，如图 1—32 所示。

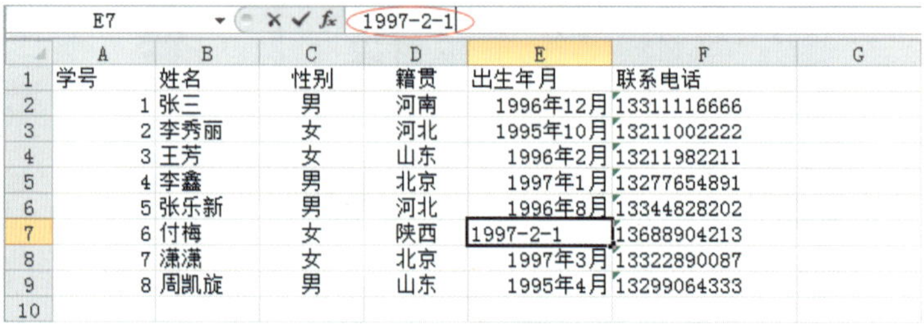

E7 | 1997-2-1

	A	B	C	D	E	F	G
1	学号	姓名	性别	籍贯	出生年月	联系电话	
2	1	张三	男	河南	1996年12月	13311116666	
3	2	李秀丽	女	河北	1995年10月	13211002222	
4	3	王芳	女	山东	1996年2月	13211982211	
5	4	李鑫	男	北京	1997年1月	13277654891	
6	5	张乐新	男	河北	1996年8月	13344828202	
7	6	付梅	女	陕西	1997-2-1	13688904213	
8	7	潇潇	女	北京	1997年3月	13322890087	
9	8	周凯旋	男	山东	1995年4月	13299064333	
10							

图 1—32　修改文本

（2）修改完毕后将工作簿另存为“学生信息登记表—修改”，单击“文件”下拉菜单的“另存为”按钮。如果单击“保存”按钮，则会覆盖之前任务 2 的原始文件“学生信息登记表”。

操作演示

巩固练习

1. 将任务 3 电子表格中的“姓名”一列的数据改成楷体，并斜体显示。修改完成如图 1—33 所示。

2. 在任务 3 电子表格中将“性别”列“男”改成蓝色显示，“女”改成红色显示。

3. 将任务 3 表格中“联系电话”列的对齐方式修改为右对齐。修改完成如图 1—34 所示。

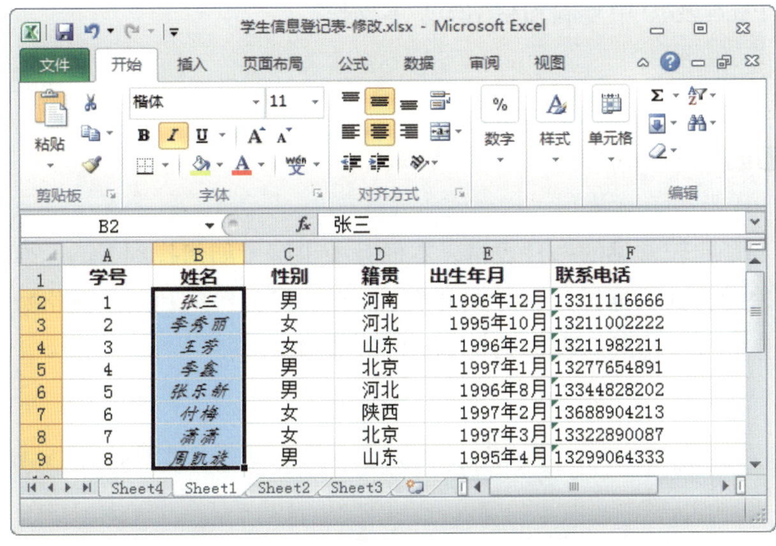

学号	姓名	性别	籍贯	出生年月	联系电话
1	张三	男	河南	1996年12月	13311116666
2	李秀丽	女	河北	1995年10月	13211002222
3	王芳	女	山东	1996年2月	13211982211
4	李鑫	男	北京	1997年1月	13277654891
5	张乐新	男	河北	1996年8月	13344828202
6	付梅	女	陕西	1997年2月	13688904213
7	潇潇	女	北京	1997年3月	13322890087
8	周凯旋	男	山东	1995年4月	13299064333

图 1—33 “姓名”列修改完成示意图

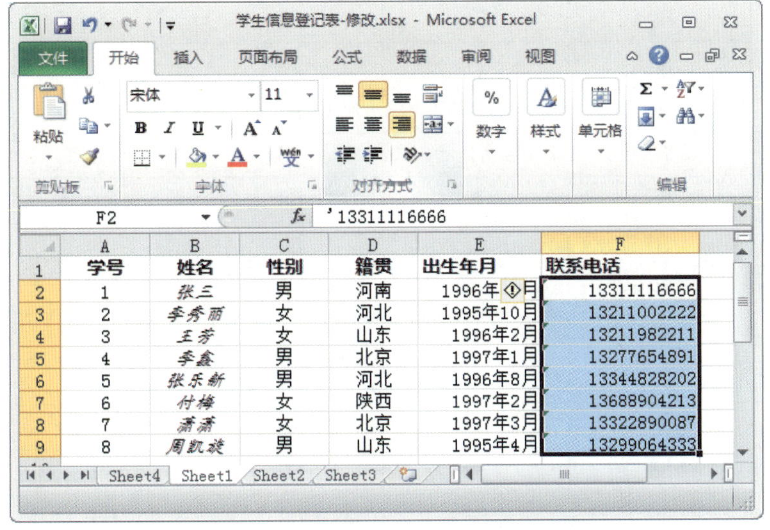

学号	姓名	性别	籍贯	出生年月	联系电话
1	张三	男	河南	1996年 月	13311116666
2	李秀丽	女	河北	1995年10月	13211002222
3	王芳	女	山东	1996年2月	13211982211
4	李鑫	男	北京	1997年1月	13277654891
5	张乐新	男	河北	1996年8月	13344828202
6	付梅	女	陕西	1997年2月	13688904213
7	潇潇	女	北京	1997年3月	13322890087
8	周凯旋	男	山东	1995年4月	13299064333

图 1—34 “联系电话”列修改完成示意图

任务 4　制作学生成绩表

学习目标

1. 能创建桌面快捷方式。
2. 能完成 Excel 2010 中复制和粘贴等基本操作。

任务描述

学生成绩表是比较常见的一种表格，本任务中讲解了如何找到 Excel 2010 的安装目录并创建其桌面快捷方式，通过这一方式开启 Excel 2010，然后利用单元格数据的复制和粘贴等基本的操作完成学生成绩表（见表 1—3）的制作。

表 1-3　　学生成绩表

姓名	英语	数学	物理	化学	语文
王亚军	77	80	78	85	70
周平	82	85	76	86	80
张远	90	84	87	82	88
冯征	60	71	62	59	65
赵敬峰	84	71	76	75	80
任征	95	90	93	90	89
郝迪	70	72	76	69	80
王丽坤	65	70	68	71	63
李丽	70	62	69	65	69
吴向伟	82	88	86	80	90
陈风	88	93	82	86	75
谢艳	77	79	81	73	81
王烁	98	100	95	95	91
孙萍	55	62	60	59	65
刘忠	75	66	60	68	77
何向	80	79	82	85	80

相关知识

在桌面创建快捷方式的目的是使用户更加方便地打开 Excel 电子表格。创建 Excel 快捷方式与在 Windows 下创建其他快捷方法的方法类似。

复制与粘贴操作是在 Excel 中比较常用的基本操作，这两项操作也是两个互补操作。只有完成了复制，才能进行粘贴。通过这两项操作可以节省数据输入的时间，同时也可以保持数据的一致性。

实践操作

（1）启动 Excel 2010，通过“计算机”|“C:\”|“Program Files”或“Program Files(X86)”|“Microsoft Office”|“Office14”的安装目录，找到“EXCEL.EXE”文件，再右击，依次单击“发送到”|“桌面快捷方式”，这样就在桌面上建立起一个“EXCEL.EXE”的快捷方式，如图 1—35 所示。

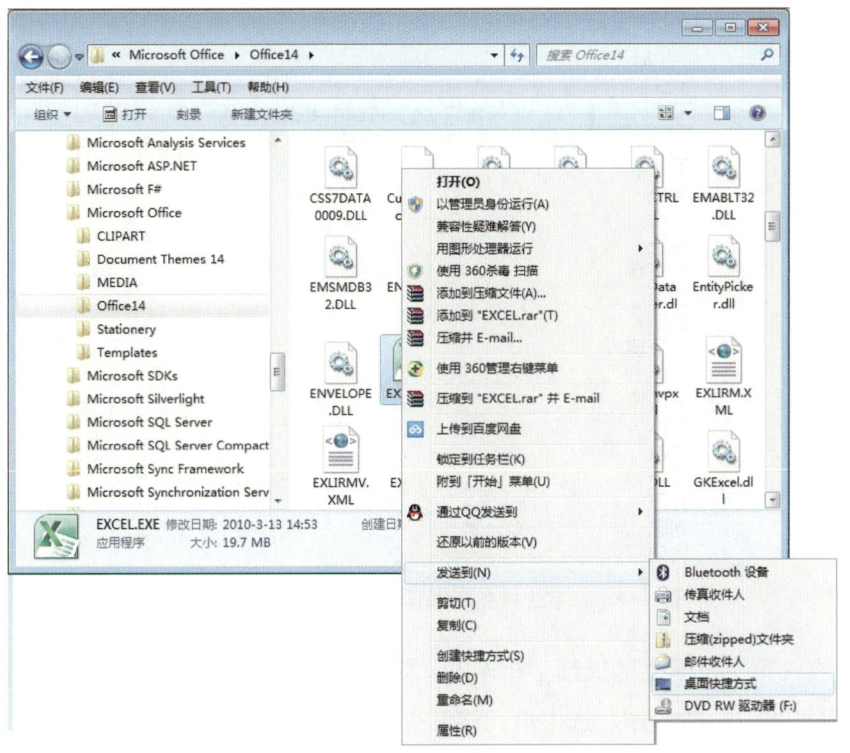

图 1—35 新建 Excel 2010 桌面快捷方式

双击如图 1—36 所示的 Excel 2010 桌面快捷方式，即可以启动并打开 Excel 2010 的工作界面。

图 1—36　Excel 2010 桌面上的快捷方式

操作演示

（2）想要输入学生成绩，必须先将学生姓名分别输入，可以直接利用在任务 2 和任务 3 中介绍的方法输入学生姓名和考试科目，如图 1—37 所示。

A1 ▾ fx

	A	B	C	D	E	F
1			高三（2）班期中考试成绩表			
2		英语	数学	物理	化学	语文
3	王亚军					
4	周平					
5	张远					
6	冯征					
7	赵敬峰					
8	任征					
9	郝迪					
10	王丽坤					
11	李丽					
12	吴向伟					
13	陈风					
14	谢艳					
15	王烁					
16	孙萍					
17	刘忠					
18	何向					

图 1—37　学生姓名和考试科目输入完成后的示意图

（3）输入第一位学生的成绩。在输入“周平”的成绩时，发现有的数据与前面一致。这时可采用复制、粘贴操作。选中单元格 E3，右击，在出现的对话框中选择“复制”，如图 1—38 所示。

选中单元格 C4，单击鼠标右键，选择“粘贴”按钮，如图 1—39 所示。

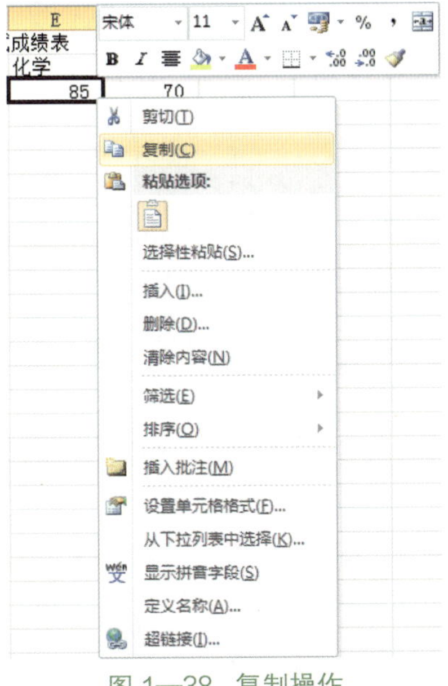

图 1—38 复制操作

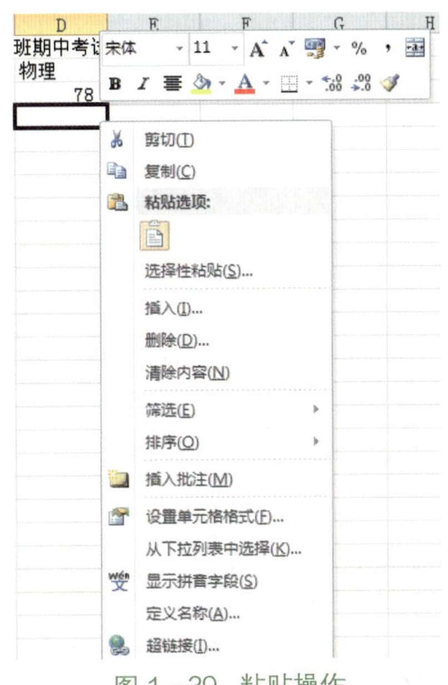

图 1—39 粘贴操作

提示

在选中单元格 E3 后，可以单击“开始”|“剪贴板”中的复制按钮，或者按 Ctrl+C 键进行复制操作。

在选中单元格 C4 后，可以单击“开始”|“剪贴板”中的粘贴按钮，在粘贴按钮的下拉选框中选择“粘贴”选项粘贴剪贴板上的内容。如果需要有选择性地粘贴，可以选择“选择性粘贴”选项，如图 1—40 所示。也可以按 Ctrl+V 键进行粘贴操作。

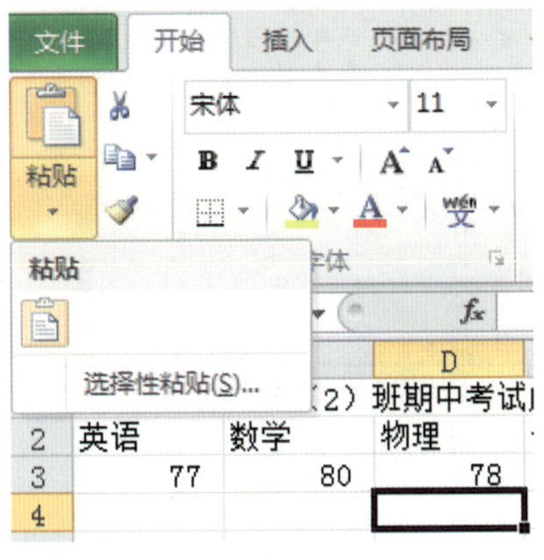

图 1—40 “粘贴”下拉菜单

（4）输入余下内容，如图 1—41 所示。输入完毕，按 Enter 键或 Tab 键，状态栏会显示“就绪”。

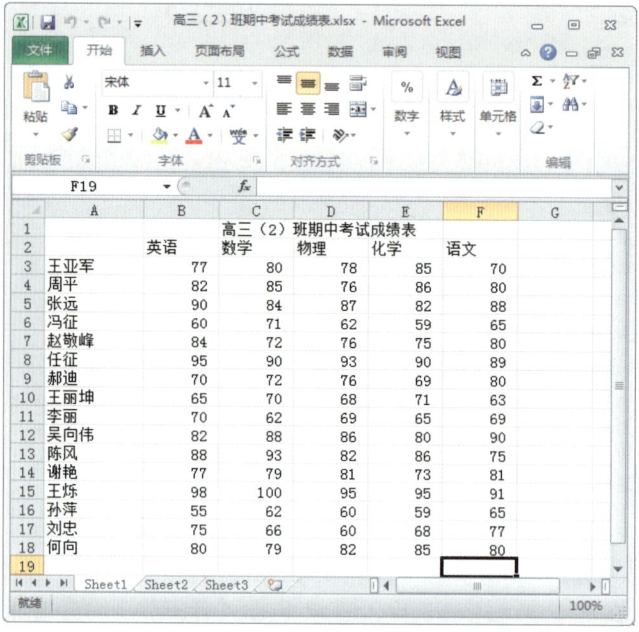

高三（2）班期中考试成绩表

	英语	数学	物理	化学	语文
王亚军	77	80	78	85	70
周平	82	85	76	86	80
张远	90	84	87	82	88
冯征	60	71	62	59	65
赵敬峰	84	72	76	75	80
任征	95	90	93	90	89
郝迪	70	72	76	69	80
王丽坤	65	70	68	71	63
李丽	70	62	69	65	69
吴向伟	82	88	86	80	90
陈风	88	93	82	86	75
谢艳	77	79	81	73	81
王烁	98	100	95	95	91
孙萍	55	62	60	59	65
刘忠	75	66	60	68	77
何向	80	79	82	85	80

图 1—41　输入完成后效果示意图

如果选中某一行或某一列，如图 1—42 所示选择第 9 行的单元格区域 B9:F9，此时的状态栏上显示“平均值：73”是数值性数据的算术平均值，也就是郝迪的各科成绩平均值，“计数：5”是指科目数，“求和：367”也就是总分。

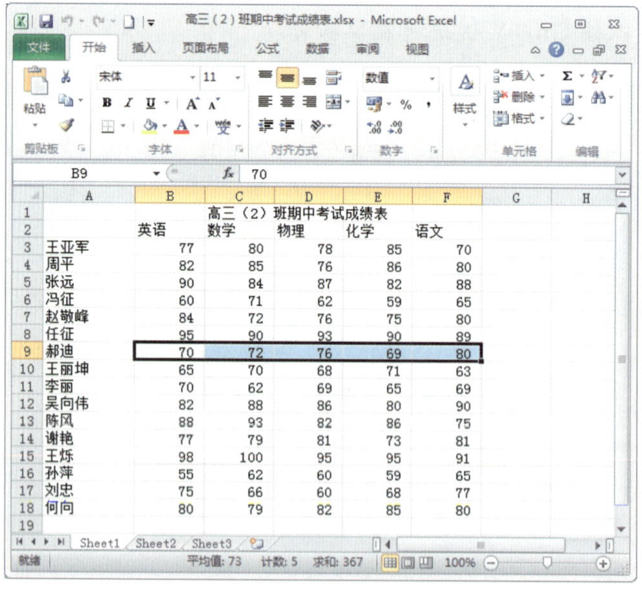

高三（2）班期中考试成绩表

	英语	数学	物理	化学	语文
王亚军	77	80	78	85	70
周平	82	85	76	86	80
张远	90	84	87	82	88
冯征	60	71	62	59	65
赵敬峰	84	72	76	75	80
任征	95	90	93	90	89
郝迪	70	72	76	69	80
王丽坤	65	70	68	71	63
李丽	70	62	69	65	69
吴向伟	82	88	86	80	90
陈风	88	93	82	86	75
谢艳	77	79	81	73	81
王烁	98	100	95	95	91
孙萍	55	62	60	59	65
刘忠	75	66	60	68	77
何向	80	79	82	85	80

图 1—42　选中单元格区域

Excel 2010 的状态栏还有“视图快捷方式”和“显示比例”工具，位于状态栏的右部。三个按钮分别代表“普通”“页面”和“分页预览”视图状态，可以使当前工作表快速切换到需要的视图状态下。“显示比例”工具，可以拖动指针调节，或者按动两端的放大、缩小按钮进行调节工作表编辑区的显示比例。

提示　还可以在按住 Ctrl 键的同时滚动鼠标滚轮，进行显示比例的快速调节。

操作演示

（5）选择保存路径，“文件名”栏中输入“高三（2）班期中考试成绩表”，保存即可，如图 1—43 所示。

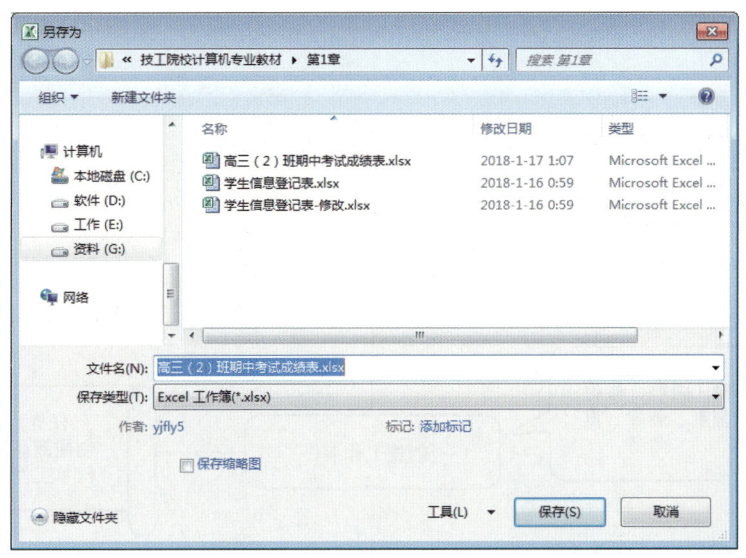

图 1—43　“另存为”对话框

教学资源　“高三（2）班期中考试成绩表”素材可通过网站 http://jg.class.com.cn 下载，位于软件资源包“中文版 Excel 2010 基础与实训 / 项目一 / 任务 4”中。

巩固练习

1. 将任务 4 中的“学生成绩表”全部复制到新的工作表“Sheet2”中。
2. 将新工作表另存为“C:\ 我的文档”中。
3. 将此学生成绩表创建桌面快捷方式。

项目二　工作表和工作簿基本操作与技巧

在利用 Excel 2010 进行数据处理的过程中，经常需要对工作表和工作簿进行适当的处理。本项目将学习制作、管理工作表和工作簿的方法。

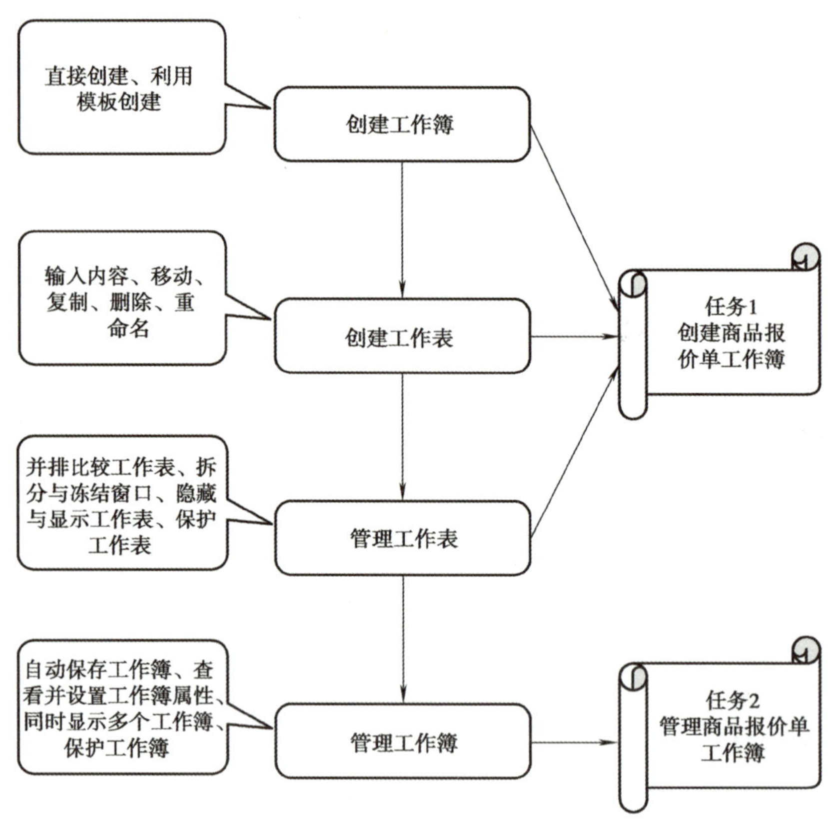

任务 1　创建商品报价单工作簿

学习目标

1. 进一步熟悉工作表、工作簿、表格的基本概念。
2. 能完成工作表的创建、用模板创建、插入、删除操作。
3. 能完成工作表的重命名、改变颜色、移动、复制、并排比较等操作。
4. 能完成工作表的显示和隐藏、拆分和冻结、密码保护等操作。
5. 能完成多工作表的操作。

任务描述

在本任务中要创建商品报价单工作簿，并在此工作簿中建立多个工作表。根据商品的种类把工作表分成食品、化妆品、办公用品和体育用品四类。因此需在工作簿中建立四个工作表，还需对此四个工作表进行重命名、改变颜色、移动、复制等操作。

在此基础上，还需对工作表进行拆分、冻结、密码保护操作。

相关知识

1. 冻结拆分窗格

窗格是指文档窗口的一部分，以垂直或水平条为界限并由此与其他部分分隔开。通过拆分冻结窗格可以查看工作表的两个区域和锁定一个区域中的行或列。当冻结窗格时，可以选择在工作表滚动时仍可见的特定行或列。

2. 密码保护

此项操作可以对工作簿和工作表进行密码保护，设置查看工作簿和工作表的权限。在 Excel 中可以采用各种数字、字母、特殊字符等分别或者混合使用的方式来设置密码，密码的位数越长，混合性越强，安全性也越强。

1. 创建新的工作簿

启动 Excel 2010，系统会自动创建一个默认主文件名为“Book1”的工作簿文件。想要继续创建新的工作簿，可以单击“文件”菜单，选择“新建”，在出现如图 2—1 所示的窗口中选择“空白工作簿”，创建新的空白文件。

提示 若需要常常新建，则可以如图 2—2 所示，在“自定义快速访问工具栏”中选择“新建”，这样“快速访问工具栏”就新添了图标，单击它也可以新建空白工作簿。还可以利用 Ctrl+N 键建基于默认模板的工作表。

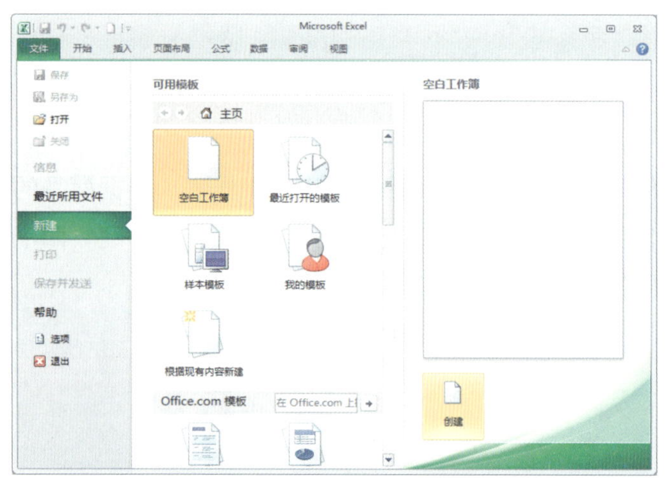

图 2—1 新建空白工作簿

图 2—2 添加“新建”快速访问按钮

新建的空白工作簿如图 2—3 所示，默认工作簿为新建的空白工作簿。

如果要创建一些内容相近的工作簿，每次都按照上面的方法新建空白工作簿，则需要做很多重复性工作，这时便可以利用模板进行工作簿的创建。首先将各个工作簿相近的内容保存在同一个工作簿中，根据此工作簿创建一个模板，当创建其他相似的工作簿时，就可以使用这个模板来获得其中的格式或数据，大大提高了效率。

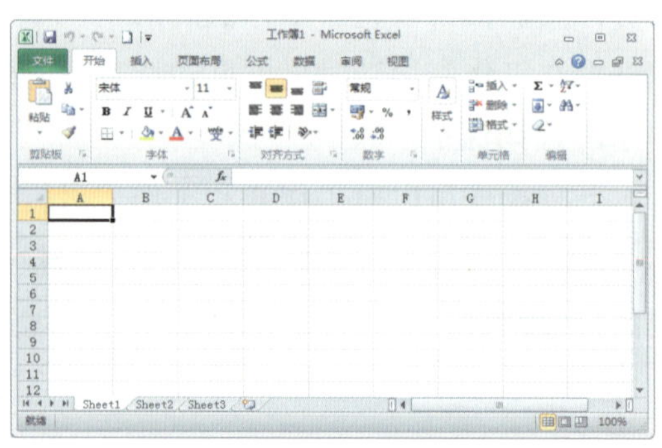

图 2—3 新建的空白工作簿

（1）创建模板。首先需要按照上面的方法创建一个新的工作簿，然后将一些通用的格式和内容输入工作簿中（参照项目三和项目四），选择“文件”菜单下的“另存为”，在弹出的“另存为”对话框的“保存类型”下拉列表框中选择“模板”选项后，保存位置自动显示为默认的用于保存模板的文件夹“Templates”，如图 2—4 所示。单击“保存”按钮生成模板。

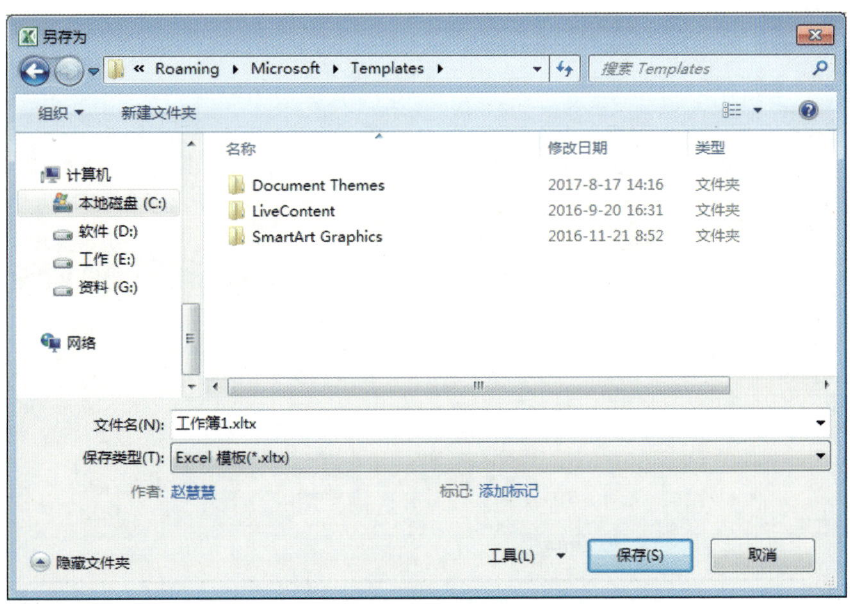

图 2—4　将工作簿另存为模板

（2）使用模板。在 Excel 安装时已经存入许多通用性的模板，根据需要可以使用自己制作的模板或者软件自带的模板。单击“文件”菜单下的“新建”，在“新建工作簿”窗口中选择右侧模板窗格中的“我的模板”或者“已安装的模板”（见图 2—5）。选择所需要的模板，如“样本模板”中的“个人月度预算”，系统会创建一个与该模板相同的工作簿，如图 2—6 所示。之后，可以根据个人需要在模板中修改输入数据。

在如图 2—5 所示的对话框中，如果选择“Office.com”标签下的选项，用户可以在丰富模板库中在线找到所需要的模板，来创建自己所需要的工作簿文件。

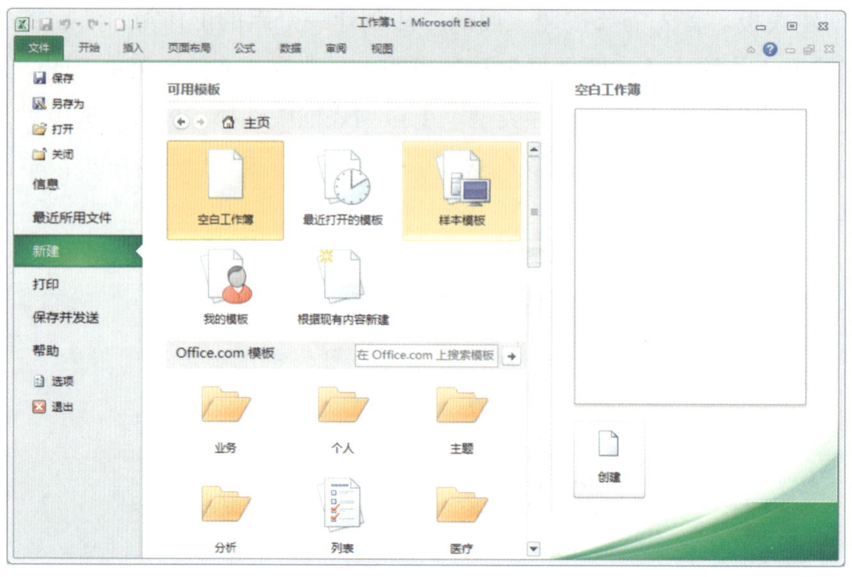

图 2—5　使用“样本模板”

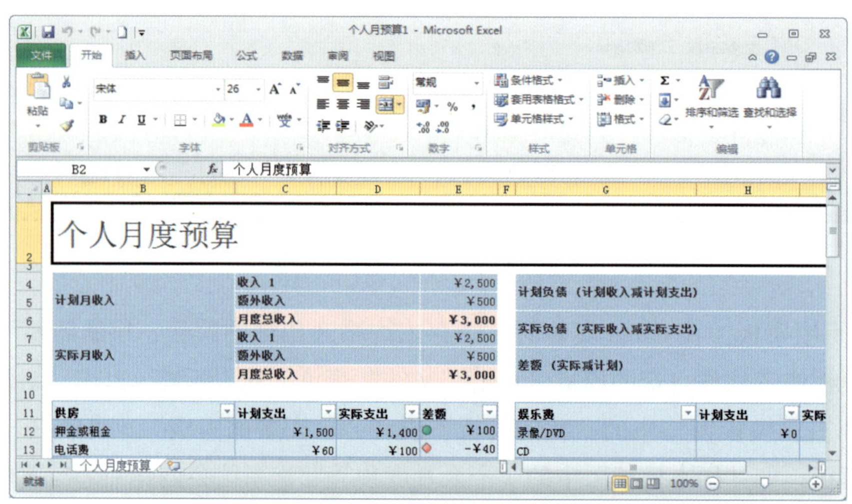

图 2—6　使用“个人月度预算”模板创建的工作簿

2. 输入报价单内容

（1）插入工作表。首次创建的工作簿总是默认包含三个工作表，但是在实际应用中，所需要的工作表的数目也许不止三个，这时就需要向工作簿中添加一个或者多个工作表了。

如在 Book2 中现有的工作表末尾快速插入新的工作表，则单击主窗口底部的“插入工作表”按钮 即可，如图 2—7 所示。插入后的新工作表如图 2—8 所示，会在 Sheet3 的末尾新生成 Sheet4 工作表，并且此工作表为处于可编辑状态的活动工作表。如果需要继续在末尾插入新的工作表，可以重复上述操作。

图 2—7　快速插入工作表

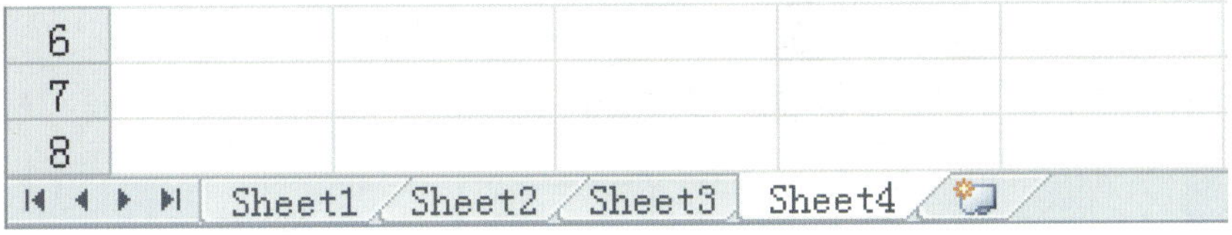

图 2—8　插入后的新工作表

如果要在新建的现有工作表之前插入新的工作表，可以采用“菜单法”和“右键法”等。需要先选择该工作表（如 Sheet4），再选择“开始”选项卡上“单元格”组中的“插入”下拉菜单中的“插入工作表”按钮，如图 2—9 所示。插入后的效果如图 2—10 所示，Sheet5 在 Sheet4 之前。

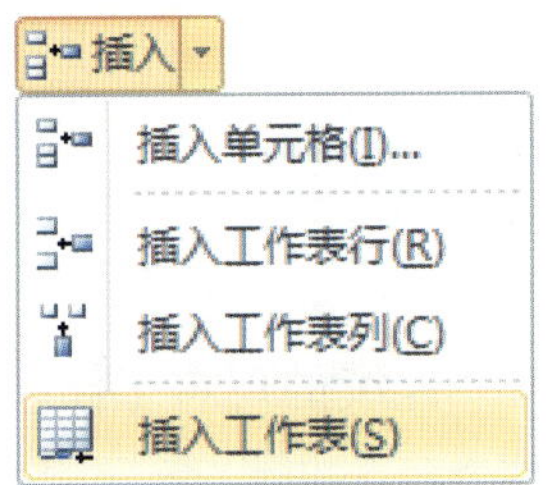

图 2—9　现有工作表之前插入新的工作表（菜单法）

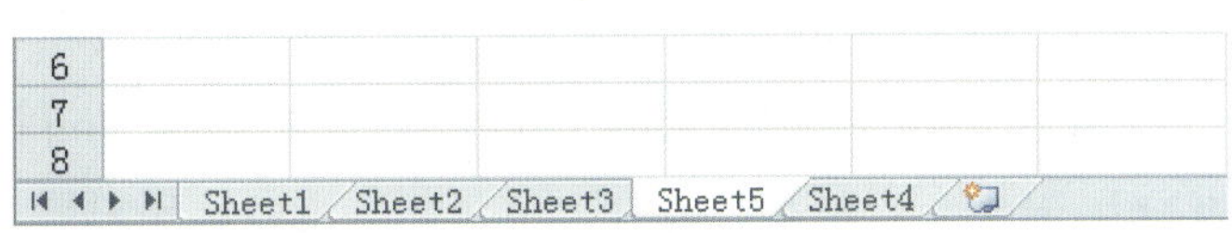

图 2—10　插入后的效果

在现有工作表之前插入新的工作表，还可以在选中工作表后，右击选择“插入”，如图 2—11 所示，在“常用”选项卡上单击“工作表”，然后确定，如图 2—12 所示，插入后的效果和图 2—10 所示一致。

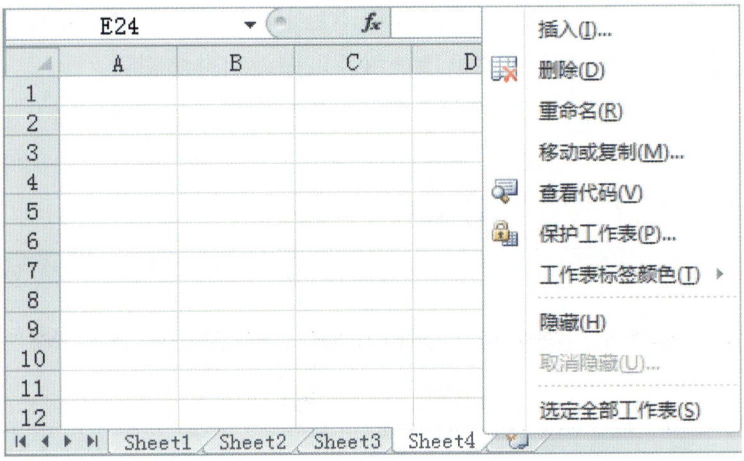

图 2—11　现有工作表之前插入新的工作表（右键法）

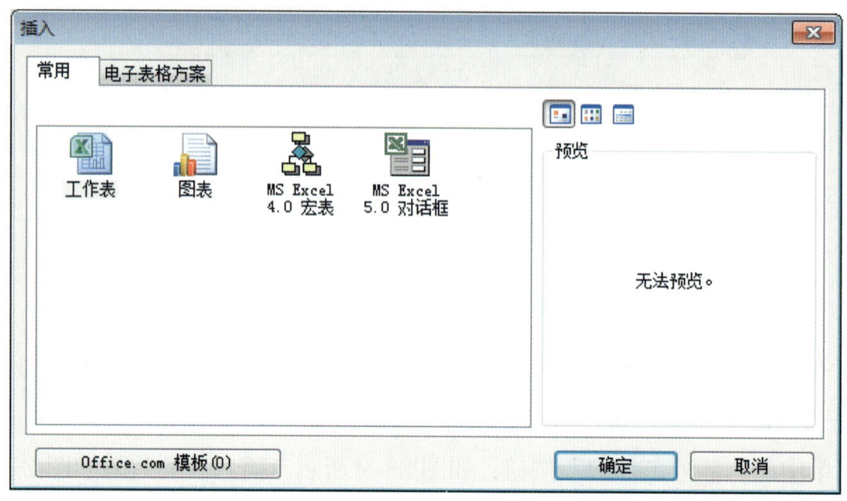

图 2—12 “插入”对话框“常用”选项卡

提示 还可以采用 Shift+F11 键快速添加空白工作表。

如果需要一次性插入多个工作表，可以按住 Shift 键，选择 N 个连续的现有工作表标签，采用上面的“右键法”或者“菜单法”进行插入。

提示 在这里不能采用末尾快速插入法一次插入多个工作表。

（2）删除工作表。如果需要删除工作表，首先选中需要删除的工作表，在其名称标签上右击选择“删除”按钮，当删除的工作表不是空白工作表时会出现如图 2—13 所示的对话框，单击“删除”按钮即可，如果是空白的工作表则直接删除。

还可以用“菜单法”删除工作表，单击“开始”选项卡的“单元格”组中的“删除”按钮的下拉菜单中的“删除工作表”按钮，如图 2—14 所示，还会弹出如图 2—13 所示的删除工作表对话框，单击“删除”按钮即可。

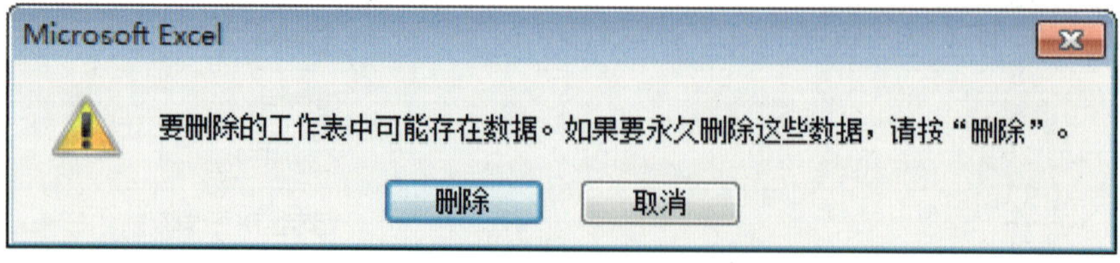

图 2—13 删除工作表对话框

图 2—14 “菜单法”删除工作表

如果想要删除多个工作表，则可以首先按 Shift 键的同时选中多个连续工作表，或者按 Ctrl 键的同时选中多个不连续工作表，然后再按上述的删除操作，一次性删除选中的工作表。

（3）重命名工作表。对于工作簿中的工作表，可以不采用 Sheet1、Sheet2 等名称，对其重命名。在 Sheet1 工作表标签栏上右击，选择“重命名”，标签栏如图 2—15 所示，随后输入工作表名称“食品”，然后按回车键或者在其他区域单击“确认”按钮即可。重命名工作表还可以双击工作表标签，随后输入工作表名称。按照上述方法重命名工作表“化妆品”“办公用品”“体育用品”，命名后的效果如图 2—16 所示。

图 2—15 处于编辑状态的工作表标签

图 2—16 重命名后的工作表标签

（4）工作表标签的上色。有时为了区分和美观，还需要对工作表标签进行上色。选中需要上色的工作表标签，右击，选择“工作表标签颜色”按钮，出现如图 2—17 所示的对话框，选择需要的颜色即可。

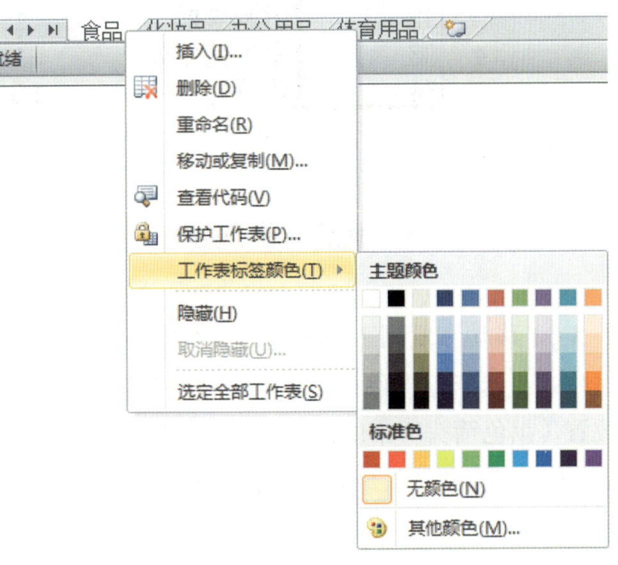

图 2—17 工作表标签上色

按照上述方法为四种工作表标签分别上色，上色后的标签如图 2—18 所示。

（5）在各工作表中输入相

图 2—18　上色后的工作表标签

关报价单的内容、编号、产品及单价。在输入过程中，有规律的编号可以采用快速输入法进行输入，在单元格 A2 中输入“S1”后，将鼠标指针放在此单元格的右下角，当鼠标指针变成黑色十字时，向下拖动鼠标即可实现编号的快速输入，如图 2—19 所示。这样的编号是顺序递增的，如图 2—20 所示（相关的输入方法还会在项目三进行详细的介绍）。

	A	B	C	D	E
1	编号	产品	单价（元）		
2	S1	达能饼干	4		
3		伊利酸奶	1.5		
4		蒙牛纯牛奶	1.2		
5		巧克力	13.4		
6		S4			
7					
8					

食品　化妆品　办公用品　体育用品

图 2—19　快速输入编号

	A	B	C	D	E
1	编号	产品	单价（元）		
2	S1	达能饼干	4		
3	S2	伊利酸奶	1.5		
4	S3	蒙牛纯牛奶	1.2		
5	S4	巧克力	13.4		
6					
7					
8					

食品　化妆品　办公用品　体育用品

图 2—20　输入顺序递增的编号

（6）移动和复制工作表。如果在同一工作簿中想要移动工作表，只需要选中要移动的工作表，然后沿工作表标签拖动选定的工作表标签（鼠标指针变成 的形状）到相应的位置（黑色箭头所指的位置）释放鼠标即可。在上述的工作簿中，选择“体育用品”工作表，移动到“食品”工作表标签的后面，如图 2—21 所示。移动后的效果如图 2—22 所示。

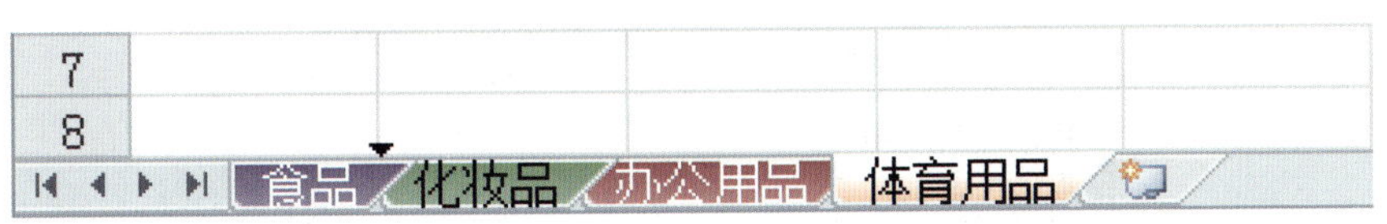

图 2—21　移动工作表操作

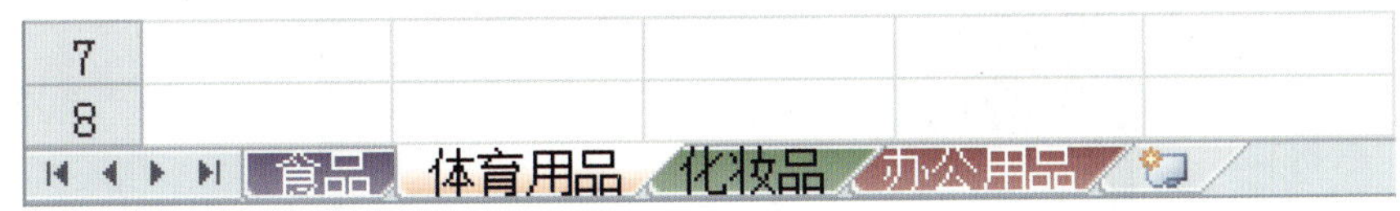

图 2—22　移动后的工作表

如果在同一工作簿中想要复制工作表，只需要选中要复制的工作表，然后按住 Ctrl 键沿工作表标签拖动选定的工作表标签（鼠标指针变成的形状）到相应的位置（黑色箭头所指的位置）释放鼠标，松开 Ctrl 键。复制后的工作表名称会在原工作表名称的后面添加“（2）”作为区别，如图 2—23 所示。

图 2—23　复制后的工作表

表除了上述的方法外，还可以选中需要移动或复制的工作表标签，右击选择下拉菜单中的“移动或复制工作表”选项，如图 2—24 所示。打开“移动或复制工作表”对话框，如图 2—25 所示，在这个对话框中“下列选定工作表之前”下的窗框用鼠标选择移动或复制的位置，单击“确定”按钮，则可以移动工作表到相应位置。在“建立副本”选项前打“√”，再单击“确定”按钮则可以复制工作表。

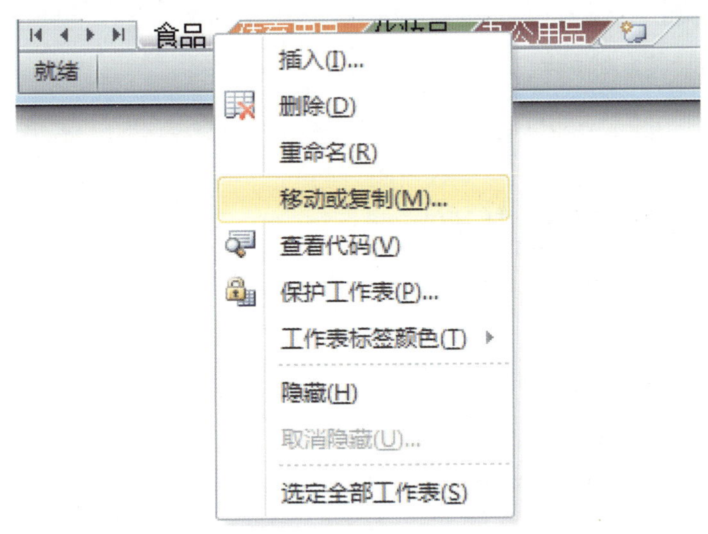

图 2—24　“移动或复制工作表”操作

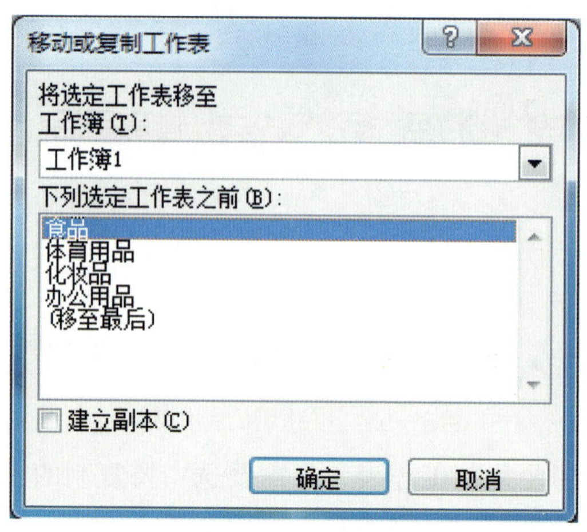

图 2—25 “移动或复制工作表”对话框

最终调整工作表标签顺序，按照音序排列依次为“办公用品”“化妆品”“食品”“体育用品”。

提示 如需要跨工作簿移动或复制工作表，则首先要将两个工作簿都打开，在图 2—25 所示的“移动或复制工作表”对话框中的“工作簿”下拉菜单中选择移动或复制的目的地工作簿，然后再选择工作表位置、移动或复制，最后确定即可。

（7）并排比较工作表。在 Excel 2010 中的同一工作簿中的不同工作表，或者不同工作簿中的工作表，都可以在 Excel 窗口中同时显示，并排比较，如图 2—26 所示。

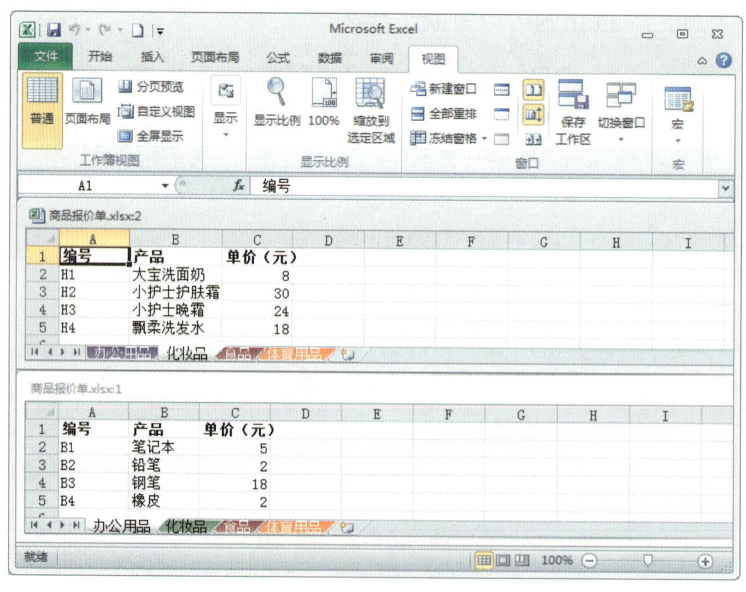

图 2—26 并排查看

首先单击“视图”选项卡，在其中“窗口”组中选择“新建窗口”按钮，可以建立一个新的窗口，单击要比较的工作表标签，然后在“窗口”组中选择“并排查看”按钮，则两个工作表可以并排显示。按此方法共建立四个窗口，并“并排查看”。

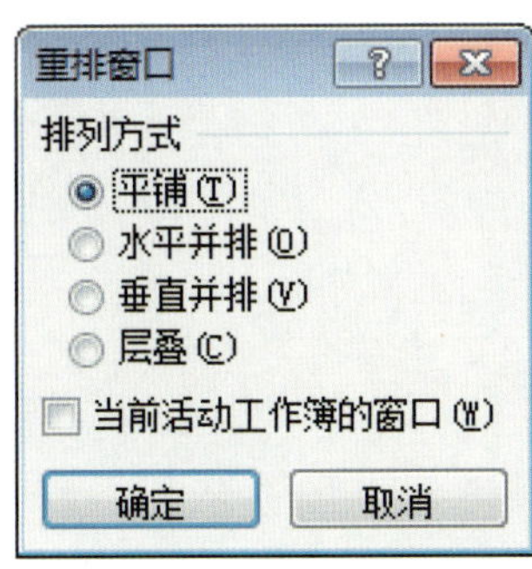

图 2—27　选择重排方式

然后选择“窗口”组中的“全部重排”按钮，在弹出如图 2—27 所示的“重排窗口”中选择“平铺”后确定（如果只是显示活动工作簿的工作表，则在“当前活动工作簿的窗口”前打“√”）。重排后以平铺方式显示的效果如图 2—28 所示，这样显示的方式便于查看并可以编辑多个工作表，查看完毕可以将多余的工作表窗口关闭，然后双击剩下的 Book1 的标题栏，即可恢复并排比较前的状态。

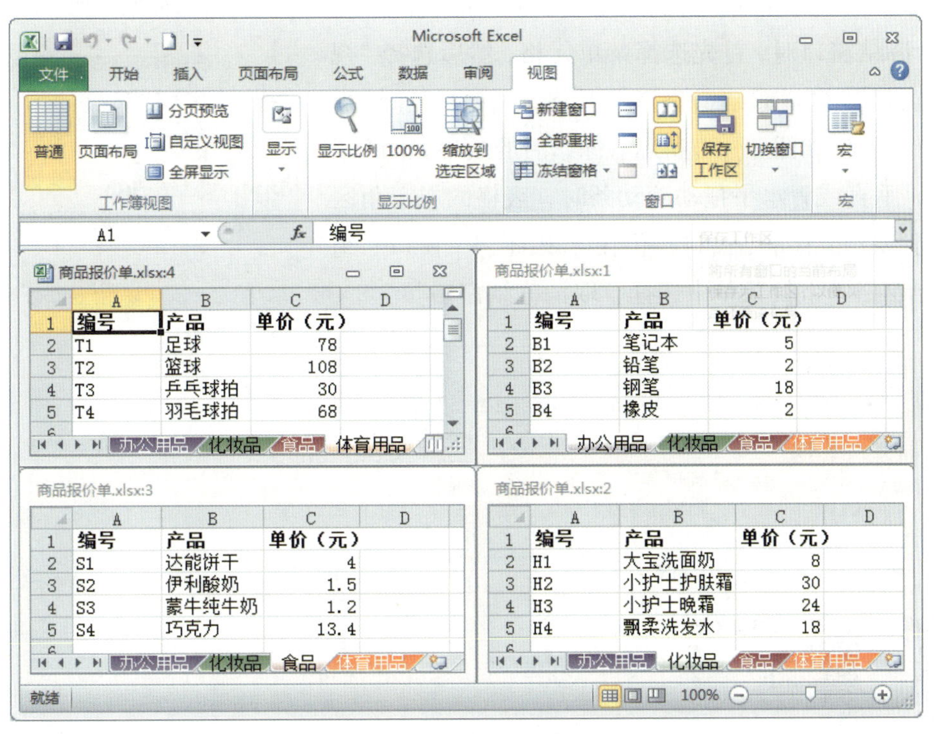

图 2—28　以平铺方式并排比较工作表

（8）拆分与冻结窗口。若工作表的内容过长或者过宽，在当前窗口不能显示全部内容时，可以将其进行拆分。拆分后的每个区域的内容可以单独调整，实现在当前窗口浏览多个区域的数据。首先选择相应的工作表，在工作表中选定任意单元格，单击“视图”|“窗口”组中的拆分窗口按钮，则当前的窗口被拆分成如图 2—29 所示的四块显示区域。鼠

标指针移至窗口拆分线上，变成双向箭头时，按住鼠标左键并拖动，就可以调整窗口区域的相对大小。再次单击拆分窗口按钮，或在拆分线上双击，可清除拆分窗口的显示效果。

	A	B	C	D	E	F	G
1	编号	产品	单价（元）				
2	B1	笔记本	5				
3	B2	铅笔	2				
3	B2	铅笔	2				
4	B3	钢笔	18				
5	B4	橡皮	2				
6							
7							
8							
9							
10							
11							
12							

图 2—29　拆分工作表窗口

如果需要在工作表滚动时，行标列标和其他的数据可见，则可以冻结窗口，实现固定显示窗口的顶部和左侧区域。冻结窗口时，首先选择某单元格，然后选择“视图”|“窗口”组“冻结窗格”下拉菜单中的“冻结拆分窗格”，操作如图 2—30 所示。冻结后的效果如图 2—31 所示，垂直或者水平拖动滚动条时，表格的左上角区域冻结显示。取消冻结窗口，仍在“视图”|“窗口”组的“冻结窗格”下拉菜单中选择“取消冻结窗格”。

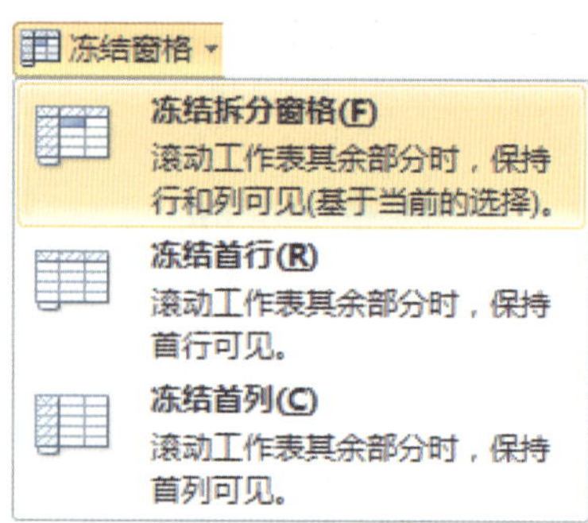

图 2—30　冻结工作表窗口

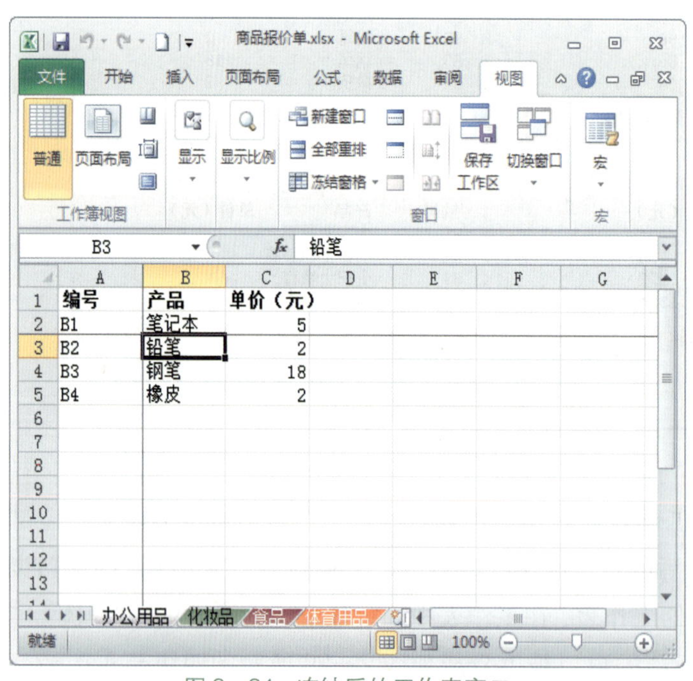

图 2—31　冻结后的工作表窗口

操作演示

（9）工作表的隐藏和显示。在工作簿中，若有的工作表中的内容不想让其他人看到，则可以将其隐藏。隐藏工作表可以在“开始”|“单元格”|“格式”按钮的下拉菜单中选择“隐藏和取消隐藏”|“隐藏工作表”，如图2—32所示。还可以选中需要隐藏的工作表名称，右击，在快捷菜单中选择“隐藏”选项即可。

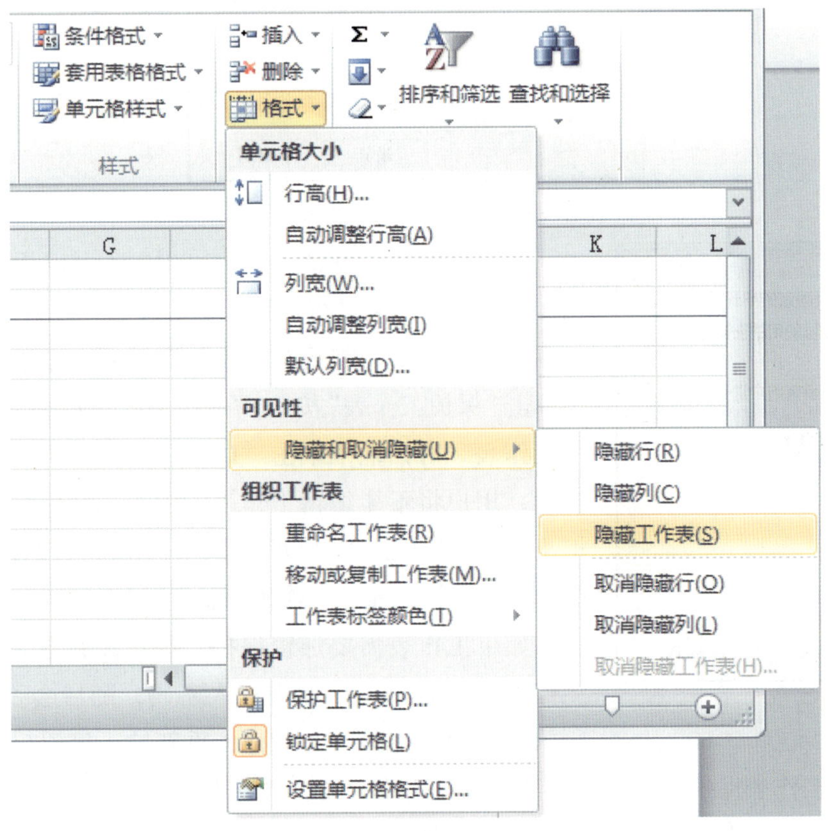

图2—32　“隐藏工作表”操作

提示　在一个工作簿中，不能将所有的工作表隐藏，至少要有一个工作表显示。

显示隐藏的工作表，可以在“开始”|“单元格”|“格式”按钮的下拉菜单中选择“隐藏和取消隐藏”|“取消隐藏工作表”选项，在打开的如图2—33所示“取消隐藏”对话框中，选择需要重新显示的工作表名称并确定即可。同样在工作表标签栏上右击，在快捷菜单中选择“取消隐藏”，也可以打开“取消隐藏”对话框，选择需要重新显示的工作表名称并确定。

如图 2—33 所示，Excel 2010 还提供了隐藏和显示行或列的操作，按照“菜单法”操作即可。

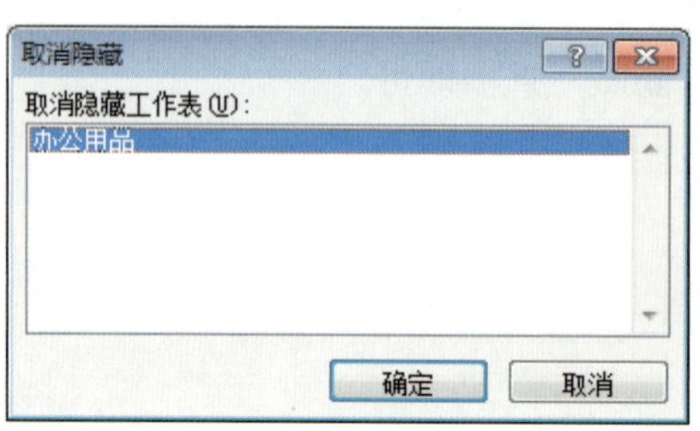

图 2—33 “取消隐藏工作表”操作

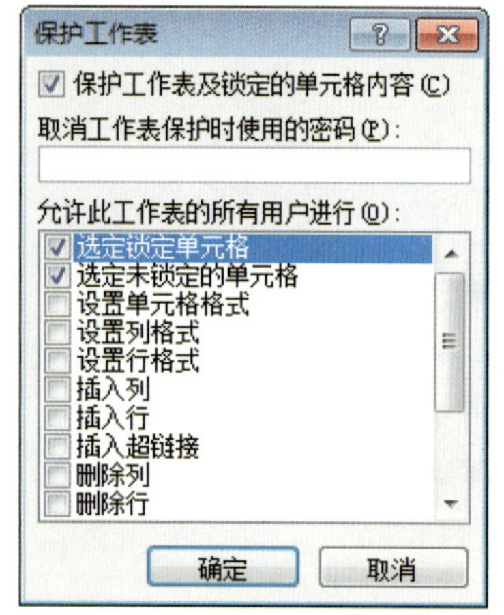

图 2—34 打开“保护工作表”对话框

（10）保护工作表。Excel 2010 还可以根据需要，对工作簿或者工作表进行加密保护。

简单的保护，需要在“审阅”选项卡中的“更改”组中单击“保护工作表”按钮，在弹出的如图 2—34 所示的“保护工作表”对话框中单击“确定”按钮即可。工作表被保护后，用户将不能编辑工作表的内容，软件会弹出对话框拒绝编辑，如图 2—35 所示。需要编辑时，可以在“审阅”|“更改”组中选择“撤消工作表保护”按钮。

如果工作表需要加密保护，则只需在图 2—34 所示的“保护工作表”对话框中输入密码，随后会弹出图 2—36 所示的“确认密码”对话框，重新输入密码后确定即可。若想要撤销工作表保护，则可以在“审阅”选项卡中的“更改”组中单击“撤消工作表保护”按钮，在弹出的“撤消工作表保护”对话框中输入密码后确定即可，如图 2—37 所示。

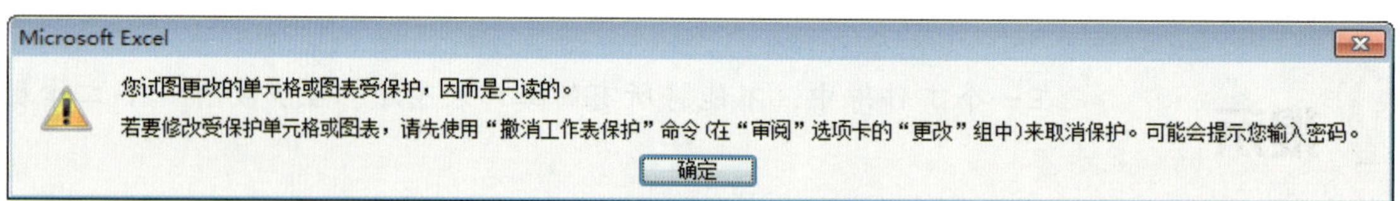

图 2—35 拒绝编辑提示框

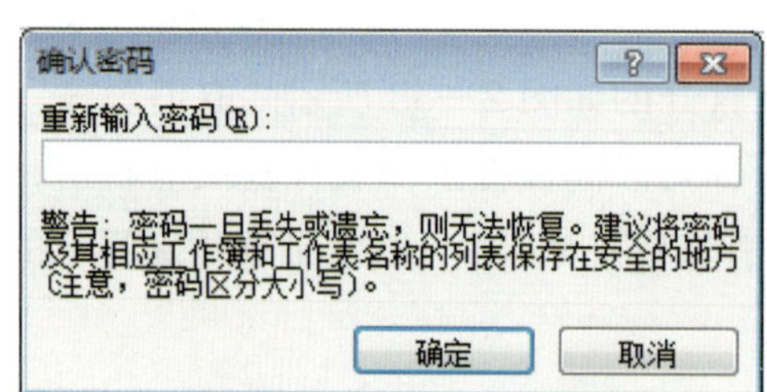

图 2—36 加密保护工作表

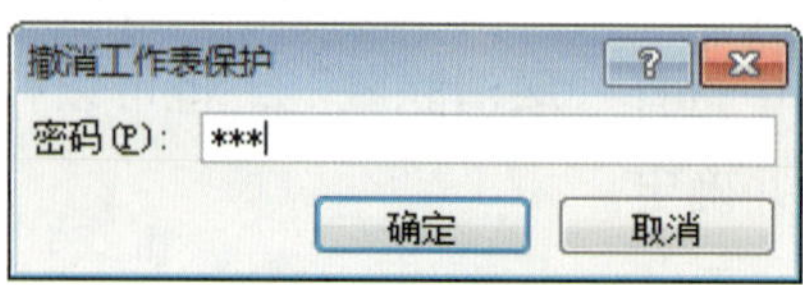

图 2—37 “撤消工作表保护”对话框

在工作表的保护中，一次只能操作一个工作表。

Excel 2010 还支持如果需要分区保护工作表，也就是有的单元格区域可以编辑，有的单元格区域被保护。这时首先要在工作表上选择允许修改的单元格区域，然后在“审阅”选项卡中的“更改”组中单击“允许用户编辑区域”按钮，打开“允许用户编辑区域”对话框，如图 2—38 所示。单击“新建”按钮，在弹出“新区域”对话框中的“区域密码”中输入区域的密码（见图 2—39），然后确定并重新输入密码。重新弹出“允许用户编辑区域”对话框，单击“确定”（见图 2—40）按钮之后再保护工作表，这样选定的区域就可以在输入相应的“区域密码”后进行编辑。

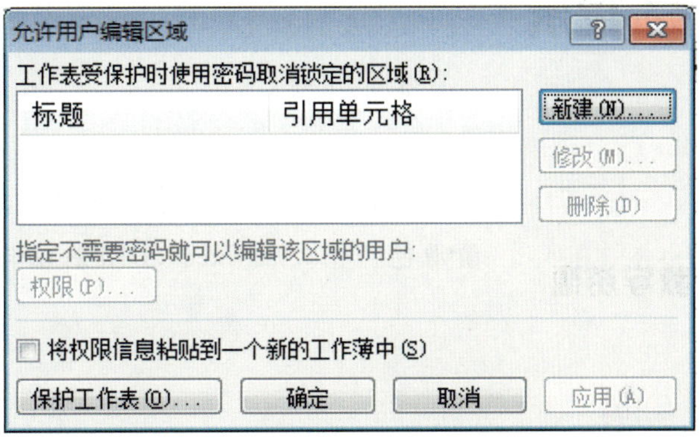

图 2—38　“允许用户编辑区域”对话框

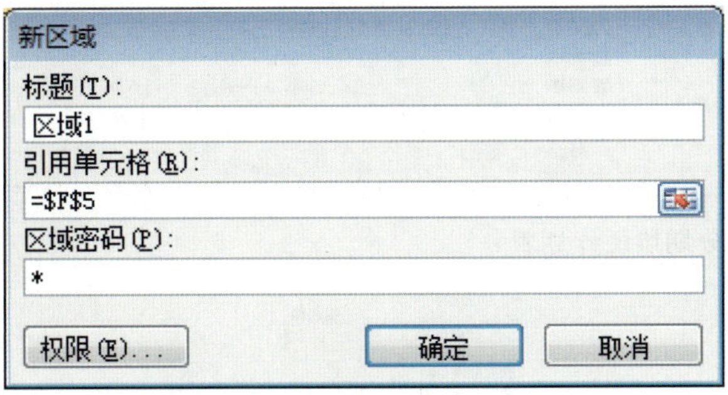

图 2—39　“新区域”对话框

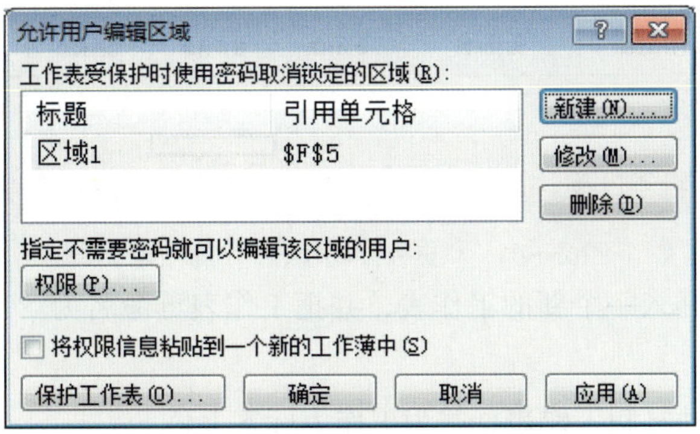

图 2—40　“允许用户编辑区域”操作

操作演示

（11）将工作表保存，并命名为“商品报价单”，单击主窗口右上角的按钮，关闭工作簿。

对命名和重命名无效的字符有：问号（？）、引号（“”）、斜杠（/）、反斜杠（\）、小于号（<）、大于号（>）、星号（*）、竖线（|）、冒号（:）等。

“商品报价单”素材可通过网站 http://jg.class.com.cn 下载，位于软件资源包“中文版 Excel 2010 基础与实训 / 项目二 / 任务 1”中。

巩固练习

1. 利用 Excel 2010 自带模板，创建“贷款分期偿还计划表”工作簿，如图 2—41 所示。

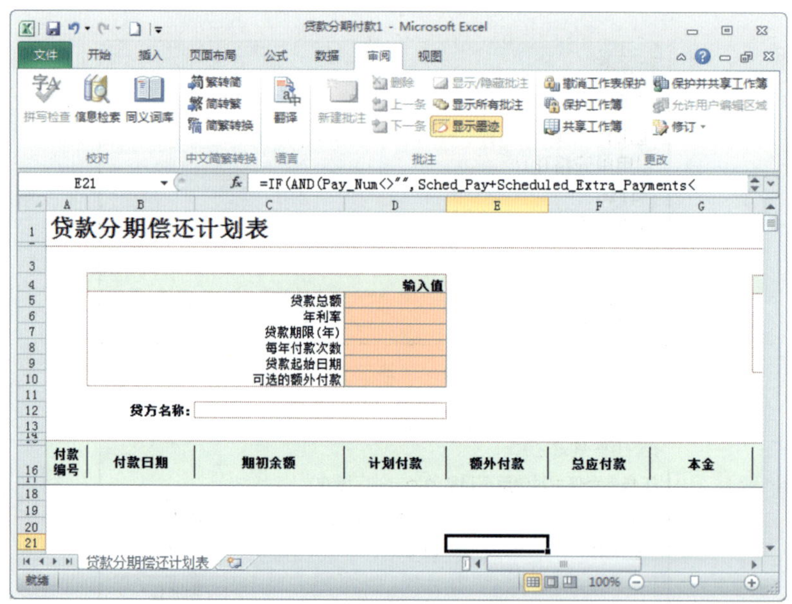

图 2—41　“贷款分期偿还计划表”工作簿

2. 在该工作簿中插入一个新的工作表，并把工作表重命名为“工资表”，如图 2—42 所示。

3. 在工作簿内移动复制工作表，并为工作表标签上色。

4. 选择隐藏“工资表”，然后取消隐藏。

5. 对此工作表设置一个密码。

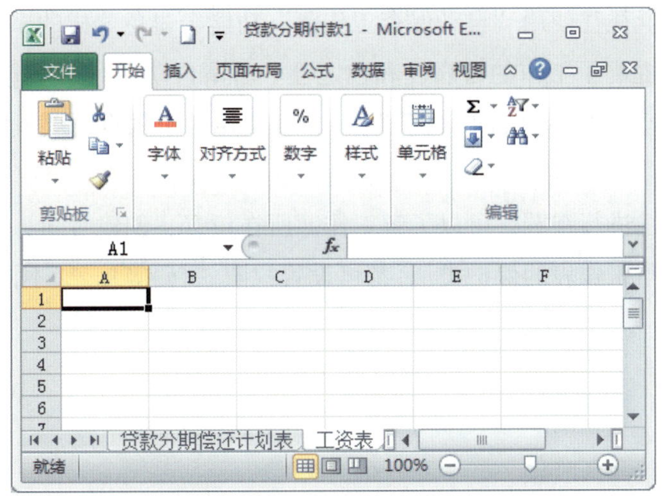

图 2—42　插入“工资表”后的示意图

任务 2　管理商品报价单工作簿

学习目标

1. 能完成打开、自动保存工作簿等常用操作。
2. 能完成工作簿属性的查看和设置操作。
3. 能完成同时显示多个工作簿、保护工作簿的操作。

任务描述

本任务对商品报价单工作簿进行相应管理，包括打开工作簿、自动保存工作簿、查看和设置工作簿属性、设置工作簿的保护等。操作中尤其要注意工作簿的保护与工作表保护的区别。

相关知识

在编辑工作簿的过程中，如果发生突然故障或失误操作，却没有及时保存工作簿，将

会造成严重的损失。往往使用“自动保存工作簿”功能会避免这样的事故，极大地降低了数据丢失的可能，提高了工作的可靠性和稳定性。所谓自动保存工作簿，就是指 Excel 每隔一段时间都会自动保存创建的工作簿。在 Excel 中用户可根据需要设置自动保存工作簿的时间间隔。

对工作簿的属性进行查看，可以了解工作簿所在位置、创建时间、修改时间等信息。

工作簿的保护与工作表的保护类似，都可设置权限、密码等信息。不同的是设置的范围。

实践操作

1. 打开商品报价单工作簿

启动 Excel 2010，单击“文件”菜单，选择“打开”，在出现的“打开”对话框中按照存储路径找到并选择“商品报价单”工作簿，单击“打开”按钮即可完成打开操作。或者添加“打开”按钮到“快速访问工具栏”，单击“打开”按钮完成打开操作。或者单击“文件”菜单，在“最近使用的文档”中选择刚刚编辑完的“商品报价单”工作簿。

2. 自动保存工作簿

设置自动保存工作簿的操作方法，首先单击“文件”菜单，在右下角单击 选项 按钮，打开“Excel 选项”对话框，选择左侧的“保存”标签，在“保存自动恢复信息时间间隔”复选框前打“√”，在后面的分钟前输入自动保存工作簿的时间间隔（为 1 ~ 120 的整数），在“默认文件位置”中输入将要将文件保存的位置，如图 2—43 所示，设置后单击“确定”按钮即可。

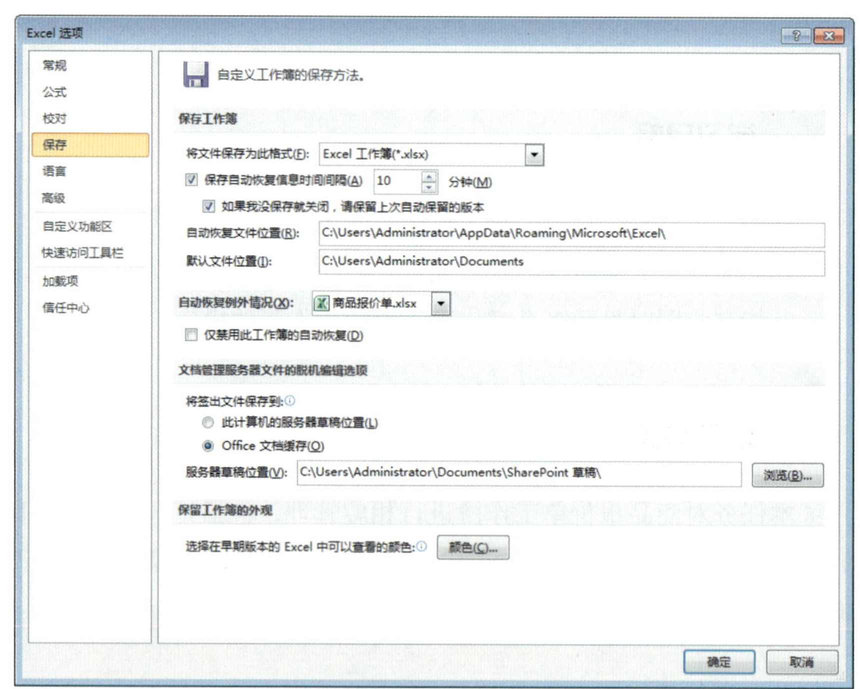

图 2—43 设置自动保存工作簿

3. 查看并设置工作簿属性

首先单击“文件”菜单，在下拉菜单中选择“信息”标签，再在窗口右窗格中选择“属性”菜单项，如图 2—44 所示。这时弹出如图 2—45 所示的信息，文档中部的条形框就是文档属性条形框，用户可以在里面输入文件的相关摘要信息，包括作者、标题、主题、关键词、类别、状态、备注等。若要关闭文档属性条形框，单击文档中部条形框右上角的关闭按钮即可。

图 2—44　查看工作簿属性操作

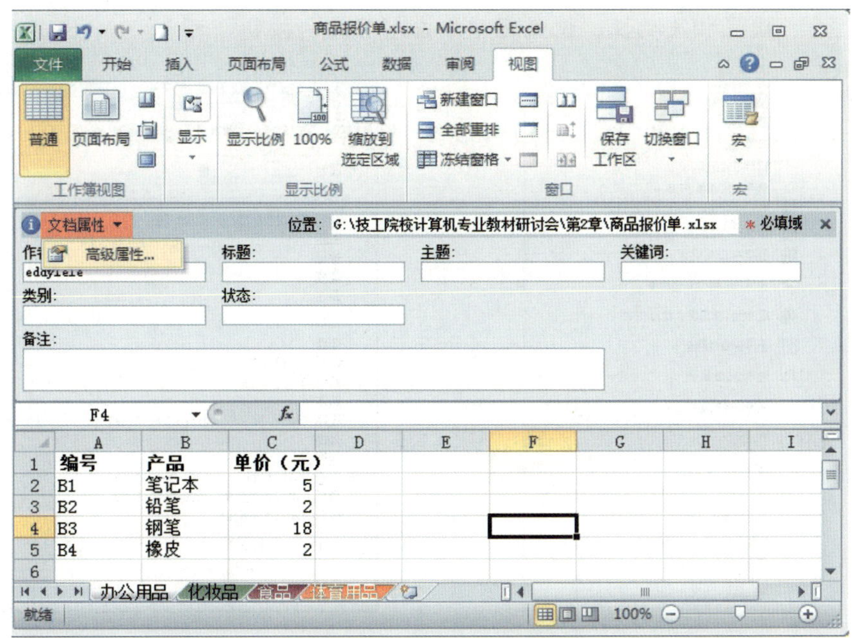

图 2—45　工作簿文档属性

单击“文档属性”标签右右侧的下三角按钮，选择“高级属性”，弹出如图 2—46 所示的对话框。该对话框中有五个选项卡，分别是常规、摘要、统计、内容、自定义，各自显示工作簿文件的相关属性信息。

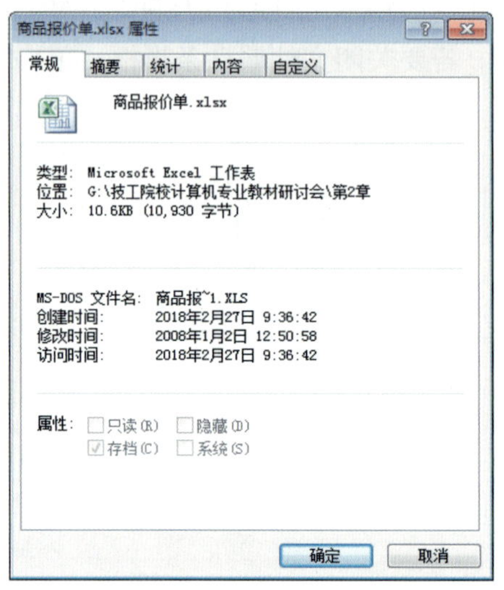

图 2—46　工作簿文件高级属性

查看设置工作簿的属性，还可以从“计算机”进入，找到相应工作簿文档，右击，出现的对话框中选择最后一项“属性”，如图 2—47 所示。弹出的属性对话框如图 2—48 所示，在“详细信息”选项卡中可以直接设置相关属性，设置完毕单击“确定”按钮即可。

图 2—47　查看工作簿文件属性（右键法）

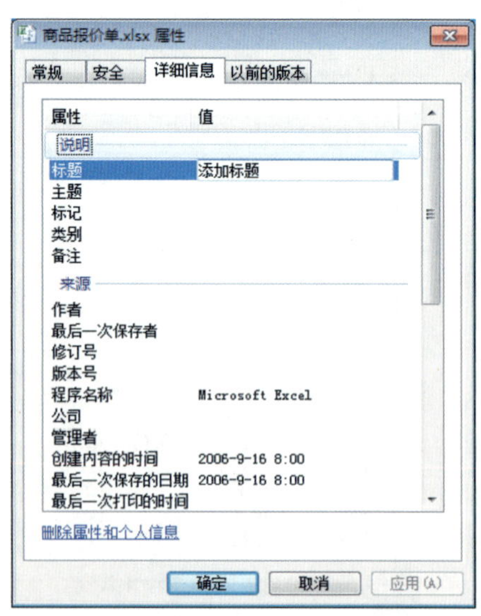

图 2—48　直接设置工作簿文件属性(右键法)

4. 同时显示多个工作簿

操作演示

与“并排比较工作表”类似，在 Excel 2010 中，主窗口可以同时显示多个工作簿。首先打开同时要显示的工作簿，这里打开项目一建立的“学生信息登记表”工作簿，以及当前的“商品报价单”工作簿；然后在“视图”|“窗口”组中选择“全部重排”按钮，打开的对话框中选择“水平并排”后确定，图 2—49 所示为显示效果。

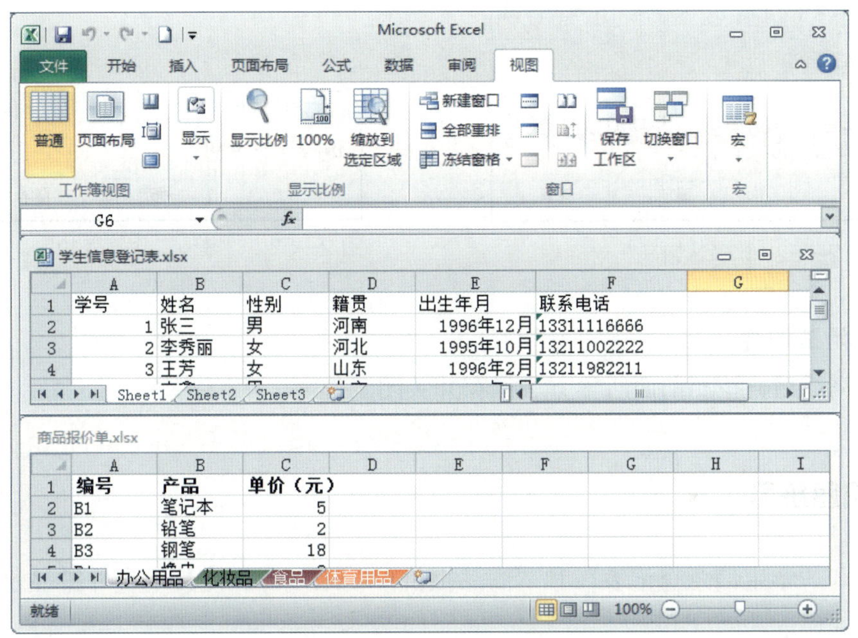

图 2—49　以“水平并排”方式显示多个工作簿

5. 保护工作簿

Excel 还可以根据需要，对工作簿或者工作表进行加密保护。在“审阅”选项卡中的“更改”组中单击“保护工作簿”按钮，如图 2—50 所示。在弹出的对话框中输入设定的密码（见图 2—51），单击“确定”按钮后弹出“确认密码”对话框，并在其中重新输入密码，如图 2—52 所示。再次输入密码后单击“确定”按钮，即可完成对工作簿的保护。

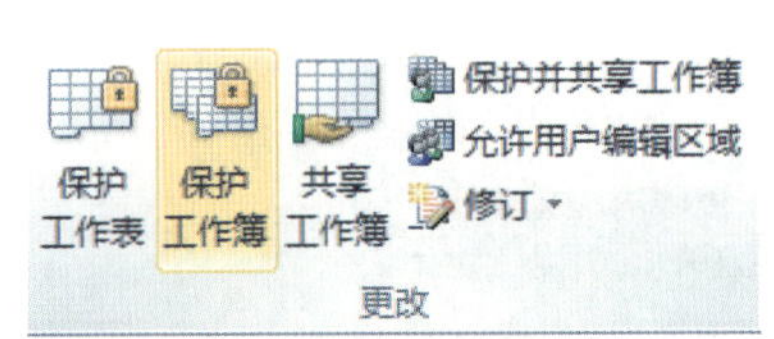

图 2—50　打开“保护结构和窗口”操作

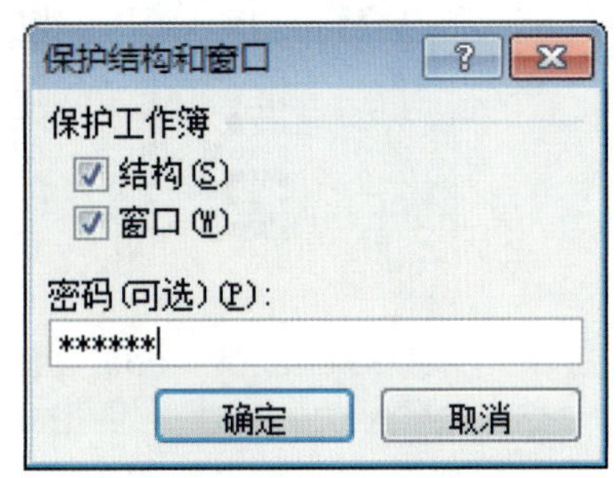

图 2—51　“保护结构和窗口”对话框

在工作簿的保护中，密码是区分大小写的。

若想要撤销保护工作簿，则可以再单击“审阅”选项卡中的“更改”组中“保护工作簿”按钮的下拉菜单中的“保护结构和窗口”，在弹出的“撤消工作簿保护”对话框中输入密码，单击“确定”按钮即可，如图 2—53 所示。

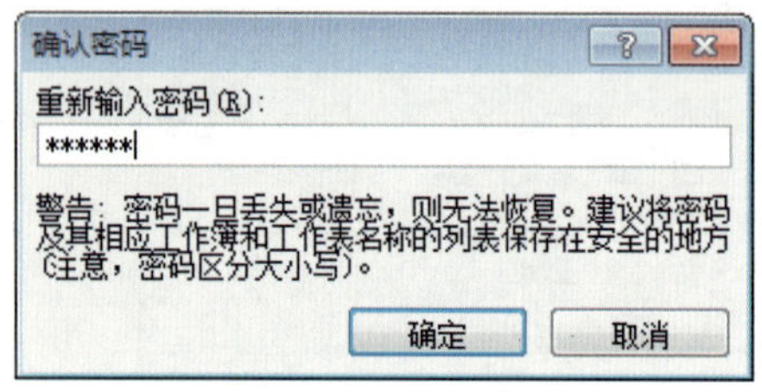

图 2—52 “确认密码”对话框

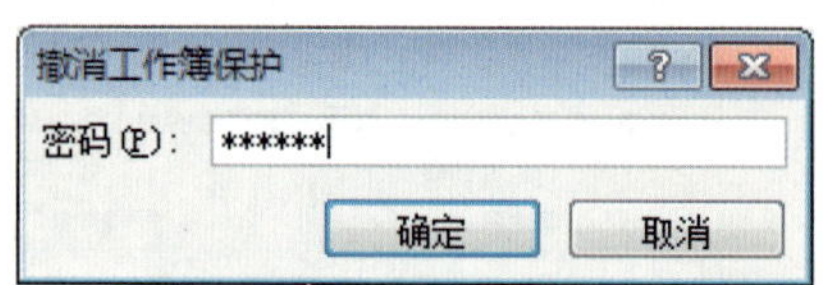

图 2—53 “撤消工作簿保护”对话框

6. 关闭工作簿

操作完成后，按照前面所学方法保存并关闭工作簿。

巩固练习

1. 打开“学生信息登记表”和“商品报价单”工作簿，使其垂直并排显示，如图 2—54 所示。

2. 查看“学生信息登记表”工作簿的属性，并为其加密。

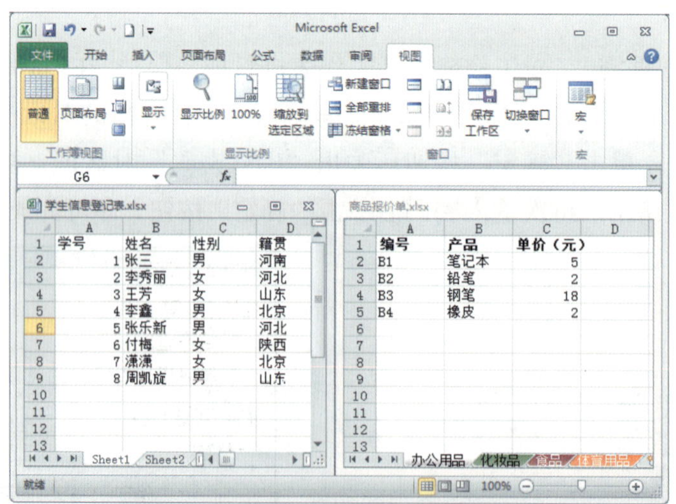

图 2—54 “学生信息登记表”和“商品报价单”工作簿并排显示

项目三　数据输入与编辑管理

数据内容存放于工作表中，对数据的输入与编辑是工作表管理以及其他一切操作的基础。在了解工作表与工作簿基本知识和基本操作后，本项目主要学习数据输入与编辑管理的具体操作方法。

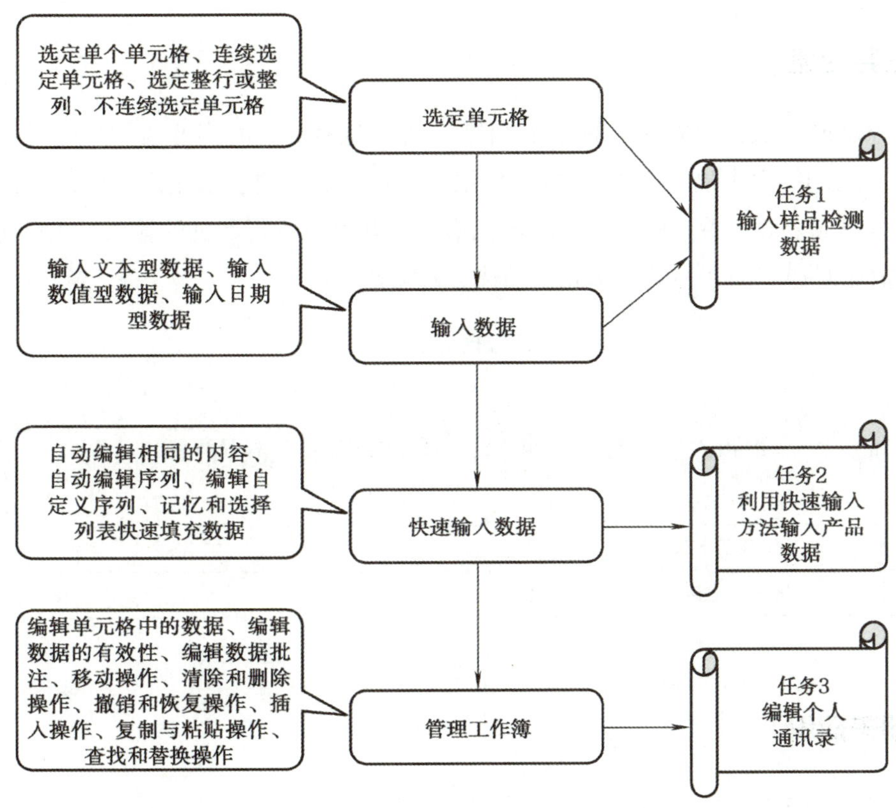

任务 1　输入样品检测数据

学习目标

1. 能描述单元格的选定在数据输入中的作用。
2. 能描述数据输入在 Excel 中的基础作用。
3. 能在 Excel 中完成各类型数据的输入。
4. 能在 Excel 中完成各种选择单元格的操作。

任务描述

本任务是向 Excel 中输入表 3—1 的内容。通过观察可以看到此表中包含几种不同类型的数据，需采用不同的输入方法。输入数据的过程中需要选定单元格。所谓选定单元格，就是选定一个或者多个单元格作为活动单元格，使其可以进行数据的输入。本任务将着重练习输入数据时遇到的几种类型单元格的选定及操作方法。

表 3-1　　检测数据记录表

实验员：王鸿儒　　实验日期：2017-12-12

被测样品	样品编号	样品质量 m（g）	质量误差（g）	样品体积 V（cm^3）	样品密度 $\rho(g/cm^3)$
样品 1	0020070538	51.3	1.3	30.7	513/307
样品 2	0020070539	49.2	-0.8	30.2	492/302
样品 3	0020070540	52.1	2.1	31.5	521/315

相关知识

Excel 中数据的类型主要包括文本、数值、日期等。

Excel 对文本型数据的限制很少，因此输入比较简单，如“质量误差”等文字型数据。

对于数值型数据，每个单元格在默认情况下只能显示 11 位的数值，如果大于此值，将会用科学计数法来表示。

对于日期型数据，Excel 中有几种不同的显示方式，可以有不同的表示方法，如“2017-3-14”或“2017 年 3 月 14 日”等，用户可以自己选择。

实践操作

1. 单个单元格的选定

方法 1：单击需要选择的单元格。选定后名称栏中出现该单元格的名称，即列号和行号，同时单元格周围的方框会变成黑粗框。如图 3—1 所示，选中单元格 C2，在名称栏里显示了该单元格的名称 C2。

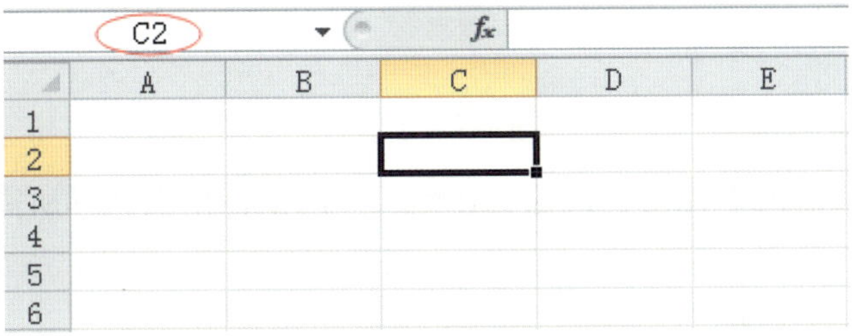

图 3—1　选中单元格示意图

方法 2：使用键盘。按 Tab 键或者→键，表示选定了此单元格右面一个单元格；按 Shift + Tab 键或者←键，表示此单元格左面的一个单元格为活动单元格；按 Enter 或者↓键，表示此单元格的下方一个单元格为活动单元格；按 Shift+Enter 键或者↑键，表示此单元格的上方一个单元格为活动单元格。

方法 3：在名称栏里输入所要选择的单元格或者区域的名称，按 Enter 键，即完成单元格的选定。

2. 连续单元格的选定

方法 1：单击选中一个单元格后，按住 Shift 键，再选中最后一个单元格，松开鼠标即完成选定。图 3—2 所示为选择单元格区域 B3:D9 的示意图。

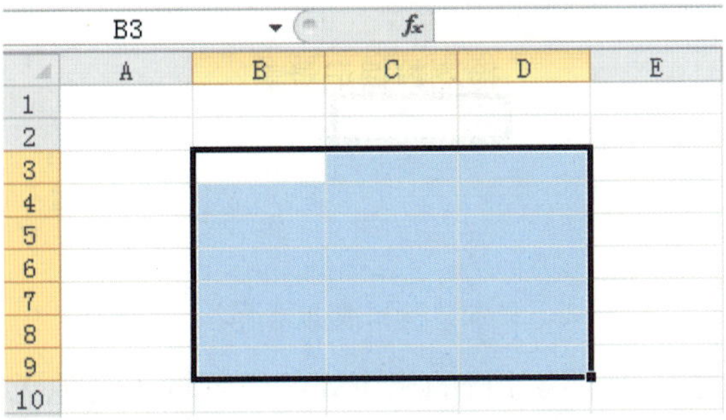

图 3—2　选择 B3:D9 单元格区域示意图

方法 2：单击选中第一个单元格，按住鼠标左键直接拖动到要选定的最后一个单元格，然后松开鼠标。

方法 3：在名称栏里直接输入要选定的区域，按 Enter 键。

3. 整行或整列的选定

将鼠标放置在要选择的行号或列号处，当鼠标形成显示为粗箭头“⬇”时，右击完成选定，如图 3—3 所示。

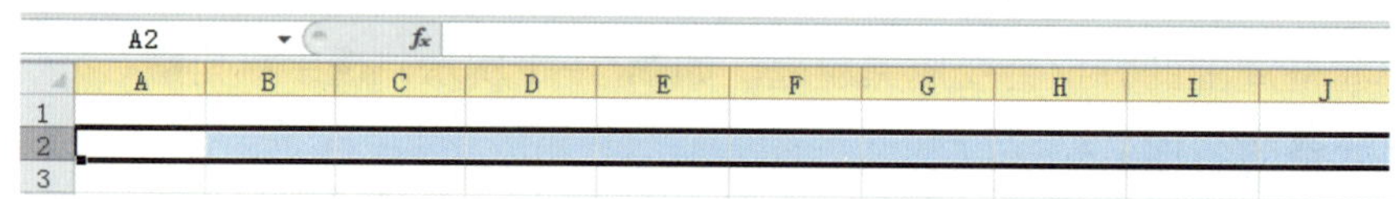

图 3—3　选定第 2 行示意图

4. 不连续单元格的选定

单击选中一个所需的单元格，按住 Ctrl 键，并用鼠标依次选择所需的其他单元格，如图 3—4 所示。

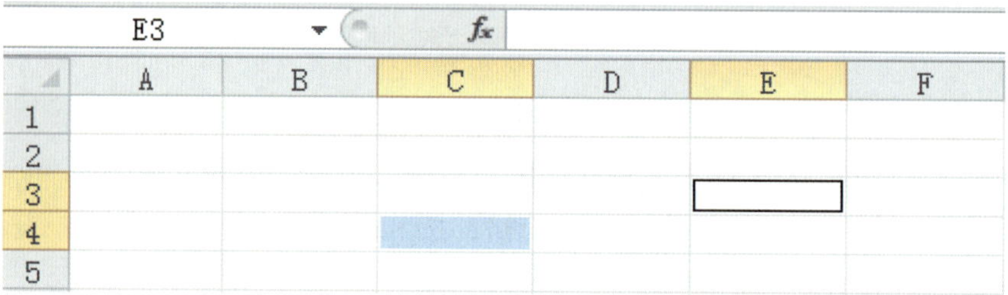

图 3—4　不连续单元格的选定

5. 文本型数据的输入

（1）打开空白工作簿后，单击选中单元格 C1 后，输入“检测数据记录表”，按 Enter 键，即完成此文本的输入，同时活动单元格移到 C2，如图 3—5 所示。

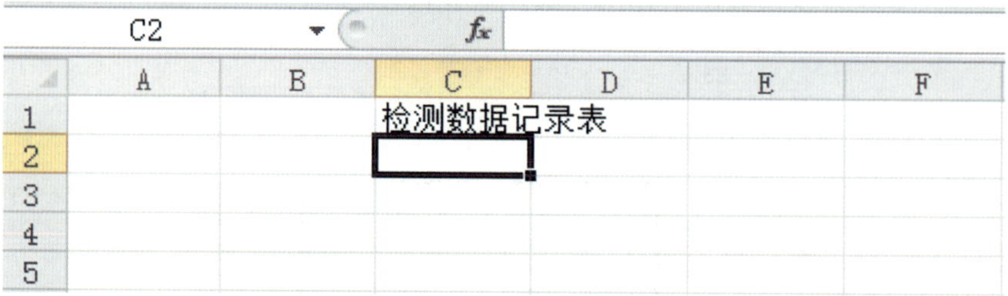

图 3—5　文本“检测数据记录表”的输入

（2）用同样的方法在第 2、第 3 行的相应列的位置输入其他无特殊格式的文本内容，完成后如图 3—6 所示。

B4 f_x

	A	B	C	D	E	F
1			检测数据记录表			
2	实验员：王鸿儒				实验日期：	
3	被测样品	样品编号				
4	样品1					
5	样品2					
6	样品3					
7						

图 3—6 普通格式文本的输入

提示 当单元格的文本内容超过 Excel 默认的宽度时，如果单元格的右单元格为空单元格，那么此单元格的数据会全部显示，如图 3—6 所示中的单元格 C1、A2。如果该单元格的右单元格不是空单元格，此单元格的内容将不能全部显示。可以通过调整列宽来实现全部显示。

（3）单元格 C3 的文本需要在一行中输入多行数据。这种情况首先单击单元格 C3，输入“样品质量 m”。然后同时按 Alt + Enter 键，再输入“（g）”。按照此方法输入单元格 D3 的内容，完成后如图 3—7 所示。

D4 f_x

	A	B	C	D	E	F
1			检测数据记录表			
2	实验员：王鸿儒				实验日期：	
3	被测样品	样品编号	样品质量m （g）	质量误差m （g）		
4	样品1					
5	样品2					
6	样品3					
7						

图 3—7 同一单元格多行数据的输入

（4）在单元格 E3、F3 中涉及了字体上标的输入。具体操作方法为：输入“cm3”后，选中“3”，单击“开始”菜单下“字体”栏中的按钮，在“设置单元格格式”的“特殊效果”选项处选择“上标”，如图 3—8 所示，单击“确定”按钮。输入完成后如图 3—9 所示。

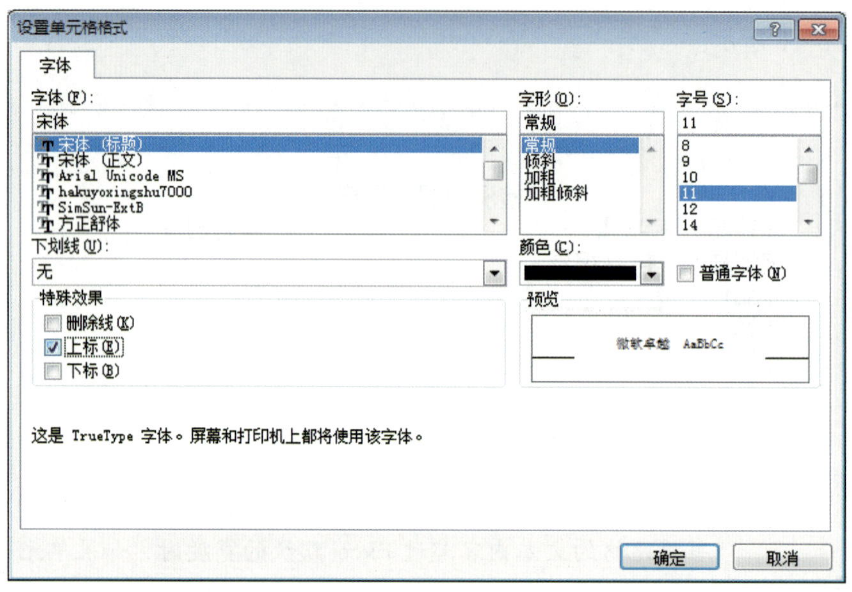

图 3—8 设置字体

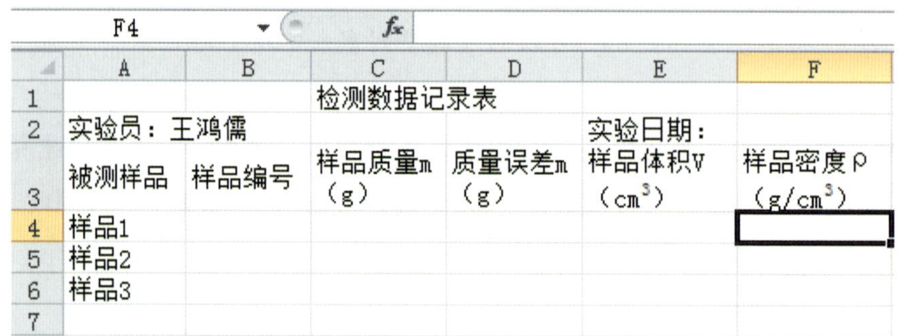

F4

	A	B	C	D	E	F
1			检测数据记录表			
2	实验员：王鸿儒				实验日期：	
3	被测样品	样品编号	样品质量m（g）	质量误差m（g）	样品体积V（cm³）	样品密度ρ（g/cm³）
4	样品1					
5	样品2					
6	样品3					
7						

图 3—9 文本输入完成后示意图

6. 数值型数据的输入

（1）输入正数、小数等普通的数值型数据时，如 C4，单击选中单元格 C4，直接输入其内容。按照同样的方法完成单元格 C5、C6、D4、D6、E4 至 E6 的输入，如图 3—10 所示。

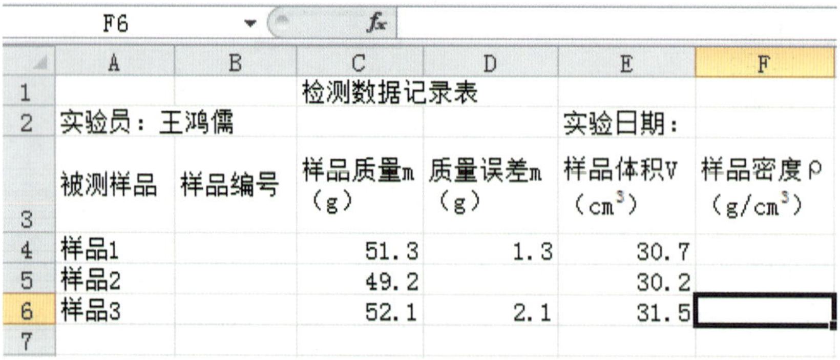

F6

	A	B	C	D	E	F
1			检测数据记录表			
2	实验员：王鸿儒				实验日期：	
3	被测样品	样品编号	样品质量m（g）	质量误差m（g）	样品体积V（cm³）	样品密度ρ（g/cm³）
4	样品1		51.3	1.3	30.7	
5	样品2		49.2		30.2	
6	样品3		52.1	2.1	31.5	
7						

图 3—10 普通数值型数据输入完成后示意图

（2）单元格 B4 至 B6 中的内容如果直接输入，会发现最前面的“00”两个字在 Excel 中不能显示。对于这种数据，首先选中单元格 B4，单击“开始”|“单元格”栏中的“格式”，出现如图 3—11 所示的下拉菜单。在此菜单中单击“设置单元格格式”选项，出现如图 3—12 所示的对话框。或者选中单元格后，单击“开始”下的“数字”栏右下角的图标，也可出现如图 3—12 所示的对话框。

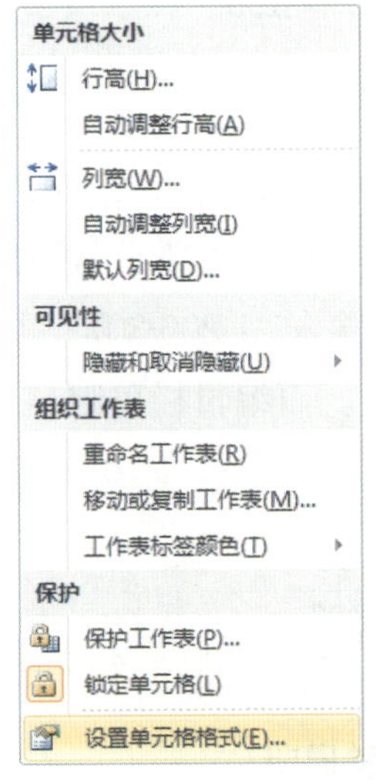

图 3—11 “格式”下拉菜单

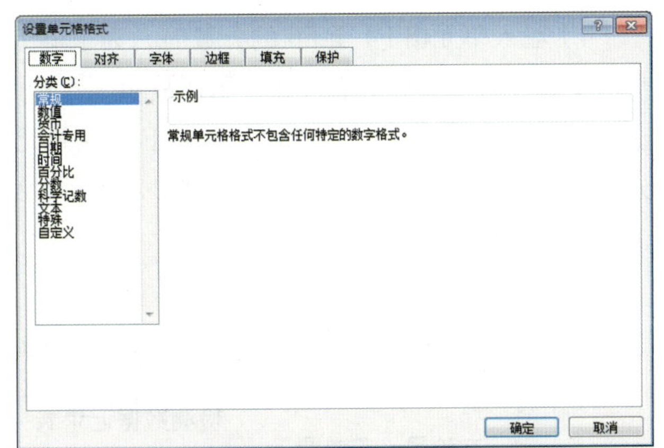

图 3—12 设置数字类型

在此对话框中的“数字”栏下选择“文本”选项，单击“确定”按钮后，输入“0020070538”。完成后，在单元格的左上方会显示绿色的小三角形。按照此方法依次完成单元格 B5、B6 的输入，如图 3—13 所示。

C6 | fx 52.1

	A	B	C	D	E	F
1			检测数据记录表			
2	实验员：王鸿儒				实验日期：	
3	被测样品	样品编号	样品质量m (g)	质量误差m (g)	样品体积V (cm^3)	样品密度ρ (g/cm^3)
4	样品1	0020070538	51.3	1.3	30.7	
5	样品2	0020070539	49.2		30.2	
6	样品3	0020070540	52.1	2.1	31.5	
7						

图 3—13 B4 至 B6 输入完成后示意图

（3）对于单元格 D5 中负数的输入，选中单元格 D5 后，输入“（0.8）”或“－0.8”，按 Enter 键，则完成了负数的输入，如图 3—14 所示。

操作演示

D6 | f_x 2.1

	A	B	C	D	E	F
1			检测数据记录表			
2	实验员：王鸿儒				实验日期：	
3	被测样品	样品编号	样品质量m (g)	质量误差m (g)	样品体积V (cm³)	样品密度ρ (g/cm³)
4	样品1	0020070538	51.3	1.3	30.7	
5	样品2	0020070539	49.2	-0.8	30.2	
6	样品3	0020070540	52.1	2.1	31.5	
7						

图 3—14　输入负数

（4）输入单元格 F4 至 F6 的分数时，为了避免与日期的输入混淆，Excel 采用“整数 + 空格 + 真分数”的形式输入和显示，故表 3-1 中的假分数需转换为带分数形式再输入，如输入表中的“513/307”，应选中单元格 F4，在单元格 F4 中输入“1 206/307”，按 Enter 键，若分数格式设为“分母为三位数”，则显示为“1 206/317”。而编辑栏里则显示其小数形式，如图 3—15 所示。

F4 | f_x 1.67100977198697

	A	B	C	D	E	F
1			检测数据记录表			
2	实验员：王鸿儒				实验日期：	
3	被测样品	样品编号	样品质量m (g)	质量误差m (g)	样品体积V (cm³)	样品密度ρ (g/cm³)
4	样品1	002007053	51.3	1.3	30.7	1 206/307
5	样品2	002007053	49.2	-0.8	30.2	
6	样品3	002007054	52.1	2.1	31.5	
7						

图 3—15　输入分数

当需要输入真分数时，直接输入即可。

分数的显示格式也是通过图 3—12 所示对话框来设置，默认显示为“分母为两位数”的形式，如前例中输入“1 206/307”后会显示为“151/76”，此时可将分数格式设为“分母为三位数”的形式，以使显示结果样式与原始数据接近。

如果分数位数不能够全部显示，则需单击“开始”下“数字”栏中右下角的按钮，在其出现的对话框中选择“数字”下的“分数”一项，如图 3—16 所示。然后在其右侧的选项中选择所需的选项。

完成此列的数据输入后，如图 3—17 所示。

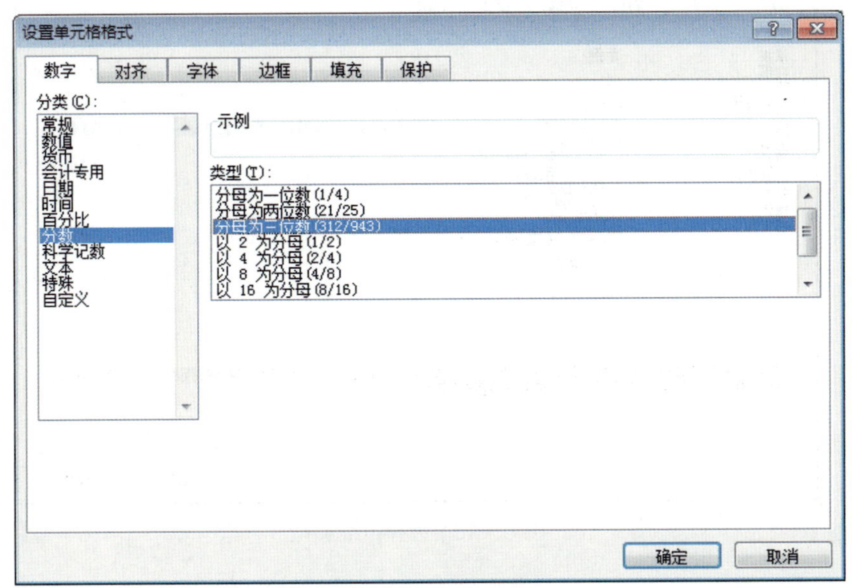

图 3—16　设置分数

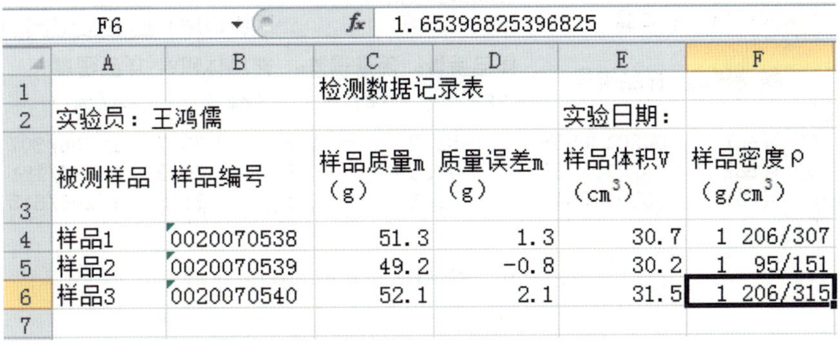

F6　f_x　1.65396825396825

	A	B	C	D	E	F
1			检测数据记录表			
2	实验员：王鸿儒				实验日期：	
3	被测样品	样品编号	样品质量m (g)	质量误差m (g)	样品体积V (cm³)	样品密度ρ (g/cm³)
4	样品1	0020070538	51.3	1.3	30.7	1 206/307
5	样品2	0020070539	49.2	-0.8	30.2	1 95/151
6	样品3	0020070540	52.1	2.1	31.5	1 206/315
7						

图 3—17　单元格 F4 至 F6 设置完成后工作表示意图

7. 日期型数据的输入

选中单元格 F2，单击“开始”|“数字”栏右下角的图标，出现“设置单元格格式”对话框，如图 3—12 所示。或者单击“开始”|“单元格”栏中的“格式”，在下拉菜单中单击“设置单元格格式”选项。在“数字”栏中选择“日期”选项，并在其右侧选择显示日期的显示格式，如图 3—18 所示。单击“确定”按钮后，在单元格内输入日期，如图 3—19 所示。

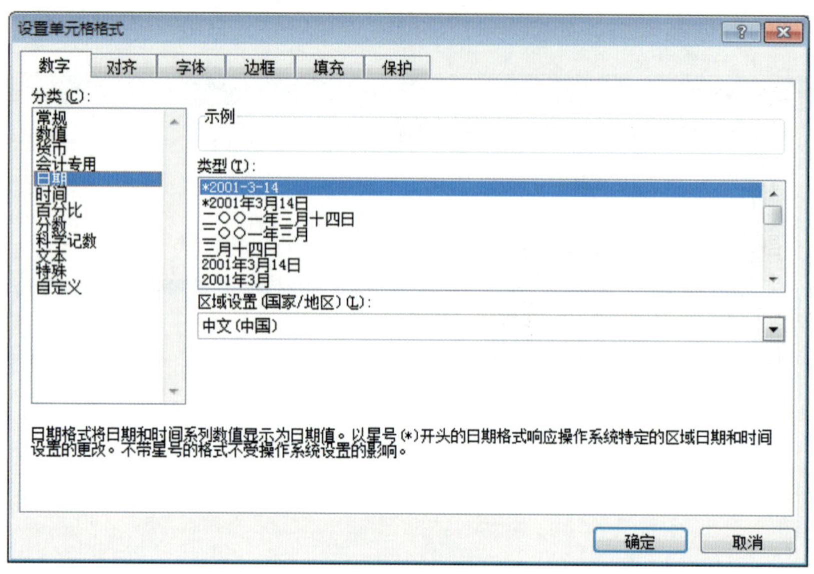

图 3—18 选择日期类型

F2 | f_x 2017-12-12

	A	B	C	D	E	F
1			检测数据记录表			
2	实验员：王鸿儒				实验日期：	2017-12-12
3	被测样品	样品编号	样品质量m（g）	质量误差m（g）	样品体积V（cm^3）	样品密度ρ（g/cm^3）
4	样品1	0020100538	51.3	1.3	30.7	1 206/307
5	样品2	0020100539	49.2	-0.8	30.2	1 95/151
6	样品3	0020100540	52.1	2.1	31.5	1 206/315
7						

图 3—19 日期输入完成后示意图

（1）选中单元格 F2 后，直接在单元格内输入“2017/12/12”或“2017-12-12”，按 Enter 键，即显示为“2017-12-12”。

（2）在 Excel 中输入数据时，如果单元格的格式与所要求的不一致，这时，只需打开“设置单元格格式”对话框，如图 3—12 所示。然后在其中设置即可。如果要输入如“￥”“§”等特殊符号时，单击“插入”|“符号”，在“符号”对话框内选择并插入即可。

“检测数据记录表”素材可通过网站 http://jg.class.com.cn 下载，位于软件资源包“中文版 Excel 2010 基础与实训 / 项目三 / 任务 1”中。

巩固练习

1. 用三种不同的方法选中单元格 B7。
2. 用三种不同的方法选择单元格区域 A5:D8。
3. 选中 C 列单元格。
4. 同时选中第 3 行和单元格 A4 以及单元格区域 B5:C7。
5. 在 Excel 中输入表 3—2。

表 3-2　　天气情况记录表

日期	天气情况	最低气温（℃）	最高气温（℃）	空气质量状况
2017-12-27	晴	- 5	7	优
2017-12-28	多云转晴	- 7	6	良
2017-12-29	阴	- 10	6	差
2017-12-30	阴	- 8	4	良

任务 2　利用快速输入方法输入产品数据

学习目标

1. 能描述快速输入数据在数据输入中的作用。
2. 能描述快速输入数据的种类。
3. 能完成快速输入数据的操作。

任务描述

本任务中需要在 Excel 中输入表 3—3 的内容。表 3—3 中的数据都存在一定规律，如“月份”一列中的数据为连续的 12 个月，“产量”一列中的前 5 行为连续的相同内容，其余数据也是连续的相同内容。合格率一列中属于不连续的相同内容，市场占有率一列

的数据是一个公差为 2% 的序列，最后一列的数据则只包含两种。本任务主要练习上述类型序列数据的快速输入方法。

表 3-3　　某产品一年的产量、质量以及市场占有率记录表

月份	产量（万吨）	合格率	市场占有率	是否达到预期目标
一月	2	100%	5%	否
二月	2	99%	7%	是
三月	2	99%	9%	否
四月	2	100%	11%	是
五月	2	100%	13%	是
六月	2.5	98%	15%	是
七月	2.5	100%	17%	是
八月	2.5	100%	191%	否
九月	2.5	100%	21%	否
十月	2.5	98%	23%	是
十一月	2.5	99%	25%	否
十二月	2.5	100%	27%	是

相关知识

快速输入数据即表示在不逐个输入每个单元格内容的情况下，采用快速输入的方法完成工作表内容的输入。其主要包括自动编辑相同的内容、自动编辑序列、自定义序列的编辑、记忆和选择列表快速填充数据。

实践操作

首先建立空白工作簿，通过任务 1 所学的知识，在工作表中输入表 3—3 的表头标题部分，如图 3—20 所示。

1. 自动编辑相同的内容

（1）对于“产量”一列，可以看到 B3 至 B7 及 B8 至 B14 中相邻单元格中数据的内容一样，可以采用以下操作方法。

方法 1：选中第一个需要输入数据的单元格，即 B3，输入“2”。将鼠标指针移到该单元格黑粗框的右下角，鼠标指针形状将变为“**+**”，在 Excel 中称之为填充柄。然后按住鼠标左键，使鼠标指针形状保持为“**+**”，拖动至最后一个需要输入的单元格 B7，松开鼠标，即完成了单元格 B3 至 B7 的输入，如图 3—21 所示。

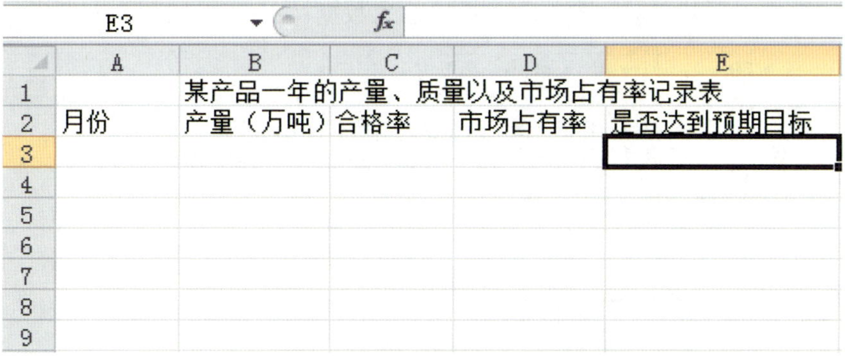

E3　　*fx*

	A	B	C	D	E
1		某产品一年的产量、质量以及市场占有率记录表			
2	月份	产量（万吨）	合格率	市场占有率	是否达到预期目标
3					
4					
5					
6					
7					
8					
9					

图 3—20　标题部分输入完成后示意图

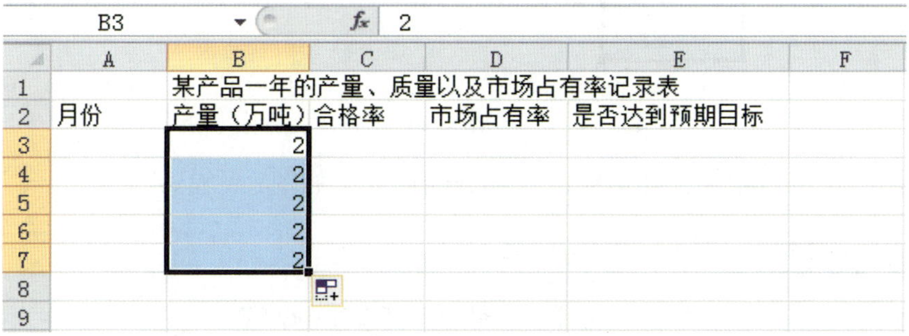

B3　　*fx*　2

	A	B	C	D	E	F
1		某产品一年的产量、质量以及市场占有率记录表				
2	月份	产量（万吨）	合格率	市场占有率	是否达到预期目标	
3		2				
4		2				
5		2				
6		2				
7		2				
8						
9						

图 3—21　B3 至 B7 输入完成后示意图

输入完成后，可以看到在数据的右下角有“ ”图标，单击后出现如图 3—22 所示的下拉菜单。Excel 默认的选项为第一个。

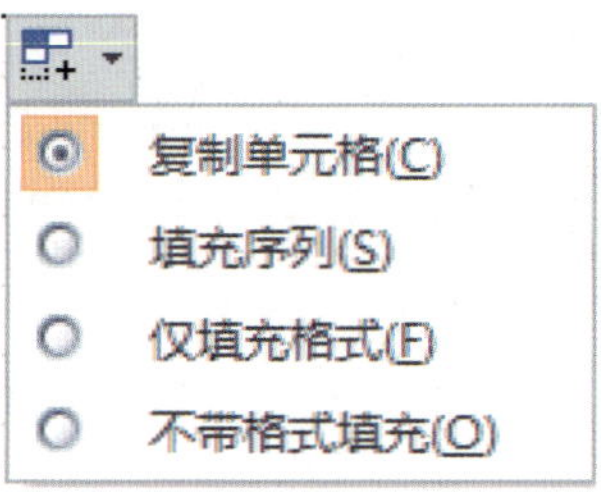

图 3—22　“ ”图标的下拉菜单

复制单元格：不仅复制单元格的内容，而且复制单元格的格式。

填充序列：以公差为 1 的等差序列填充。

仅填充格式：不复制单元格的内容，仅复制单元格的格式。

不带格式填充：不复制单元格的格式，仅复制内容。

方法 2：选中单元格 B8 至 B14 后，直接输入数据“2.5”，如图 3—23 所示。

B8 　 fx 　 2.5

	A	B	C	D	E	F
1		某产品一年的产量、质量以及市场占有率记录表				
2	月份	产量（万吨）	合格率	市场占有率	是否达到预期目标	
3		2				
4		2				
5		2				
6		2				
7		2				
8		2.5				
9						
10						
11						
12						
13						
14						
15						

图 3—23 输入“2.5”后工作表示意图

然后，按 Ctrl+Enter 键，即可完成此部分的输入，如图 3—24 所示。

B8 　 fx 　 2.5

	A	B	C	D	E	F
1		某产品一年的产量、质量以及市场占有率记录表				
2	月份	产量（万吨）	合格率	市场占有率	是否达到预期目标	
3		2				
4		2				
5		2				
6		2				
7		2				
8		2.5				
9		2.5				
10		2.5				
11		2.5				
12		2.5				
13		2.5				
14		2.5				
15						

图 3—24 B8 至 B14 输入完成后示意图

（2）单元格 C3 至 C14 中，不相邻的单元格中也存在相同的数据，具体输入方法如下：

选中第一个需要输入数据的单元格 C3，按住 Ctrl 键；选中输入内容与之相同的其他单元格，如图 3—25 所示。

C14 f_x

	A	B	C	D	E	F
1		某产品一年的产量、质量以及市场占有率记录表				
2	月份	产量（万吨）	合格率	市场占有率	是否达到预期目标	
3		2				
4		2				
5		2				
6		2				
7		2				
8		2.5				
9		2.5				
10		2.5				
11		2.5				
12		2.5				
13		2.5				
14		2.5				

图 3—25 选中相同内容的不连续单元格

输入内容“100%”，如图 3—26 所示。然后按 Ctrl+Enter 键，即完成输入，如图 3—27 所示。

C14 × ✓ f_x 100%

	A	B	C	D	E	F
1		某产品一年的产量、质量以及市场占有率记录表				
2	月份	产量（万吨）	合格率	市场占有率	是否达到预期目标	
3		2				
4		2				
5		2				
6		2				
7		2				
8		2.5				
9		2.5				
10		2.5				
11		2.5				
12		2.5				
13		2.5				
14		2.5	100%			

图 3—26 输入“100%”

C14 f_x 100%

	A	B	C	D	E	F
1		某产品一年的产量、质量以及市场占有率记录表				
2	月份	产量（万吨）	合格率	市场占有率	是否达到预期目标	
3		2	100%			
4		2				
5		2				
6		2	100%			
7		2	100%			
8		2.5				
9		2.5	100%			
10		2.5	100%			
11		2.5	100%			
12		2.5				
13		2.5				
14		2.5	100%			

图 3—27 输入完成后示意图

按照同样的方法输入此列其他单元格的数据，完成后如图 3—28 所示。

C12 | f_x 98%

	A	B	C	D	E	F
1		某产品一年的产量、质量以及市场占有率记录表				
2	月份	产量（万吨）	合格率	市场占有率	是否达到预期目标	
3		2	100%			
4		2	99%			
5		2	99%			
6		2	100%			
7		2	100%			
8		2.5	98%			
9		2.5	100%			
10		2.5	100%			
11		2.5	100%			
12		2.5	98%			
13		2.5	99%			
14		2.5	100%			
15						

图 3—28 “合格率”列输入完成后示意图

2. 自动编辑序列

（1）对于单元格 A3 至 A14，月份是连续的序列。首先选中单元格 A3，输入“一月”。将鼠标指针移动到该单元格黑粗框的右下角，变为填充柄“**＋**”形状后，拖动鼠标至最后一个需要输入的单元格 A14，即完成了“月份”列的输入，如图 3—29 所示。

A3 | f_x 一月

	A	B	C	D	E	F
1		某产品一年的产量、质量以及市场占有率记录表				
2	月份	产量（万吨）	合格率	市场占有率	是否达到预期目标	
3	一月	2	100%			
4	二月	2	99%			
5	三月	2	99%			
6	四月	2	100%			
7	五月	2	100%			
8	六月	2.5	98%			
9	七月	2.5	100%			
10	八月	2.5	100%			
11	九月	2.5	100%			
12	十月	2.5	98%			
13	十一月	2.5	99%			
14	十二月	2.5	100%			
15						
16						

图 3—29 “月份”列输入完成后示意图

单击右下角的“ ”图标，可以看到如图 3—30 所示的下拉菜单。此时 Excel 默认“填充序列”选项。

图 3—30　“ ” 图标的下拉菜单

与第 1 部分的差别在于，“月份”列的内容是一个有规律的序列，因此 Excel 默认为填充序列。如果此列的内容是完全相同的，可以选择“复制单元格”选项，或者在拖动鼠标时按 Ctrl 键。右下角下拉菜单的选项含义与前面介绍的一致，“以月填充”表示此列数据以月份的格式填充。

其他时间形式，如星期等，都可以用此方法输入。

（2）对于市场占有率一列，其内容是一个等差数列，可以采用以下操作方法。

方法 1：选中单元格 D3，输入“5%”。然后选中单元格 D3 至 D14，如图 3—31 所示。

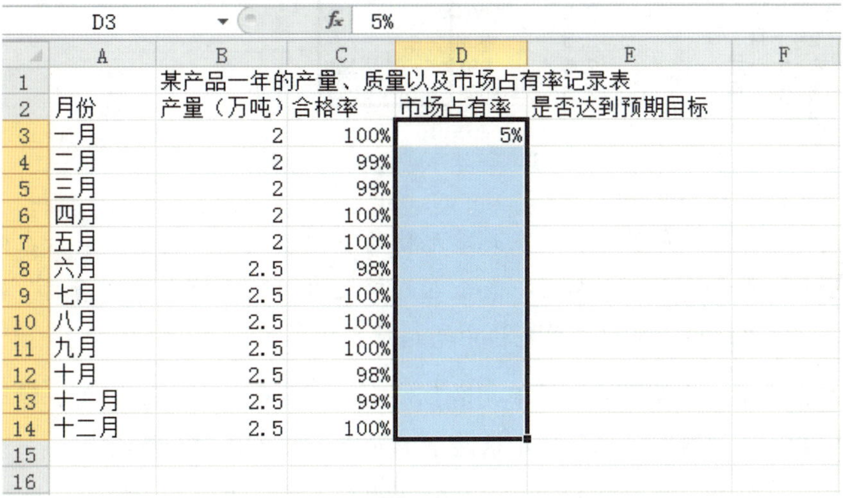

D3　fx　5%

	A	B	C	D	E	F
1		某产品一年的产量、质量以及市场占有率记录表				
2	月份	产量（万吨）	合格率	市场占有率	是否达到预期目标	
3	一月	2	100%	5%		
4	二月	2	99%			
5	三月	2	99%			
6	四月	2	100%			
7	五月	2	100%			
8	六月	2.5	98%			
9	七月	2.5	100%			
10	八月	2.5	100%			
11	九月	2.5	100%			
12	十月	2.5	98%			
13	十一月	2.5	99%			
14	十二月	2.5	100%			
15						
16						

图 3—31　选中单元格 D3 至 D14

单击“开始”|“编辑”栏中的“填充 ”按钮，出现如图 3—32 所示的下拉菜单。选择“系列”选项。根据本工作表的需要，在对话框中的“序列产生在”一项里选择“列”，在“类型”一项里选择“等差数列”，“步长值”填入“2%”，如图 3—33 所示，单击“确定”按钮即可，如图 3—34 所示。

图 3—32 “填充▼”按钮下拉菜单

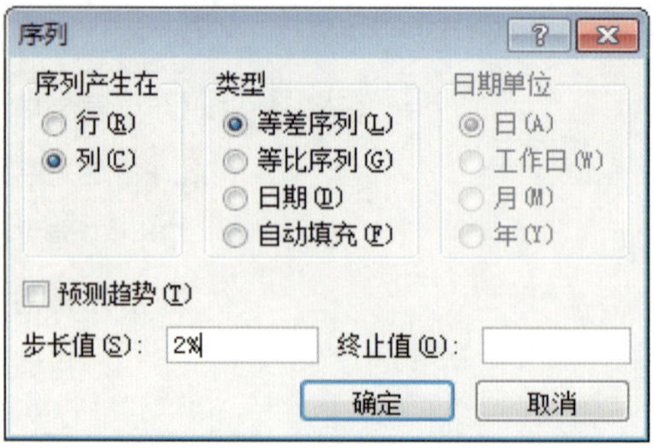

图 3—33 “序列”对话框

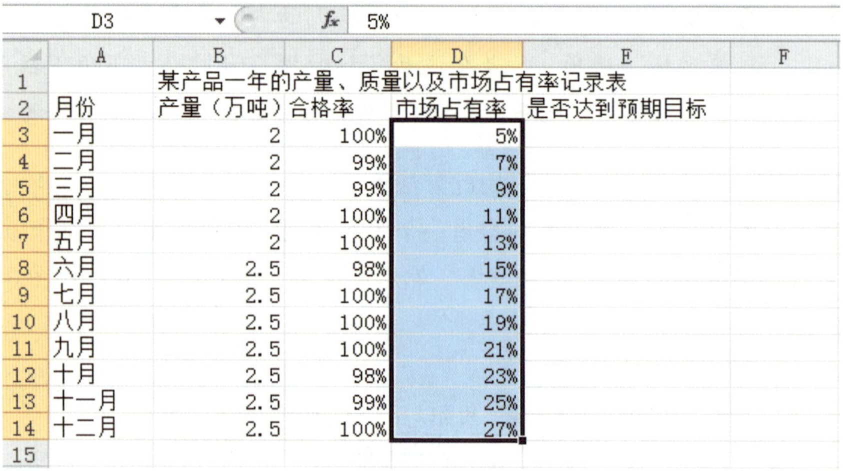

D3   fx 5%

	A	B	C	D	E	F
1		某产品一年的产量、质量以及市场占有率记录表				
2	月份	产量（万吨）	合格率	市场占有率	是否达到预期目标	
3	一月	2	100%	5%		
4	二月	2	99%	7%		
5	三月	2	99%	9%		
6	四月	2	100%	11%		
7	五月	2	100%	13%		
8	六月	2.5	98%	15%		
9	七月	2.5	100%	17%		
10	八月	2.5	100%	19%		
11	九月	2.5	100%	21%		
12	十月	2.5	98%	23%		
13	十一月	2.5	99%	25%		
14	十二月	2.5	100%	27%		
15						

图 3—34 等差序列输入完成示意图

“向下”表示在此单元格的下方填充；“向右”表示在此单元格的右方填充；“向上”表示在此单元格的上方填充；“两端”表示填充的单元格的数据在单元格中两端对齐。

方法 2：选中第一个需要输入的单元格 D3，输入“5%”，按 Enter 键，活动单元格移到 D4，输入其内容“7%”，然后选中这两个单元格。如图 3—35 所示。

将鼠标指针移动至单元格 D3 和 D4 黑粗框的右下角，当鼠标指针形状变为填充柄的形状时，按住鼠标，拖至最后一个需要输入数据的单元格 D14，如图 3—36 所示。

单击右下角的“ ”图标，也出现如图 3—30 所示的下拉菜单。

3. 自定义序列的编辑

（1）Excel 中存在一些已经定义的序列，同时可以向其中添加自定义的序列。单击“文件”菜单，选择“选项”命令，如图 3—37 所示。

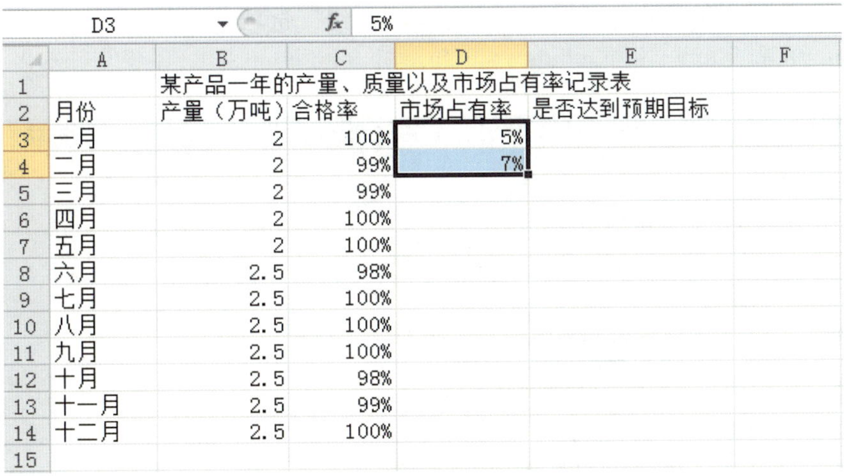

D3 f_x 5%

	A	B	C	D	E	F
1		某产品一年的产量、质量以及市场占有率记录表				
2	月份	产量（万吨）	合格率	市场占有率	是否达到预期目标	
3	一月	2	100%	5%		
4	二月	2	99%	7%		
5	三月	2	99%			
6	四月	2	100%			
7	五月	2	100%			
8	六月	2.5	98%			
9	七月	2.5	100%			
10	八月	2.5	100%			
11	九月	2.5	100%			
12	十月	2.5	98%			
13	十一月	2.5	99%			
14	十二月	2.5	100%			
15						

图 3—35 选中单元格 D3 和 D4

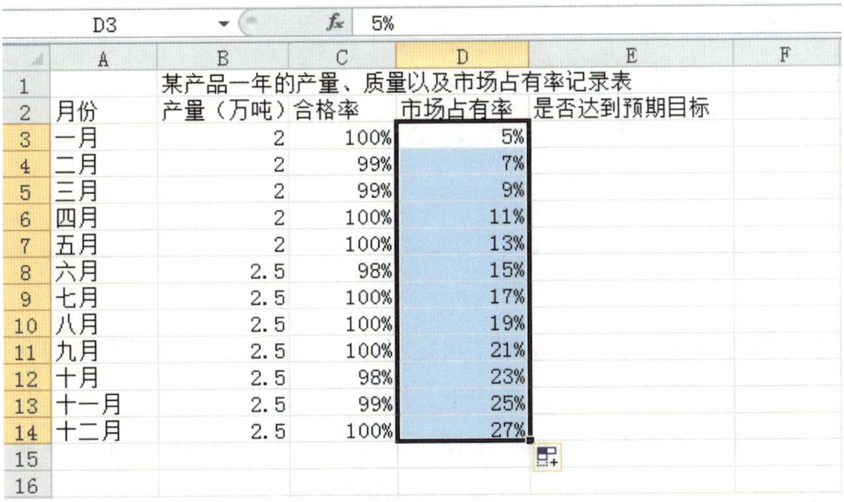

D3 f_x 5%

	A	B	C	D	E	F
1		某产品一年的产量、质量以及市场占有率记录表				
2	月份	产量（万吨）	合格率	市场占有率	是否达到预期目标	
3	一月	2	100%	5%		
4	二月	2	99%	7%		
5	三月	2	99%	9%		
6	四月	2	100%	11%		
7	五月	2	100%	13%		
8	六月	2.5	98%	15%		
9	七月	2.5	100%	17%		
10	八月	2.5	100%	19%		
11	九月	2.5	100%	21%		
12	十月	2.5	98%	23%		
13	十一月	2.5	99%	25%		
14	十二月	2.5	100%	27%		
15						
16						

图 3—36 输入 D4 列数据

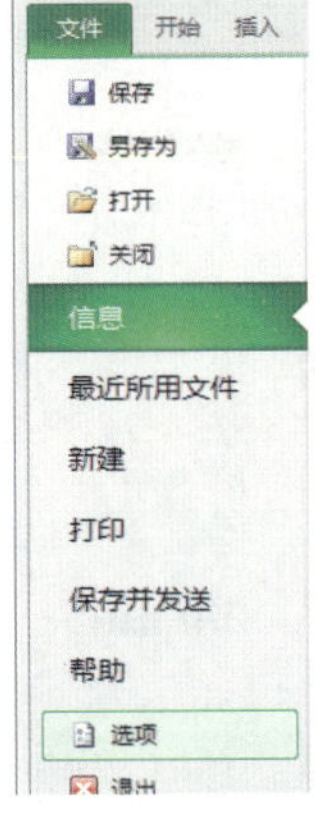

图 3—37 选择 Excel “选项” 命令

出现如图 3—38 所示的对话框后，在左侧“高级”选项下，单击右侧的“编辑自定义列表”按钮。

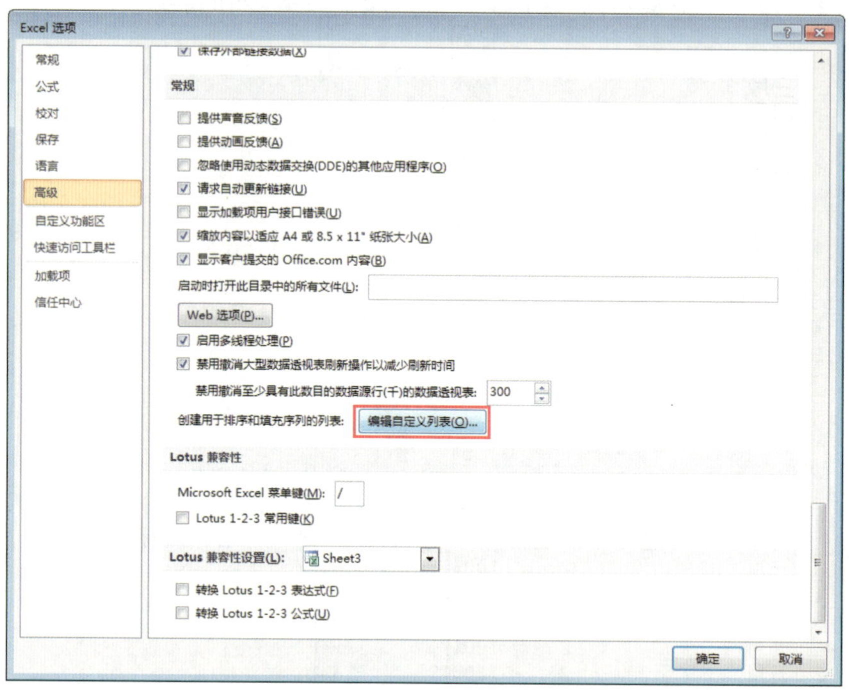

图 3—38　“Excel 选项”对话框

在如图 3—39 所示的对话框的左侧“自定义序列”选项下选择“新序列”，在右侧的“输入序列”框中输入定义的序列，如“王、周、李、赵”，如图 3—40 所示。

输入完成后单击最右侧的“添加”按钮，可以看到在左侧的“自定义序列”选项里出现了自定义的序列，如图 3—41 所示。单击“确定”按钮即可。

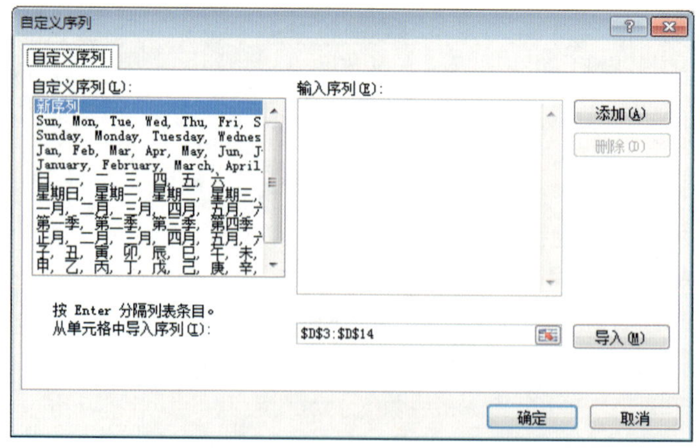

图 3—39　“自定义序列”对话框

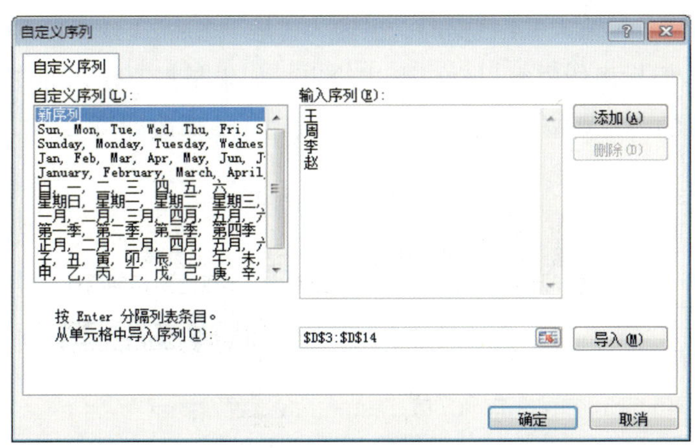

图 3—40 添加自定义序列

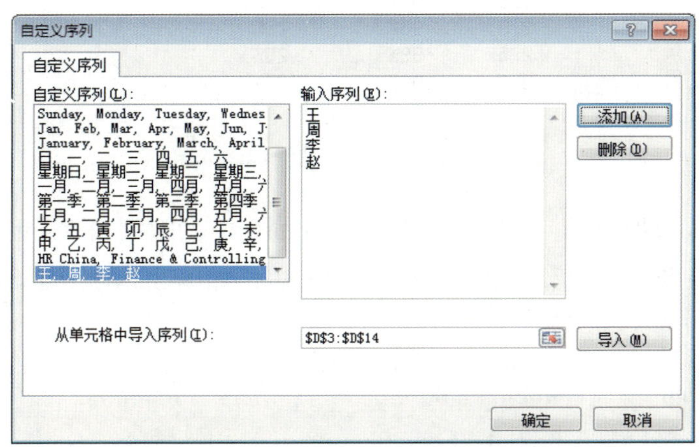

图 3—41 添加完成后示意图

这样，如果向单元格中输入数据与之相同时，只需输入第一个单元格的内容，然后用鼠标拖动的方式即可完成一个序列的输入，这种方法比较适用于同一自定义序列多次添加的情况。

操作演示

（2）如果想修改自定义的序列，则只需在如图 3—41 所示的界面下，在“输入序列”下直接修改即可。

（3）如果要删除某一自定义序列，则通过前面介绍的方法打开“自定义序列”对话框，在如图 3—41 所示的界面下，选中左侧“自定义序列”下要删除的序列，单击右侧的“删除”按钮，再单击“确定”按钮即可。

4. 记忆和选择列表快速填充数据

在输入表 3—3 最后一列数据时，可观察到数据内容包含两种，即“是”和“否”。对于这种数据类型的输入，可以采用如下方法快速地输入，从而提高效率。

（1）输入 E3 后，在输入 E4 数据时，当输入“是”之后，Excel 自动提示后面的内容，如图 3—42 所示。但后面的内容以反白形式给出。如果是需要输入的内容，直接按 Enter 键，如果不是需要的内容则按 Backspace 键，继续输入或修改即可。

E4   fx 是否达到预期目标

	A	B	C	D	E	F
1		某产品一年的产量、质量以及市场占有率记录表				
2	月份	产量（万吨）	合格率	市场占有率	是否达到预期目标	
3	一月	2	100%	5%	否	
4	二月	2	99%	7%	是否达到预期目标	
5	三月	2	99%	9%		
6	四月	2	100%	11%		
7	五月	2	100%	13%		
8	六月	2.5	98%	15%		
9	七月	2.5	100%	17%		
10	八月	2.5	100%	19%		
11	九月	2.5	100%	21%		
12	十月	2.5	98%	23%		
13	十一月	2.5	99%	25%		
14	十二月	2.5	100%	27%		
15						

图 3—42 记忆方法快速输入数据

（2）输入 E4 数据之后，由于已经包含了此列所有的数据内容，因此，输入单元格 E5 时，同时按 Alt 键和↓键，会出现一个下拉列表，如图 3—43 所示。然后在下拉列表里选择所需内容即可。

E5   fx

	A	B	C	D	E	F
1		某产品一年的产量、质量以及市场占有率记录表				
2	月份	产量（万吨）	合格率	市场占有率	是否达到预期目标	
3	一月	2	100%	5%	否	
4	二月	2	99%	7%	是	
5	三月	2	99%	9%		
6	四月	2	100%	11%	否	
7	五月	2	100%	13%	是 是否达到预期目标	
8	六月	2.5	98%	15%		
9	七月	2.5	100%	17%		
10	八月	2.5	100%	19%		
11	九月	2.5	100%	21%		
12	十月	2.5	98%	23%		
13	十一月	2.5	99%	25%		
14	十二月	2.5	100%	27%		

图 3—43 选择列表

按照此两种方法输入余下的内容，即完成了表 3—3 的全部内容输入，如图 3—44 所示。

	A	B	C	D	E	F
1		某产品一年的产量、质量以及市场占有率记录表				
2	月份	产量（万吨）	合格率	市场占有率	是否达到预期目标	
3	一月	2	100%	5%	否	
4	二月	2	99%	7%	是	
5	三月	2	99%	9%	否	
6	四月	2	100%	11%	是	
7	五月	2	100%	13%	是	
8	六月	2.5	98%	15%	是	
9	七月	2.5	100%	17%	是	
10	八月	2.5	100%	19%	否	
11	九月	2.5	100%	21%	否	
12	十月	2.5	98%	23%	是	
13	十一月	2.5	99%	25%	否	
14	十二月	2.5	100%	27%	是	
15						

图 3—44　表 3—3 完成后的示意图

教学资源

“某产品一年的产量、质量以及市场占有率记录表”素材可通过网站 http://jg.class.com.cn 下载，位于软件资源包“中文版 Excel 2010 基础与实训 / 项目三 / 任务 2”中。

巩固练习

1. 某企业一年四种产品的生产成本见表 3—4，在 Excel 中采用快速输入的方法完成表 3—4 内容的输入。

表 3-4　　企业一年四种产品的生产成本　　单位：万元

季度	甲	乙	丙	丁
第一季度	50	38	10	30.2
第二季度	50	41	12	31
第三季度	50	44	10	30.2
第四季度	50	47	11	31

2. 某公交线路车站与票价见表 3—5，在 Excel 中采用快速输入的方法完成表 3—5 内容的输入。

3. 某班课程表见表 3—6，在 Excel 中采用快速输入的方法完成表 3—6 内容的输入。

表 3-5 某公交线路车站与票价

	牡丹园					
牡丹园	—	北太平庄				
北太平庄	2	—	铁狮子坟			
铁狮子坟	2		—	新街口		
新街口	3	2	2	—	平安里	
平安里	3	3	2	2	—	西四
西四	3	3	3	2	2	—

表 3-6 某班课程表

星期 节数	星期一	星期二	星期三	星期四	星期五
第一节课	数学	语文	数学	英语	数学
第二节课	英语	化学	历史	化学	化学
第三节课	音乐	体育	物理	体育	美术
第四节课	物理	地理	生物	语文	物理
第五节课	历史	政治	美术	地理	语文
第六节课	生物	英语	自习	物理	自习

任务 3　编辑个人通讯录

学习目标

1. 能描述数据编辑的种类及其作用。
2. 能对数据进行编辑的具体操作。

任务描述

在 Excel 中建立表 3—7 的工作表。本任务是在此工作表的基础上对数据进行编辑。

表 3-7　　个人通讯录

姓名	手机	固定电话	E-mail	地址
王立	13587687301	010-65897233	wangli@163.com	北京海淀
张扬	13057263584	010-88365737	zhangyang@163.com	北京海淀
吴迪	13872735927	020-72335985	wudi@yahoo.com	上海徐汇
赵辉	13839467132	010-59738851	zhaohui@sina.com	北京朝阳
马健	13767234536	0531-5723842	majian@163.com	山西太原
刘芳	13722159310	010-62345878	8liufang@yahoo.com	北京石景山

相关知识

实际生活中，建立的工作表的内容往往不是一成不变的，这就涉及工作表中数据的编辑。工作表数据的编辑主要包括以下几方面的内容：

（1）单元格中数据内容的修改，这部分在实际生活中应用比较多。

（2）数据的有效性编辑。这项操作可帮助用户提高输入数据的正确率，提高工作效率。

（3）添加批注，可以帮助读表人了解数据的来源等相关情况。

（4）单元格、行、列的移动。

（5）单元格的清除和删除。这里要清楚清除和删除的区别。清除操作是指清除单元格、行或列的内容，而删除操作不仅清除内容，还删除了此单元格、行或列。

（6）撤销与恢复。用户通过撤销与恢复操作可以快速地回到工作表原来的状态。需要注意的是撤销与恢复操作是两项对应的操作。如果没有执行撤销操作，则不能执行恢复操作。

（7）插入操作，同样也包括单元格、行或列。

（8）复制与粘贴操作。

（9）查找和替换操作，利用这项操作可以在信息量很大的工作表中快速查到需要的数据。

按照任务 1 和任务 2 介绍的方法，建立表 3—7 的工作表，结果如图 3—45 所示。

E8 | 北京石景山

	A	B	C	D	E	F
1			个人通讯录			
2	姓名	手机	固定电话	E-mail	家庭地址	
3	王立	13587687301	010-65897233	wangli@163.com	北京海淀	
4	张扬	13057263584	010-88365737	zhangyang@163.com	北京海淀	
5	吴迪	13872735927	020-72335985	wudi@yahoo.com	上海徐汇	
6	赵辉	13839467132	010-59738851	zhaohui@sina.com	北京朝阳	
7	马健	13767234536	0531-5723842	majian@163.com	山西太原	
8	刘芳	13722159310	010-62345878	liufang@yahoo.com	北京石景山	
9						

图 3—45　个人通讯录工作表示意图

1. 单元格中的数据编辑

如果需要将单元格 B3 中的手机号码改为“13057644238”，有下面两种方法。

方法 1：双击该单元格，此时单元格中出现光标，而在最下端状态栏的最左端将出现“编辑”二字，如图 3—46 所示。

图 3—46　双击后的状态栏

选中原来的号码，按 Backspace 键删除并输入新的号码，完成后按 Enter 键，即完成单元格 B3 的编辑。

方法 2：单击选中单元格 B3，单击编辑栏的数据编辑区，删除原有的内容，在此区完成新内容的输入，按 Enter 键即可，如图 3—47 所示。

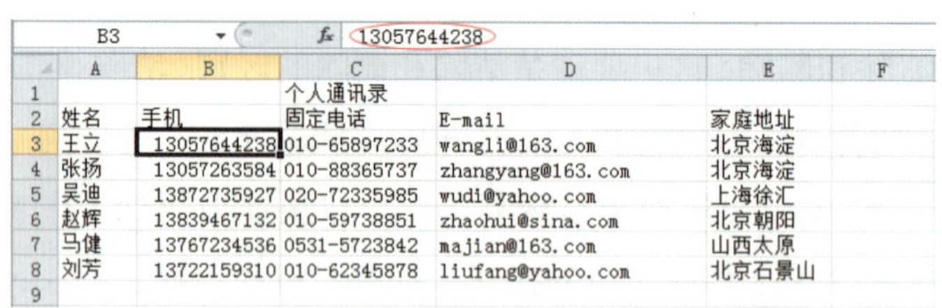

B3 | 13057644238

	A	B	C	D	E	F
1			个人通讯录			
2	姓名	手机	固定电话	E-mail	家庭地址	
3	王立	13057644238	010-65897233	wangli@163.com	北京海淀	
4	张扬	13057263584	010-88365737	zhangyang@163.com	北京海淀	
5	吴迪	13872735927	020-72335985	wudi@yahoo.com	上海徐汇	
6	赵辉	13839467132	010-59738851	zhaohui@sina.com	北京朝阳	
7	马健	13767234536	0531-5723842	majian@163.com	山西太原	
8	刘芳	13722159310	010-62345878	liufang@yahoo.com	北京石景山	
9						

图 3—47　在编辑栏中编辑数据

2. 数据的有效性编辑

数据的有效性是指对 Excel 中单元格输入数据的类型和范围进行设置。

（1）设置。我国手机号码固定为 11 位（如果是其他位数便是错误的），因此对手机

一列的数据进行有效性设置。方法如下：

选中此列所有数据的单元格。单击“数据”|“数据工具”栏下的“数据有效性”按钮，如图3—48所示，并在其下拉菜单中单击“数据有效性”一项，出现如图3—49所示的对话框。

在此对话框中单击“设置”栏下的“允许”下拉表框，选择“整数”，如图3—50所示。

图3—48　选择“数据有效性”

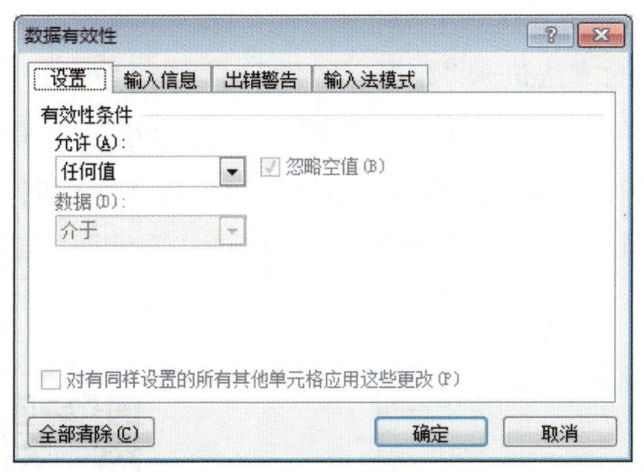

图3—49　“数据有效性”对话框

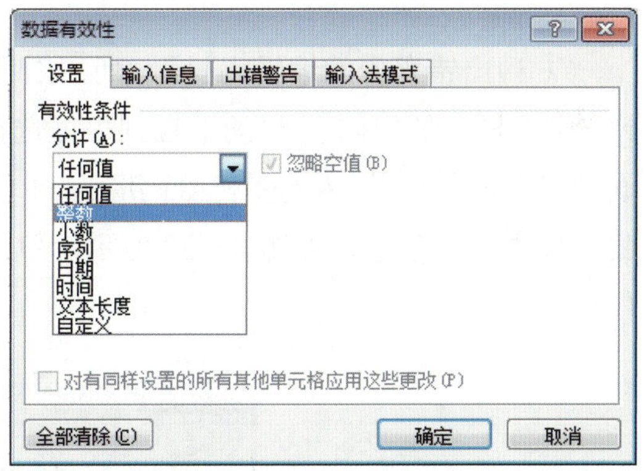

图3—50　选择“整数”

在“数据”的下拉表框选择“介于”，在“最小值”下输入“10000000000”，在“最大值”下输入“20000000000”，如图3—51所示，单击“确定”按钮。

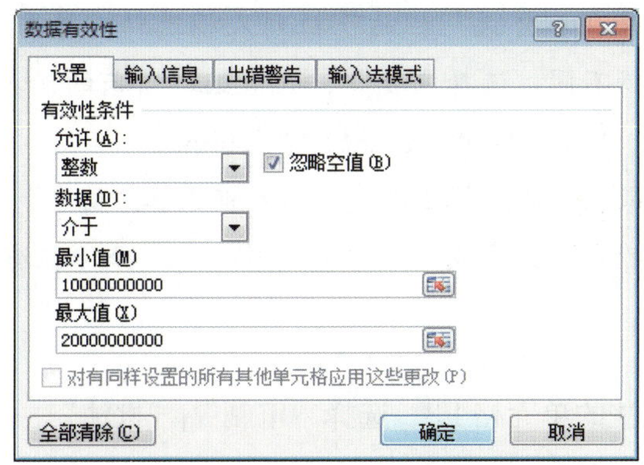

图3—51　有效性设置完毕示意图

（2）输入信息提示的编辑。这项内容是为了帮助用户输入时判别数据的来源等，以降低错误率。选定要设置输入提示的区域 B 列。按照上述方法打开“数据有效性”对话框，选择“输入信息”栏。在“标题”下输入“手机号”，在“输入信息”栏中输入“请输入手机号”。单击“确定”按钮。这样在输入此行数据时，Excel 将自动提示要输入的内容，如图 3—52 所示。

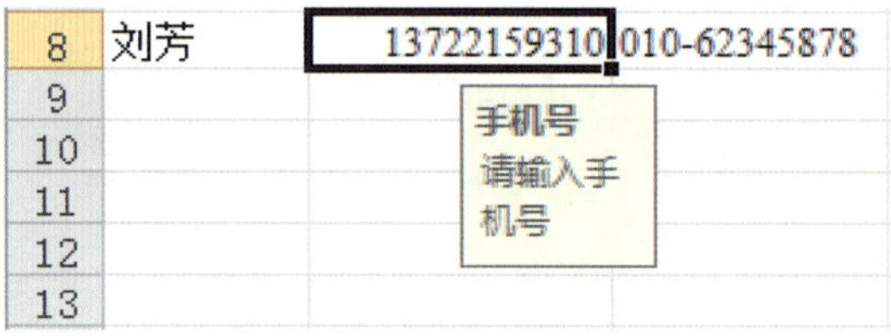

8	刘芳	13722159310	010-62345878
9		手机号 请输入手机号	
10			
11			
12			
13			

图 3—52　输入信息提示

（3）出错警告的编辑。选定 B 列，按照同样的方法进入“数据有效性”对话框，单击“出错警告”栏。在“样式”栏的下拉列表框选择“停止”，在“标题”中输入“数据出错”，“错误信息”下输入“输入的手机号码应为 11 位”，单击“确定”按钮。这样在数据输入错误时，将会出现提示信息，如图 3—53 所示。单击“重试”按钮后继续输入，单击“取消”按钮停止输入。

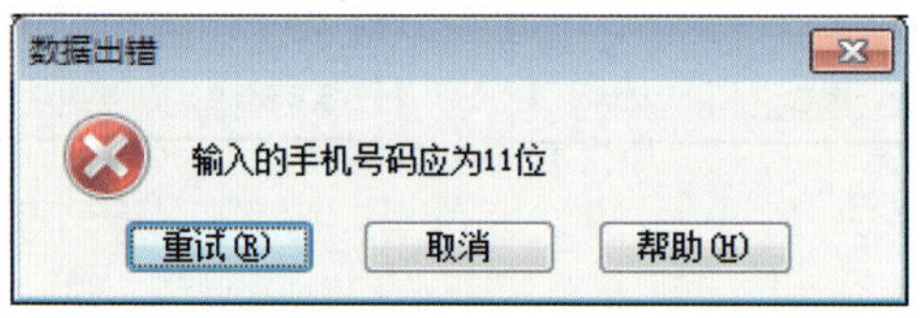

操作演示

图 3—53　出错提示

如果在“样式”栏的下拉列表框选择“警告”选项时，提示信息下的操作将不同。选择“是”，代表继续当前的输入；选择“否”，代表重新输入；选择“取消”，代表停止输入。

如果在“样式”栏的下拉列表框选择“信息”选项时，在操作选项中，选择“确定”，代表继续当前的输入；选择“取消”，代表停止输入。

3. 数据批注的编辑

（1）单击要添加批注的单元格 E3，选择“审阅”|“批注”栏中的“新建批注”选项，出现如图 3—54 所示的批注框。

其中“微软用户”为计算机用户名。在批注框中输入“此住址为临时住址”，如图 3—55 所示。

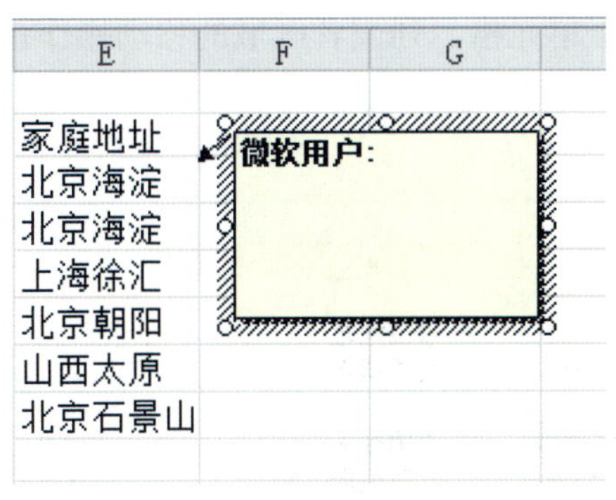

图 3—54　插入批注

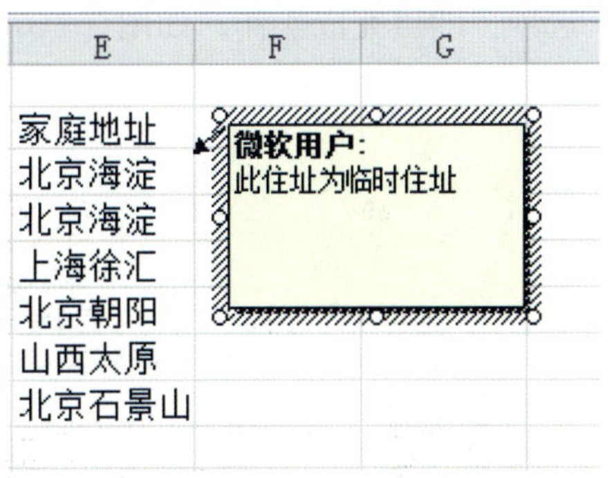

图 3—55　输入完成后示意图

完成后，单击批注框以外的任意区域，即完成了批注的添加。设置批注的单元格的右上角有一个红色的三角形。

（2）如果要查看批注，需要单击该单元格 E3。选择“审阅”|“批注”栏中“显示 / 隐藏批注”按钮 即可。

（3）如果重新编辑单元格 E3 的批注，选中此单元格，右击选择“编辑批注”选项，如果要删除，则单击“删除批注”选项。

提示

选中单元格 E3，右击，选择“新建批注”选项，即出现如图 3—54 所示的对话框。查看时，也在可选中后，右击，选择“显示 / 隐藏批注”选项。

4. 移动操作

如果将表 3—7 中第 4 行的内容移动到第 7 行，应采用如下方法：

选定第 4 行，单击“开始”下“剪贴板”的 图标，或者右击，选择“剪切”一项，如图 3—56 所示。

A4　　f_x　张扬

	A	B	C	D	E	F
1			个人通讯录			
2	姓名	手机	固定电话	E-mail	家庭地址	
3	王立	13057644238	010-65897233	wangli@163.com	北京海淀	
4	张扬	13057263584	010-88365737	zhangyang@163.com	北京海淀	
5	吴迪	13872735927	020-72335985	wudi@yahoo.com	上海徐汇	
6	赵辉	13839467132	010-59738851	zhaohui@sina.com	北京朝阳	
7	马健	13767234536	0531-5723842	majian@163.com	山西太原	
8	刘芳	13722159310	010-62345878	liufang@yahoo.com	北京石景山	
9						

图 3—56　剪切后的示意图

选中移动的目标行第 9 行，单击“开始”下的“粘贴”图标 ，或者右击，选择“粘

贴”选项，即可完成操作，如图 3—57 所示。而对于单元格、列或者区域的移动操作都可以按此方法。

A9 fx 张扬

	A	B	C	D	E	F
1			个人通讯录			
2	姓名	手机	固定电话	E-mail	家庭地址	
3	王立	13057644238	010-65897233	wangli@163.com	北京海淀	
4						
5	吴迪	13872735927	020-72335985	wudi@yahoo.com	上海徐汇	
6	赵辉	13839467132	010-59738851	zhaohui@sina.com	北京朝阳	
7	马健	13767234536	0531-5723842	majian@163.com	山西太原	
8	刘芳	13722159310	010-62345878	liufang@yahoo.com	北京石景山	
9	张扬	13057263584	010-88365737	zhangyang@163.com	北京海淀	

图 3—57 粘贴完成后的示意图

剪切操作可按 Ctrl+X 键，粘贴操作可按 Ctrl+V 键。

5. 清除和删除操作

（1）如果要清除表 3—7 的第 3 行数据，首先应选定此行。单击“开始”下“编辑”栏中的“清除”图标，其下拉菜单如图 3—58 所示。选择“全部清除”选项即可。完成后如图 3—59 所示。

图 3—58 “清除”下拉菜单

A4 fx

	A	B	C	D	E	F
1			个人通讯录			
2	姓名	手机	固定电话	E-mail	家庭地址	
3	王立	13057644238	010-65897233	wangli@163.com	北京海淀	
4						
5	吴迪	13872735927	020-72335985	wudi@yahoo.com	上海徐汇	
6	赵辉	13839467132	010-59738851	zhaohui@sina.com	北京朝阳	
7	马健	13767234536	0531-5723842	majian@163.com	山西太原	
8	刘芳	13722159310	010-62345878	liufang@yahoo.com	北京石景山	

图 3—59 清除后示意图

全部清除：不仅清除单元格的内容，同时也清除单元格的格式。
清除格式：仅清除格式，不清除内容。
清除内容：仅清除内容，不清除格式。
清除批注：仅清除批注，其他不变。

若仅需清除格式，但保留各单元格的格式，则可按 Delete 键或右击选择“清除内容”选项完成清除操作。对于单元格、列或者区域的清除操作也和上述方法一致。

（2）如果要删除第 3 行，则选定此行。单击“开始”下“单元格”栏的“删除”图标，或者右击选择“删除”选项即可。完成后如图 3—60 所示。

A4　　fx　吴迪

	A	B	C	D	E	F
1			个人通讯录			
2	姓名	手机	固定电话	E-mail	家庭地址	
3	王立	13057644238	010-65897233	wangli@163.com	北京海淀	
4	吴迪	13872735927	020-72335985	wudi@yahoo.com	上海徐汇	
5	赵辉	13839467132	010-59738851	zhaohui@sina.com	北京朝阳	
6	马健	13767234536	0531-5723842	majian@163.com	山西太原	
7	刘芳	13722159310	010-62345878	liufang@yahoo.com	北京石景山	

图 3—60　删除完成后示意图

图 3—61　“删除”下拉菜单

单击“删除”按钮图标右方的箭头，则出现如图 3—61 所示的下拉菜单。也可以根据需要，来选择要删除的内容。

6. 撤销与恢复操作

撤销上一步对工作表的数据，则要单击“快速访问栏”中的撤销按钮，如图 3—62 所示。或者按 Ctrl+Z 键，即可撤销删除的内容。

图 3—62　撤销按钮

如果要撤销多步操作，则单击撤销按钮右边的箭头，选择操作即可。单击“快速访问栏”中的恢复按钮，则又回到对第三行删除的状态。

7. 插入操作

编辑工作表时，需要在两行、两列或者两个单元格之间插入数据，这就涉及插入操作。如在最原始工作表的第 3 行与第 4 行之间插入一行。首先选定第 4 行，单击“开始”下“单

元格”栏中的“插入”图标 ，或者右击，选择“插入”选项即可。

单击“插入”按钮图标右边的箭头，则出现如图 3—63 所示的下拉菜单。选择“插入工作表行”选项即可。完成后如图 3—64 所示。

图 3—63 “插入”下拉菜单

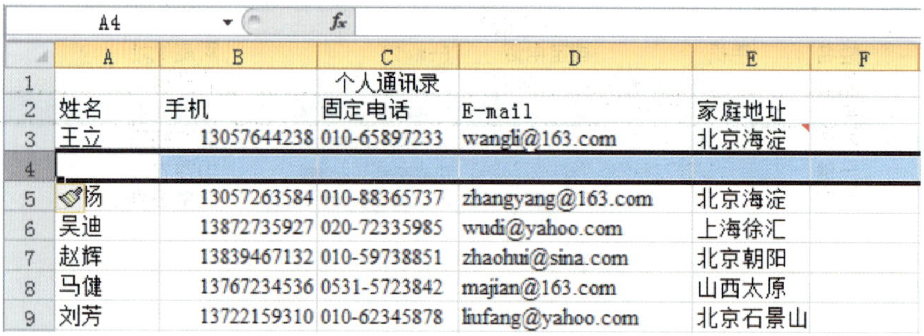

A4

	A	B	C	D	E	F
1			个人通讯录			
2	姓名	手机	固定电话	E-mail	家庭地址	
3	王立	13057644238	010-65897233	wangli@163.com	北京海淀	
4						
5	杨	13057263584	010-88365737	zhangyang@163.com	北京海淀	
6	吴迪	13872735927	020-72335985	wudi@yahoo.com	上海徐汇	
7	赵辉	13839467132	010-59738851	zhaohui@sina.com	北京朝阳	
8	马健	13767234536	0531-5723842	majian@163.com	山西太原	
9	刘芳	13722159310	010-62345878	liufang@yahoo.com	北京石景山	

图 3—64 “插入工作表行”完成后示意图

插入后在行的左下角看到 图标，单击该图标，出现如图 3—65 所示的下拉菜单。其中 Excel 默认“与上面格式相同”选项，用户还可根据自己的要求，选择其他两项。对于列和单元格的插入也可以采用上面所述的方法。

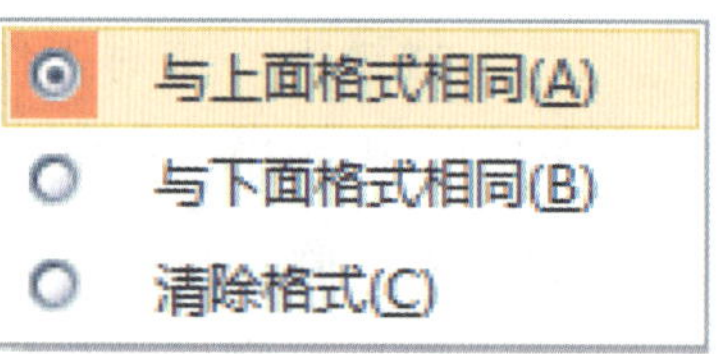

图 3—65 图标下拉菜单

8. 复制与粘贴操作

在上面新插入的行中输入如下数据“王建平，13544421259，010-86932541，wangjianping@sohu.com，北京海淀”。因家庭住址的内容与 E3 中的相同，为了操作简单，可以选择复制与粘贴操作。选中单元格 E3，单击“开始”下“剪贴板”栏的“复制”图标 ，或者右击选择“复制”选项，此时单元格的黑粗框变为虚线框，如图 3—66 所示。

E3　fx　北京海淀

	A	B	C	D	E
1			个人通讯录		
2	姓名	手机	固定电话	E-mail	家庭地址
3	王立	13057644238	010-65897233	wangli@163.com	北京海淀
4	王建平	13544421259	010-86932541	wangjianping@sohu.com	
5	张扬	13057263584	010-88365737	zhangyang@163.com	北京海淀
6	吴迪	13872735927	020-72335985	wudi@yahoo.com	上海徐汇
7	赵辉	13839467132	010-59738851	zhaohui@sina.com	北京朝阳
8	马健	13767234536	0531-5723842	majian@163.com	山西太原
9	刘芳	13722159310	010-62345878	liufang@yahoo.com	北京石景山

图 3—66　复制操作完成后单元格示意图

选中单元格 E4，单击“开始”下“剪贴板”栏下的“粘贴”图标，或者按 Ctrl+V 键，或者右击选择“粘贴”选项即可完成，如图 3—67 所示。单元格 E3 继续保持虚线框，说明还可以继续粘贴。

E4　fx　北京海淀

	A	B	C	D	E	F
1			个人通讯录			
2	姓名	手机	固定电话	E-mail	家庭地址	
3	王立	13057644238	010-65897233	wangli@163.com	北京海淀	
4	王建平	13544421259	010-86932541	wangjianping@sohu.com	北京海淀	
5	张扬	13057263584	010-88365737	zhangyang@163.com	北京海淀	(Ctrl)
6	吴迪	13872735927	020-72335985	wudi@yahoo.com	上海徐汇	
7	赵辉	13839467132	010-59738851	zhaohui@sina.com	北京朝阳	
8	马健	13767234536	0531-5723842	majian@163.com	山西太原	
9	刘芳	13722159310	010-62345878	liufang@yahoo.com	北京石景山	
10						

图 3—67　粘贴操作完成后示意图

同时按 Ctrl+C 键，也可实现复制操作。

单击单元格 E4 右下方的 (Ctrl) 图标，出现如图 3—68 所示的下拉菜单。Excel 默认第一个选项。用户可以根据需要选择其他粘贴内容。

9. 查找和替换操作

在上步操作的基础上，在工作表中查找“北京海淀”。单击“开始”下“编辑”栏中的“查找和选择”按钮，在下拉菜单中选择“查找”一项，或者按 Ctrl+F 键，出现“查找和替换”对话框。

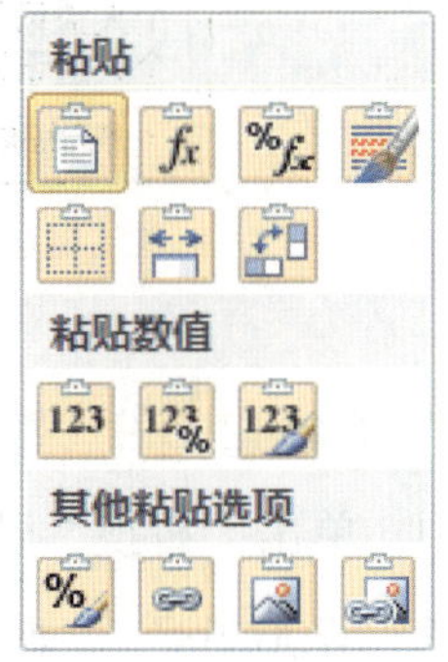

图 3—68　“ ”图标下拉菜单

在“查找内容”中输入“北京海淀”。如果用户需要更详细地查找，则单击“选项”按钮，并对其内容进行设置，如图 3—69 所示。

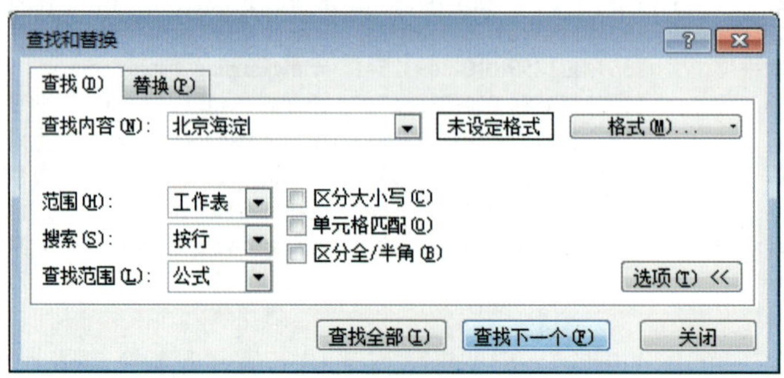

图 3—69　查找操作设置

单击“查找下一个”按钮，在工作表中含有这一内容的单元格即被选中。单击“查找下一个”按钮则继续查找。

如果想一次查完全部含有“北京海淀”的单元格，则单击“查找全部”按钮，查找完毕如图 3—70 所示，在对话框中显示了所有含有这一内容的单元格。

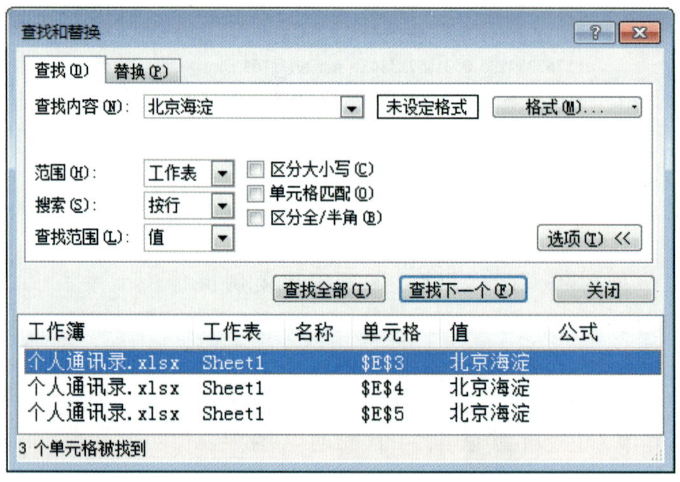

图 3—70　查找全部后的示意图

把“13544421259”替换为“13573796253”，就需要替换操作，则在“查找和替换”对话框中，单击“替换”选项。在“查找内容”中输入“13544421259”，在“替换为”中输入“13573796253”。如果要设置更详细的选项，则单击“选项”按钮，设置内容即可，如图 3—71 所示。单击“替换”选项，则单元格中的“13544421259”将变为“13573796253”。

在信息量很多时，用户还可以边替换、边查找，只需在如图 3—71 所示的对话框中，先单击“查找”选项，再单击“替换”选项，以便有选择地替换。

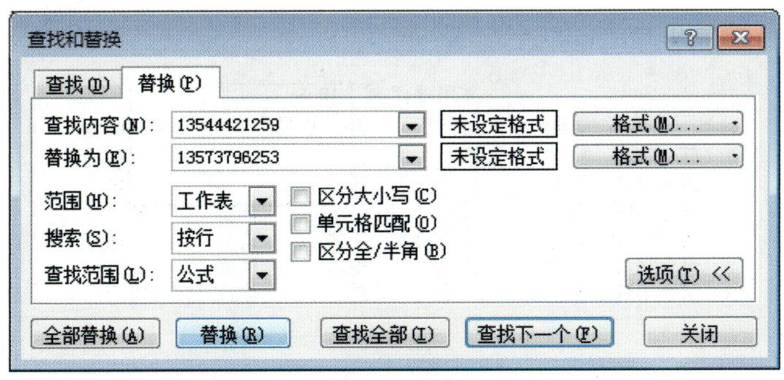

图 3—71　替换操作设置

操作演示

“个人通讯录”素材可通过网站 http://jg.class.com.cn 下载，位于软件资源包“中文版 Excel 2010 基础与实训 / 项目三 / 任务 3”中。

巩固练习

1. 将表 3—6 中星期三第三节课的“物理”改为“数学”，并且对此列进行输入信息提示，提示内容为“请输入课程名称”，如图 3—72 所示。

D5　f_x　数学

	A	B	C	D	E	F
1			某班课程表			
2		星期一	星期二	星期三	星期四	星期五
3	第一节课	数学	语文	数学	英语	数学
4	第一节课	英语	化学	历史	化学	化学
5	第三节课	音乐	体育	数学	体育	美术
6	第四节课	物理	地理	生物	[illegible]	物理
7	第五节课	历史	政治	美术	[illegible]	语文
8	第六节课	生物	英语	自习	[illegible]	自习
9						

请输入课程名称

图 3—72　“输入信息”完成后示意图

2. 对表 3—6 的标题添加批注，添加内容为“此课程表执行日期为 2017.9-2018.1”，如图 3—73 所示。

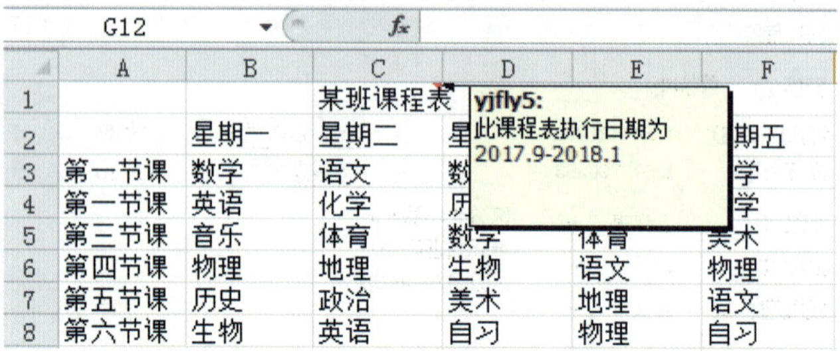

G12

	A	B	C	D	E	F
1			某班课程表			
2		星期一	星期二	星		期五
3	第一节课	数学	语文	数		学
4	第一节课	英语	化学	历		学
5	第三节课	音乐	体育	数学	体育	美术
6	第四节课	物理	地理	生物	语文	物理
7	第五节课	历史	政治	美术	地理	语文
8	第六节课	生物	英语	自习	物理	自习

yjfly5:
此课程表执行日期为
2017.9-2018.1

图 3—73　插入批注后示意图

3. 在表 3—6 中查找“数学”的课次。

4. 清除表 3—4 中“丁”的内容，输入如下内容：“30.7，30，29.5，29.4”，并删除甲列的内容。

项目四　表格样式编排和数据管理

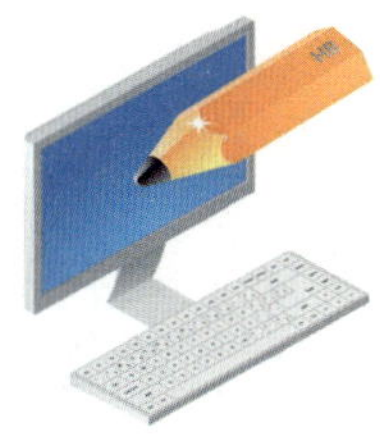

为了美化和分析工作表，用户可以对表格的格式进行编排，同时也可以根据需求，对工作表进行样式的改变，还可以利用数据管理与分析功能来对工作表的数据进行分析。本项目主要学习表格样式编排和数据管理的基本知识。

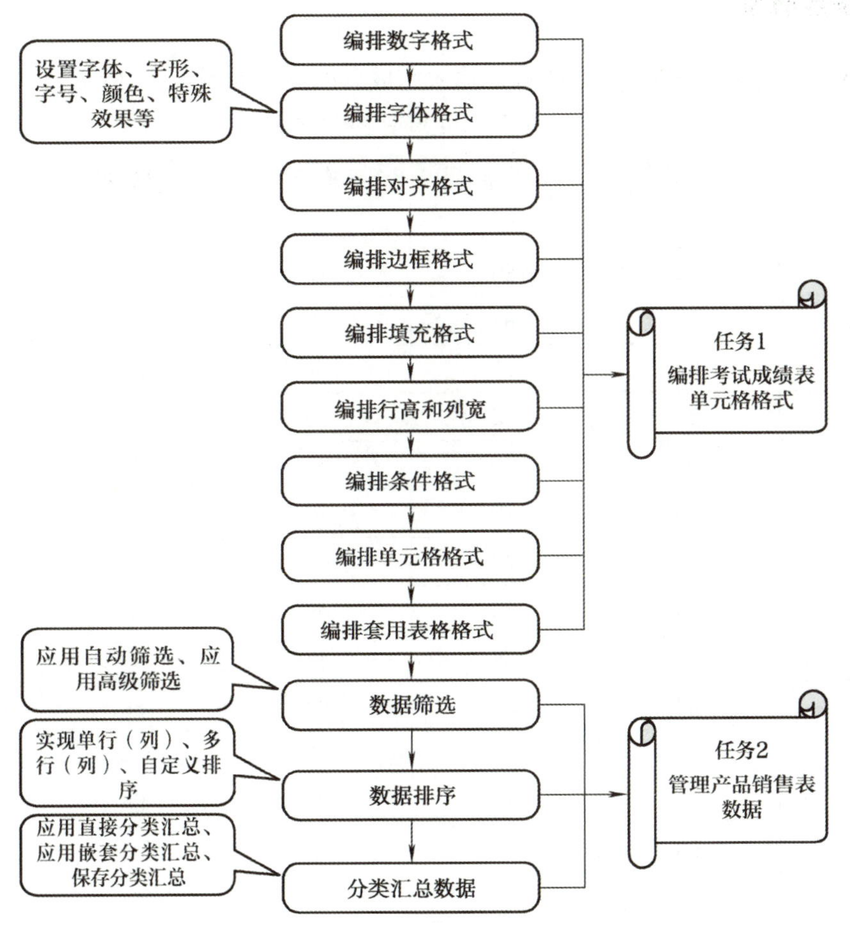

任务 1　编排考试成绩表单元格格式

学习目标

1. 能描述单元格格式包含的基本内容。
2. 能编排单元格格式。
3. 能描述工作表格式包含的基本内容。
4. 能套用表格格式。

任务描述

在 Excel 中，输入表 4—1 的内容，输入完成后的显示如图 4—1 所示。

表 4-1　　高三（2）班期中考试成绩表

姓名	英语	数学	物理	化学	语文
王亚军	77	80	78	85	70
周平	82	85	76	86	80
张远	90	84	87	82	88
冯征	60	71	62	59	65
赵敬峰	84	72	76	75	80
任征	95	90	93	90	89
郝迪	70	72	76	69	80
王丽坤	65	70	68	71	63
李丽	70	62	69	65	69
吴向伟	82	88	86	80	90
陈风	88	93	82	86	75
谢艳	77	79	81	73	81
王烁	98	100	95	95	91
孙萍	98	100	95	95	91
刘忠	75	66	60	68	77
何向	80	79	82	85	80

F20　f_x

	A	B	C	D	E	F
1			高三（2）班期中考试成绩表			
2		英语	数学	物理	化学	语文
3	王亚军	77	80	78	85	70
4	周平	82	85	76	86	80
5	张远	90	84	87	82	88
6	冯征	60	71	62	59	65
7	赵敬峰	84	72	76	75	80
8	任征	95	90	93	90	89
9	郝迪	70	72	76	69	80
10	王丽坤	65	70	68	71	63
11	李丽	70	62	69	65	69
12	吴向伟	82	88	86	80	90
13	陈风	88	93	82	86	75
14	谢艳	77	79	81	73	81
15	王烁	98	100	95	95	91
16	孙萍	55	62	60	59	65
17	刘忠	75	66	60	68	77
18	何向	80	79	82	85	80

图 4—1　输入表 4—1 后的示意图

在此基础上，对此表的各数字格式、字体格式、对齐格式、边框格式、填充样式等进行编排。同时利用有条件地进行格式编排、利用 Excel 的单元格样式快速编辑、自定义编辑单元格样式以及自动套用表格格式的方法来对工作进行格式及样式的编排。编辑样式结束后，表 4—1 在 Excel 中的单元格格式如图 4—2 所示，其中 90 分以上的成绩显示为“加粗倾斜”。

F18　f_x　65

	A	B	C	D	E	F
1	高三（2）班期中考试成绩表					
2	科目 姓名	英语	数学	物理	化学	语文
3	王烁	***98.00***	***100.00***	***95.00***	***95.00***	***91.00***
4	任征	***95.00***	90.00	***93.00***	90.00	89.00
5	张远	90.00	84.00	87.00	82.00	88.00
6	陈风	88.00	***93.00***	82.00	86.00	75.00
7	赵敬峰	84.00	72.00	76.00	75.00	80.00
8	吴向伟	82.00	88.00	86.00	80.00	90.00
9	周平	82.00	85.00	76.00	86.00	80.00
10	何向	80.00	79.00	82.00	85.00	80.00
11	王亚军	77.00	80.00	78.00	85.00	70.00
12	谢艳	77.00	79.00	81.00	73.00	81.00
13	刘忠	75.00	66.00	60.00	68.00	77.00
14	郝迪	70.00	72.00	76.00	69.00	80.00
15	李丽	70.00	62.00	69.00	65.00	69.00
16	王丽坤	65.00	70.00	68.00	71.00	63.00
17	冯征	60.00	71.00	62.00	59.00	65.00
18	孙萍	55.00	62.00	60.00	59.00	65.00

图 4—2　表 4—1 单元格格式的设置

相关知识

1. 数字格式

所谓数字格式是指单元格或工作表中的数值型数据的显示形式。Excel 中支持的数字格式包括以下内容。

（1）常规

常规是指数值型数据以输入的形式显示。

（2）数值

在这个选项中可以设置数值的小数位数、负数的显示形式等。

（3）货币

它是指数据以货币的形式出现。可以设置货币符号、小数位数及负数的显示形式等。

（4）会计专用

这项选项可以设置货币符号及小数位数。

（5）日期

设置日期的形式，数据将以日期的格式显示。

（6）时间

与日期类似，可以设置时间的显示形式，同时数据将以时间的形式显示。

（7）百分比

可以设置小数的位数，同时数据以百分数的形式显示。

（8）分数

可以设置分数的类型。

（9）科学计数

同样可以设置小数的位数，数据以科学计数的形式显示。

（10）文本

文本是指数字作为文本处理，显示的内容与输入的内容一致。

（11）特殊

用于显示不同国家或地区的数据格式，如显示为中文大写数字、中文小写数字等。

（12）自定义

可以设置自定义的显示方式。

2. 字体格式

字体格式主要用于单元格中数据的字体、大小、特殊效果以及其他一些选项的设置。

3. 对其设置

对齐设置是指对于单元格中的内容在单元格中的位置进行设置。对齐方式有左对齐、右对齐和居中三种。

4. 其他格式

边框格式和填充格式是指对单元格周围的线型以及填充的颜色、方式等进行设置。

单元格样式是指利用 Excel 已有的样式对单元格进行快速编辑，提高工作效率。

条件格式是指用户设定一定的条件，使满足条件的单元格内容按照设置的格式显示，这种操作便于用户更加直观地观察单元格的数据内容。

自动套用表格格式可以更快速地设置整个工作表，在此基础上进行筛选和排序操作。

在工作表中，可以将列宽指定为 0 ~ 255。此值表示可在用工作表默认的标准字体进行格式设置的单元格中显示的字符数。默认列宽为 8.38 个字符。如果列宽设置为 0，则隐藏该列。还可以将行高指定为 0 ~ 409。此值以点数（1 点约等于 1/72 英寸）表示高度测量值。默认行高为 13.5 点。如果行高设置为 0，则隐藏该行。

在 Excel 中编排单元格的格式，包括数字、对齐、字体、边框、填充等选项。下面将分别介绍这些选项的操作方法。

实践操作

1. 编排数字格式

方法 1：首先选定所有内容为数字的单元格区域 B3:F18，单击“开始”|“数字”栏右下角的图标，或者单击“开始”|“单元格”栏下的“格式”选项，在其下拉列表中选择“设置单元格格式”。在出现的对话框中选择“数字”选项。在“分类”列表框中选择“数值”选项，并在其右侧“小数位数”项中选择“2”，如图 4—3 所示。单击“确定”按钮，这样成绩显示为小数位数为 2 的值。

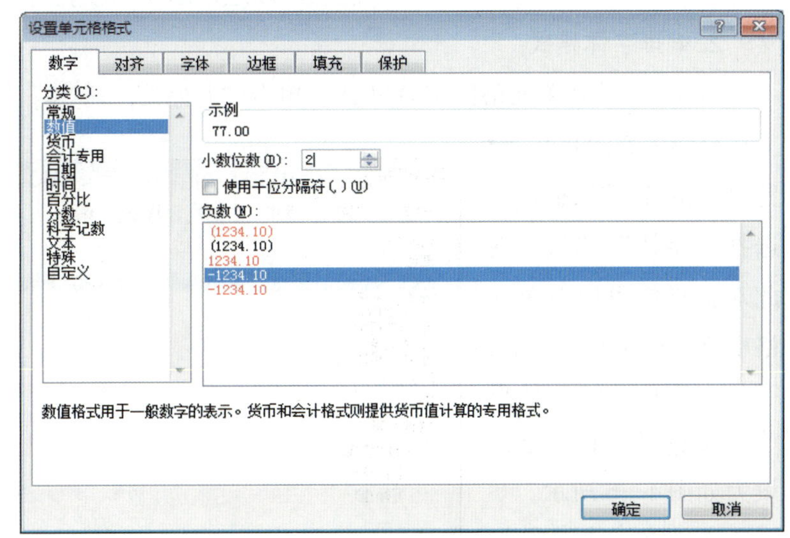

图 4—3　“设置单元格格式”对话框

选中单元格后，右击，选择“设置单元格格式”选项，可快速进入此对话框。

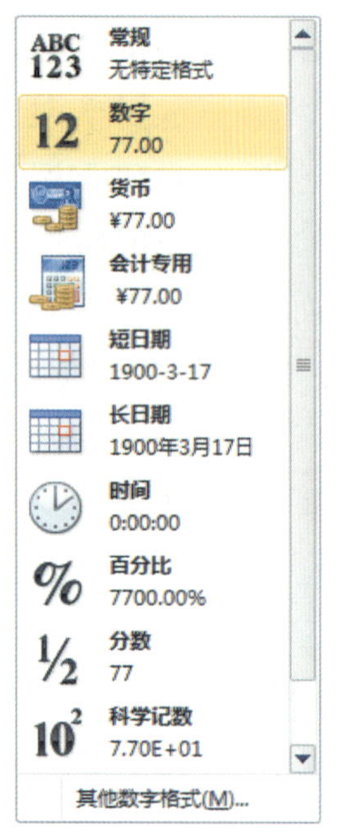

图 4—4 “数字”选项的下拉列表

方法 2：选择单元格区域 B3:F18 后，单击“开始” | “数字”栏下的如图 4—4 所示下拉列表，选择“数字”选项即可，如图 4—5 所示。

图 4—5 选择“数字”选项后示意图

在实际应用中，还可以要求数值显示为其他格式，如日期、货币等，这时只需在图 4—3 所示的对话框中或者在如图 4—4 所示的下拉列表中进行相应的设置即可，某些选项可以通过图 4—5 的图标直接进行设置。

2. 编排字体格式

方法 1：选择单元格区域 B3:F18，单击“开始” | “字体”栏右下角的图标，或者采用上述介绍的方法打开“设置单元格格式”对话框，选择“字体”选项。在此对话框中可以对单元格中字体的类型、字形、字号、颜色、特殊效果等几项进行编排，字体设为如图 4—6 所示。

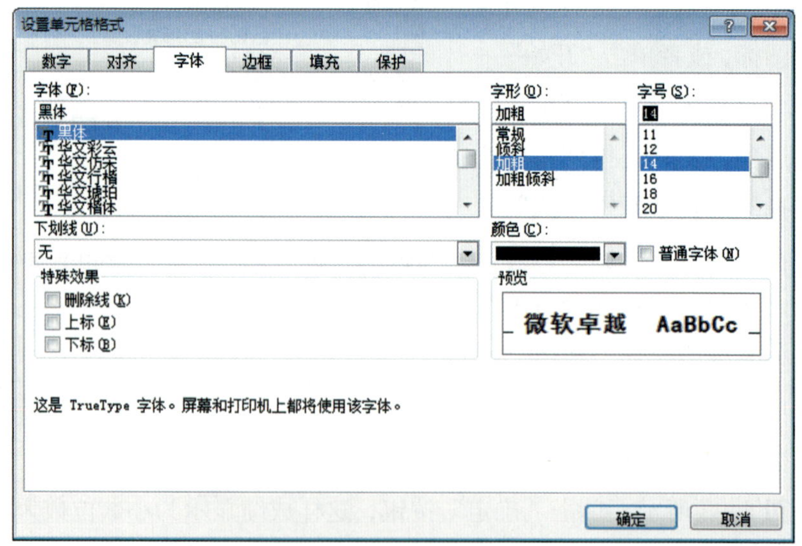

图 4—6 对成绩单元格的字体设置

方法 2：选定科目一行的单元格后，利用“开始” | “字体”命令组的图标按钮。图 4—7 所示即为科目一行的编

排格式。设置时，只需单击选项右边的箭头，在下拉列表选择所需的选项即可。

图 4—7　“字体”命令组

3. 编排对齐格式

对数字格式的数据，Excel 默认为右对齐。而对文本格式的数据，Excel 默认为左对齐。通过编排对齐格式，可以改变其对齐方式。

方法 1：选择单元格区域 B3:F18，单击“开始”|“对齐方式”栏右下角的图标，或者单击“开始”|“单元格”栏下的“格式”选项进入“设置单元格格式”对话框，在“对齐”选项下进行编排。在“文本对齐方式”栏下的“水平对齐”选项下选择“靠左（缩进）”，并选择缩进“0”字符，“垂直对齐”选择“靠下”。右侧的“方向”可以进行对文本的旋转，角度设为“0”。如图 4—8 所示，单击“确定”按钮即可。

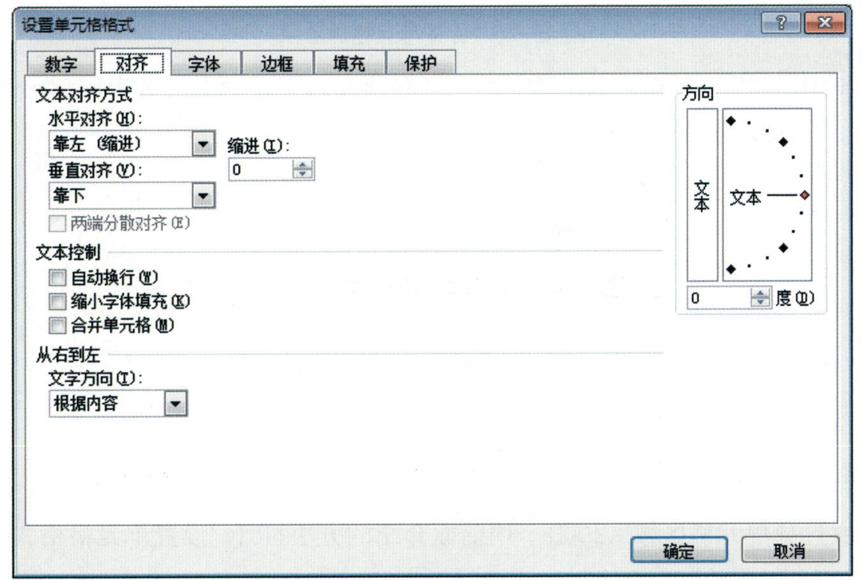

图 4—8　对齐方式编排

当单元格的内容过多，占用了其他单元格或者无法显示时，如 C1。可以在如图 4—8 所示的对话框中“文本控制”栏下选择“自动换行”。这样当输入时，此单元格在不改变列宽的情况下将自动增加行高，从而将显示其全部内容，如图 4—9 所示。

C1	fx	高三（2）班期中考试成绩表			
	A	B	C	D	E	F
1			高三（2）班期中考试成绩表			
2		英语	数学	物理	化学	语文
3	王亚军	77.00	80.00	78.00	85.00	70.00

图 4—9　选择“自动换行”的显示

如果选择“缩小字体填充”，Excel 在不改变单元格列宽和行高的情况下自动缩小字体，使单元格内容全部显示。

在此表中，单元格 A1 至 F1 只有一项内容，因此，可以将这几个单元格合并成一个单元格。选中单元格 A1 至 F1，在如图 4—8 所示的对话框中“文本控制”栏下选择“合并单元格”选项，单击“确定”按钮，如图 4—10 所示。

A1	fx	高三（2）班期中考试成绩表					
	A	B	C	D	E	F	G
1	高三（2）班期中考试成绩表						
2		英语	数学	物理	化学	语文	
3	王亚军	77.00	80.00	78.00	85.00	70.00	

图 4—10　合并单元格的效果

方法 2：选中单元格后，单击“开始”|“对齐方式”命令组下选中的图标按钮，如图 4—11 所示，完成对齐格式的编排。

图 4—11　“对齐方式”命令组

4. 编排边框格式

方法 1：选择单元格区域 A2:A18，用前面介绍的方法打开“设置单元格格式”下的“边框”选项。此对话框的左边可设置线条样式和颜色，右边可设置边框的位置。这里选择黑色实线，外部和内部都添加边框，如图 4—12 所示。设置完成后单击“确定”按钮即可。

方法 2：选中单元格后，单击“开始”|“字体”栏的 图标右边的箭头，出现如图 4—13 所示的下拉菜单。在此菜单中选择“所有框线”选项，单击“其他边框”即可打开如图 4—12 所示的对话框。另外，用户还可以自己绘制边框，单击 图标或在下拉菜单选择“绘制边框”选项即可。

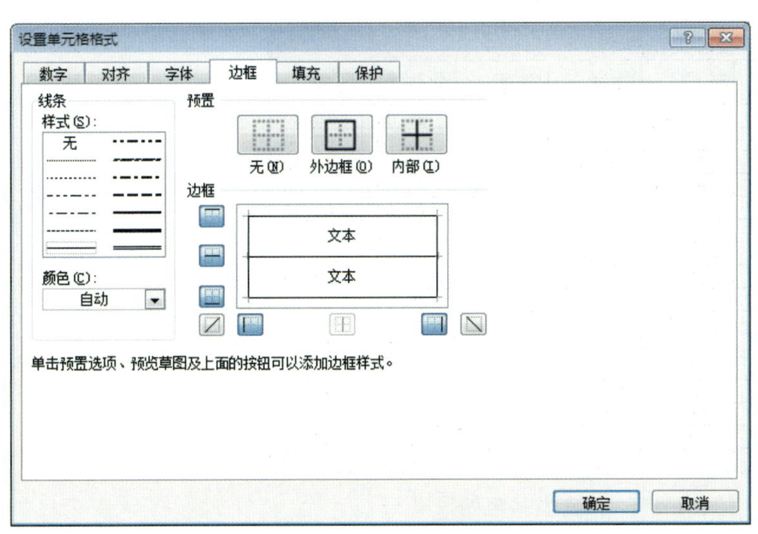

图 4—12　边框编排

图 4—13　绘制边框的下拉菜单

选中 A2 单元格，在图 4—12 中选择 ◪ 图标，并在此单元格内分两行输入两行内容“科目”和“姓名”，调整位置，完成后如图 4—14 所示。

B5　　fx　90

	A	B	C	D	E	F
1	高三（2）班期中考试成绩表					
2	科目 姓名	英语	数学	物理	化学	语文
3	王亚军	77.00	80.00	78.00	85.00	70.00
4	周平	82.00	85.00	76.00	86.00	80.00
5	张远	90.00	84.00	87.00	82.00	88.00
6	冯征	60.00	71.00	62.00	59.00	65.00
7	赵敬峰	84.00	72.00	76.00	75.00	80.00
8	任征	95.00	90.00	93.00	90.00	89.00
9	郝迪	70.00	72.00	76.00	69.00	80.00
10	王丽坤	65.00	70.00	68.00	71.00	63.00
11	李丽	70.00	62.00	69.00	65.00	69.00
12	吴向伟	82.00	88.00	86.00	80.00	90.00
13	陈风	88.00	93.00	82.00	86.00	75.00
14	谢艳	77.00	79.00	81.00	73.00	81.00
15	王烁	98.00	100.00	95.00	95.00	91.00

图 4—14　边框编排后的工作表

操作演示

5. 编排填充格式

如果要将单元格填充背景色，首先选择要填充的单元格 A1，在“设置单元格格式”的对话框中选择“填充”选项。在“背景色”下选择红色，单击“确定”按钮，完成后如图 4—15 所示。

	A	B	C	D	E	F
1	高三（2）班期中考试成绩表					
2	科目 姓名	英语	数学	物理	化学	语文
3	王亚军	77.00	80.00	78.00	85.00	70.00
4	周平	82.00	85.00	76.00	86.00	80.00
5	张远	90.00	84.00	87.00	82.00	88.00
6	冯征	60.00	71.00	62.00	59.00	65.00
7	赵敬峰	84.00	72.00	76.00	75.00	80.00
8	任征	95.00	90.00	93.00	90.00	89.00
9	郝迪	70.00	72.00	76.00	69.00	80.00
10	王丽坤	65.00	70.00	68.00	71.00	63.00
11	李丽	70.00	62.00	69.00	65.00	69.00
12	吴向伟	82.00	88.00	86.00	80.00	90.00
13	陈风	88.00	93.00	82.00	86.00	75.00
14	谢艳	77.00	79.00	81.00	73.00	81.00
15	王烁	98.00	100.00	95.00	95.00	91.00
16	孙萍	55.00	62.00	60.00	59.00	65.00
17	刘忠	75.00	66.00	60.00	68.00	77.00
18	何向	80.00	79.00	82.00	85.00	80.00

图 4—15 填充背景色的效果

单击“填充”对话框中的“填充效果”按钮，出现如图 4—16 所示的对话框。在此对话框中可以设置对单元格进行两种颜色以及不同的填充方式。

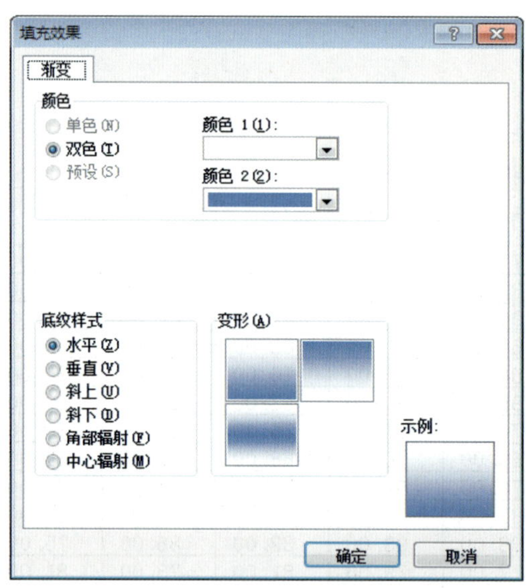

图 4—16 “填充效果”对话框

用户也可以自定义填充颜色，只需在“填充”对话框中单击“其他颜色”即可。

“填充”对话框右边可设置填充的图案。单击选中单元格 A1，在“图案颜色”中选择“黄色”，在“图案样式”中选择“细垂直条纹”，如图 4—17 所示。单击“确定”按钮，填充后如图 4—18 所示。

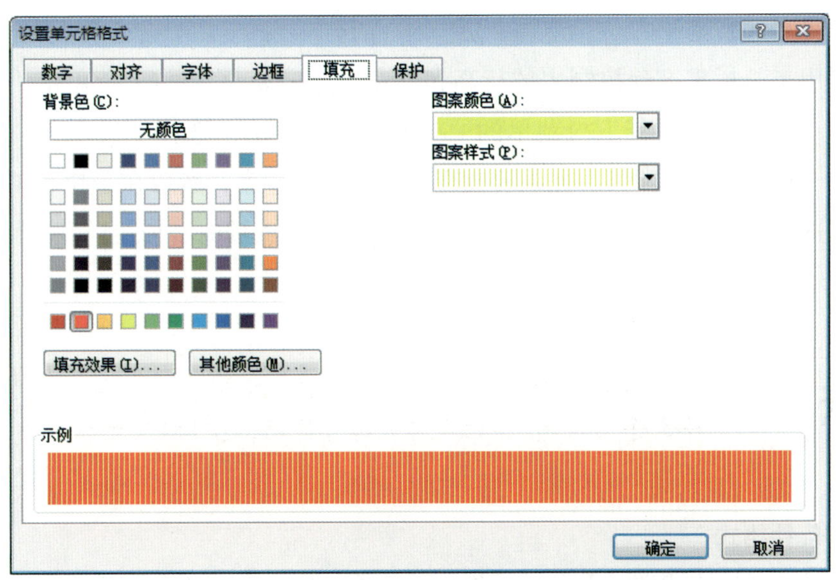

图 4—17 “填充”选项的图案颜色、图案样式设置

A1 f_x 高三（2）班期中考试成绩表

	A	B	C	D	E	F
1	高三（2）班期中考试成绩表					
2	科目 姓名	英语	数学	物理	化学	语文
3	王亚军	77.00	80.00	78.00	85.00	70.00
4	周平	82.00	85.00	76.00	86.00	80.00
5	张远	90.00	84.00	87.00	82.00	88.00
6	冯征	60.00	71.00	62.00	59.00	65.00
7	赵敬峰	84.00	72.00	76.00	75.00	80.00
8	任征	95.00	90.00	93.00	90.00	89.00
9	郝迪	70.00	72.00	76.00	69.00	80.00
10	王丽坤	65.00	70.00	68.00	71.00	63.00
11	李丽	70.00	62.00	69.00	65.00	69.00
12	吴向伟	82.00	88.00	86.00	80.00	90.00
13	陈风	88.00	93.00	82.00	86.00	75.00
14	谢艳	77.00	79.00	81.00	73.00	81.00
15	王烁	98.00	100.00	95.00	95.00	91.00
16	孙萍	55.00	62.00	60.00	59.00	65.00
17	刘忠	75.00	66.00	60.00	68.00	77.00
18	何向	80.00	79.00	82.00	85.00	80.00

图 4—18 填充完成的 A1

提示

单击“开始”|“字体”下的 图标或其右边的箭头，可迅速对单元格的背景色进行填充。

6. 编排行高和列宽

可以利用工具栏来准确控制表的行高和列宽。选定要改变的行，单击“开始”|“单元格”栏下“格式”，在其下拉菜单的“单元格大小”中，选择“行高”一项，输入行高值，单击“确定”按钮即可。如果要改变列宽，即选定列，然后在下拉菜单中选择“列宽”即可。选择“自动调整行高”或“自动调整列宽”选项时，Excel 可根据各个单元格中的内容自动调整。

把鼠标指针移动到该行或该列编号后的边框附近，当鼠标指针形状变为┿或╋形状时，按住鼠标左键并拖动，也可以改变相应的行高或列宽。

7. 编排条件格式

简单地说，条件格式即是有条件地编排单元格的格式。使用条件格式可以更直观地查看数据，以便分析。

选择使用条件格式的单元格区域 B3:F18，单击“开始”|“样式”栏下的“条件格式”按钮，出现如图 4—19 所示的下拉菜单。

单击“突出显示单元格规则”选项，出现如图 4—20 所示的各子选项列表。单击其中的选项，可以使符合设置条件的单元格突出显示，并能选择突出显示的颜色。这里选择“大于”选项，在出现的对话框中，把大于的值设为“90”的单元格设为“加粗倾斜”（在“自定义格式”下选择），如图 4—21 所示。单击“确定”按钮，完成后的表格如图 4—22 所示。

图 4—19 “条件格式”下拉菜单

图 4—20 “突出显示单元格规则”选项的子选项列表

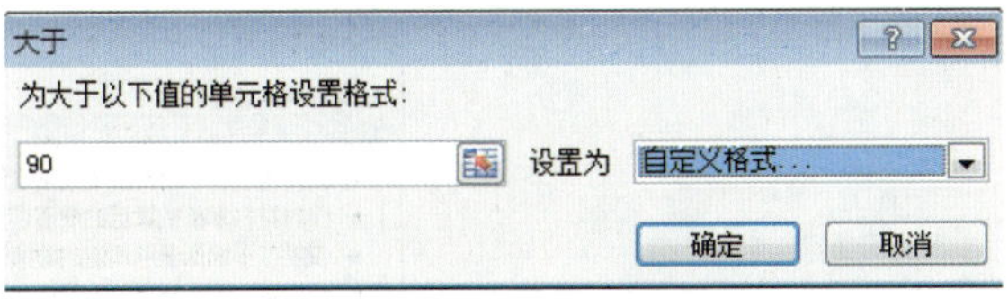

大于

为大于以下值的单元格设置格式：

90　　设置为　自定义格式...

确定　取消

图 4—21　突出显示格式编排

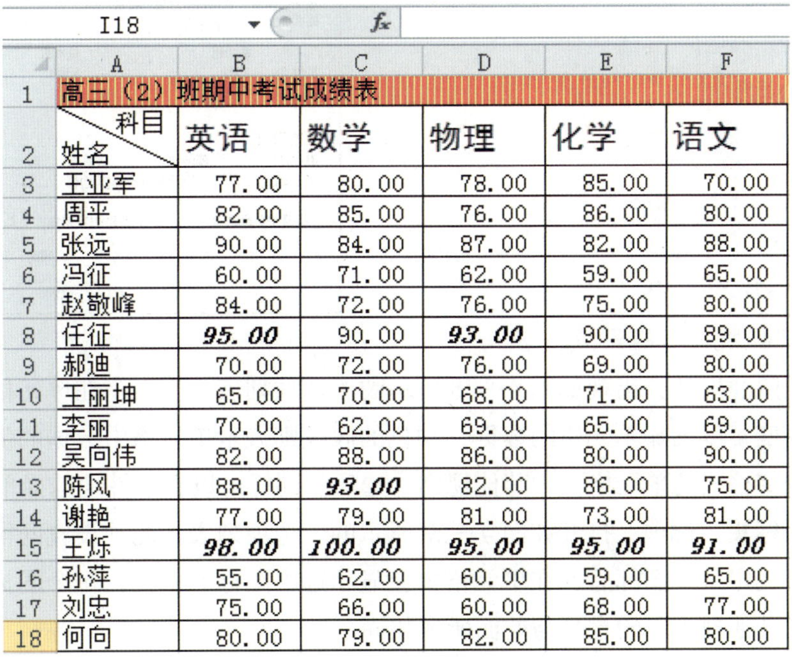

I18　fx

	A	B	C	D	E	F
1	高三（2）班期中考试成绩表					
2	科目 姓名	英语	数学	物理	化学	语文
3	王亚军	77.00	80.00	78.00	85.00	70.00
4	周平	82.00	85.00	76.00	86.00	80.00
5	张远	90.00	84.00	87.00	82.00	88.00
6	冯征	60.00	71.00	62.00	59.00	65.00
7	赵敬峰	84.00	72.00	76.00	75.00	80.00
8	任征	***95.00***	90.00	***93.00***	90.00	89.00
9	郝迪	70.00	72.00	76.00	69.00	80.00
10	王丽坤	65.00	70.00	68.00	71.00	63.00
11	李丽	70.00	62.00	69.00	65.00	69.00
12	吴向伟	82.00	88.00	86.00	80.00	90.00
13	陈风	88.00	***93.00***	82.00	86.00	75.00
14	谢艳	77.00	79.00	81.00	73.00	81.00
15	王烁	***98.00***	***100.00***	***95.00***	***95.00***	***91.00***
16	孙萍	55.00	62.00	60.00	59.00	65.00
17	刘忠	75.00	66.00	60.00	68.00	77.00
18	何向	80.00	79.00	82.00	85.00	80.00

图 4—22　突出显示完成后工作表

单击“条件格式”下拉菜单中的“项目选取规则”出现如图 4—23 所示的子选项列表。其设置形式与“突出显示单元格规则”类似，只需设置符合的条件和显示方式。

“数据条”选项下有如图 4—24 所示的子选项列表。此选项是只能编排数字格式的单元格。使用数据条编排各单元格时，单元格的值越大，则显示时数据条的长度越长。

单击图 4—24 所示中的“其他规则”选项，出现如图 4—25 所示的“新建格式规则”对话框。在此对话框中的“选择规则类型”栏下中可以选择部分符合要求的单元格，以数据条的格式显示。

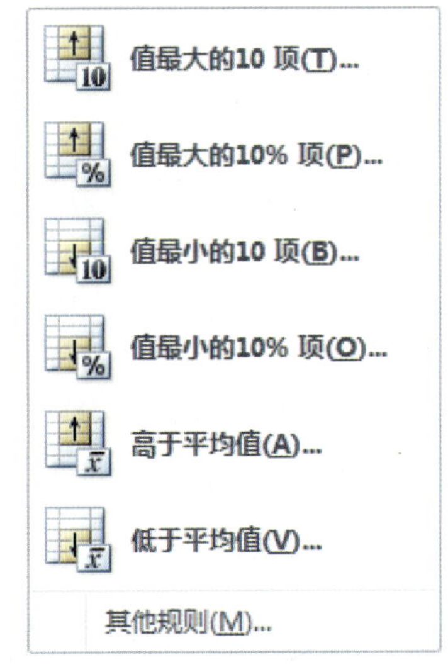

图 4—23　“项目选取规则”的子选项列表

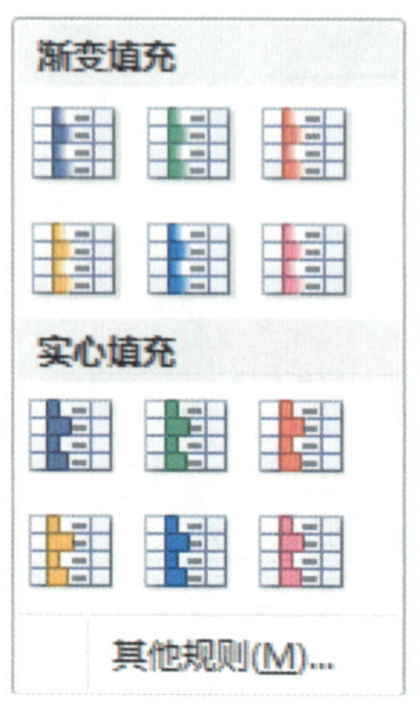

图 4—24 “数据条”下的子选项列表

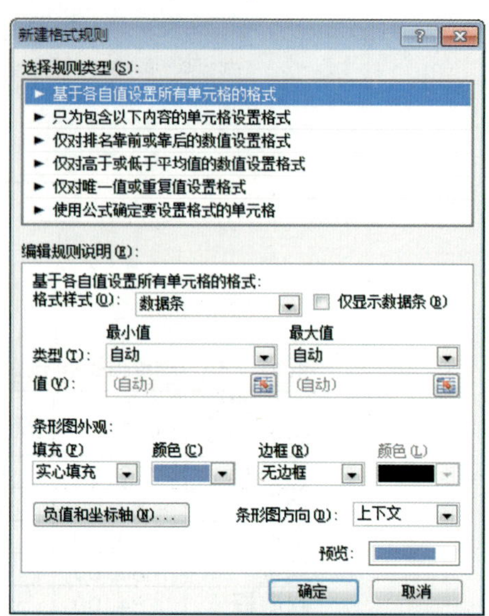

图 4—25 “新建格式规则”对话框

单击“色阶”选项，出现如图 4—26 所示的子选项列表。它表示在单元格区域中显示双色或三色渐变，以突显单元格的数据，颜色的底纹则表示单元格中数据的值。此项设置也只适用于数字格式的单元格。“其他规则”选项中同样可以有条件地选择单元格。

单击“图标集”选项，打开如图 4—27 所示的子选项列表。此项设置同样只针对数值型的单元格。选定某一图标后，在单元格中会显示选中图标的一种，每个图标代表一个单元格的值。“其他规则”的意义与前面所述相同。

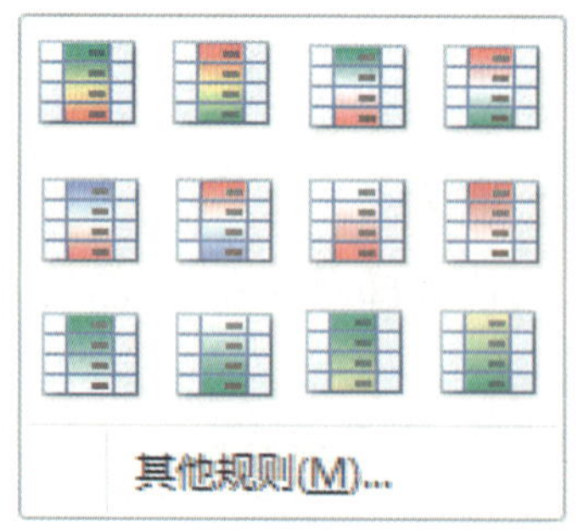

图 4—26 “色阶”子选项列表

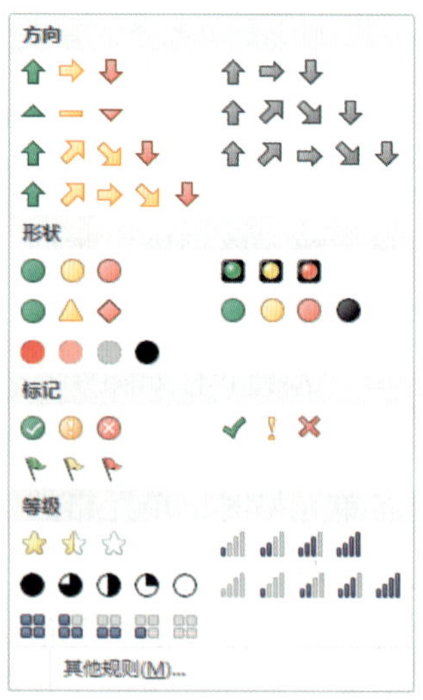

图 4—27 “图标集”子选项列表

单击“新建规则”选项，出现如图 4—28 所示的对话框。在“选择规则类型”中同样可以有条件地选择符合要求的单元格，在“编辑规则说明”中设置相应的格式，设置完毕后，单击“确定”按钮即可。

新建格式规则
选择规则类型(S):
► 基于各自值设置所有单元格的格式
► 只为包含以下内容的单元格设置格式
► 仅对排名靠前或靠后的数值设置格式
► 仅对高于或低于平均值的数值设置格式
► 仅对唯一值或重复值设置格式
► 使用公式确定要设置格式的单元格
编辑规则说明(E):
基于各自值设置所有单元格的格式:
格式样式(O): 双色刻度
最小值 最大值
类型(T): 最低值 最高值
值(V): (最低值) (最高值)
颜色(C):
预览:
确定 取消

图 4—28 “新建格式规则”对话框

操作演示

“清除规则”选项则可以清除所选单元格的规则或者整个工作表的规则。“管理规则”选项则可以新建、编辑、删除规则。

8. 编排单元格样式

通过这一选项，可以选择预定义的单元格格式，快速完成对单元格的样式编排，也可以自定义需要的单元格样式。

选中需要编排样式的单元格或单元格区域 B3:F18，单击“开始”|“样式”栏下的“单元格样式”按钮，打开其列表框，如图 4—29 所示。

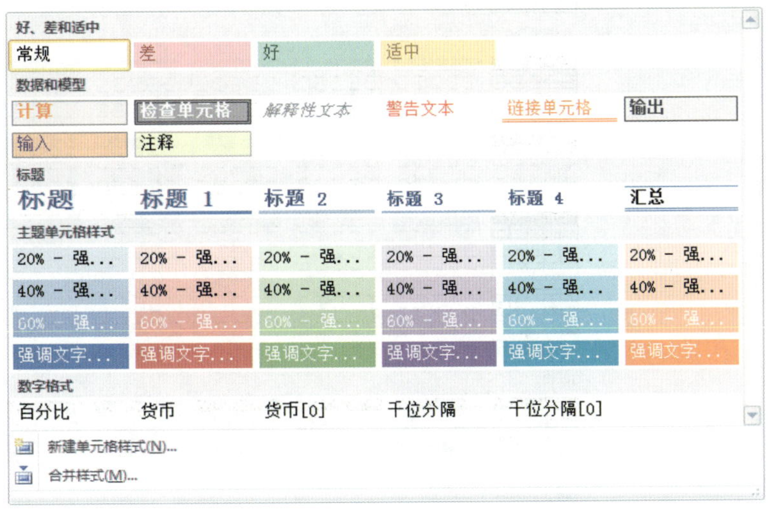

图 4—29 “单元格样式”下拉列表框

在如图 4—29 所示“主题单元格样式”中选择“20%—强调文字颜色 1”样式，那么所选定的单元格或区域则显示为此样式。

用户还可自定义样式，在如图 4—29 所示的下拉列表中单击“新建单元格样式”，打开如图 4—30 所示的“样式”对话框。

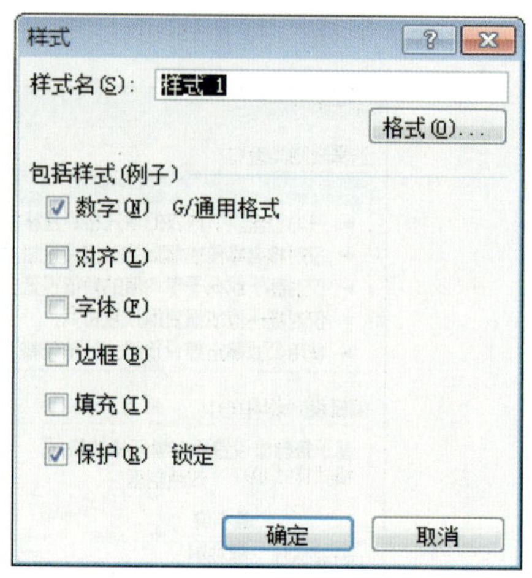

图 4—30 “样式”对话框

在“样式名”下输入所建样式的名称，单击“格式”按钮，在“设置单元格格式”对话框中进行样式的设置，设置方法与前述的编排“设置单元格格式”的操作相同。完成后，单击“确定”按钮即可。

9. 编排套用表格格式

通过这一操作，可以快速地设置一组单元格或整个工作表的格式，并将其转化为表。首先选择单元格区域 A2:F18，单击“开始”|“样式”栏下的“套用表格格式”，其下拉列表如图 4—31 所示。

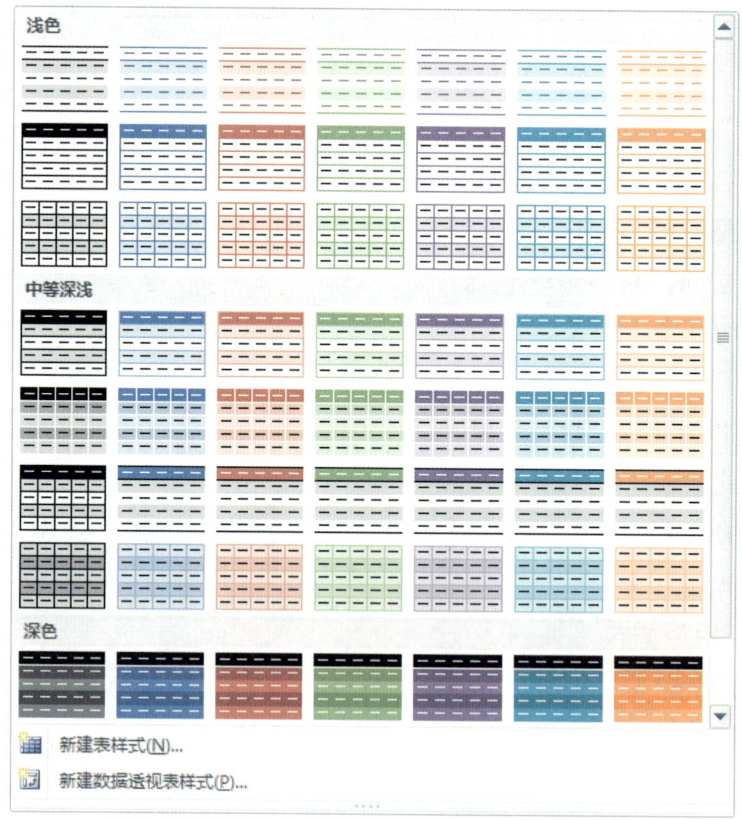

图 4—31 “套用表格格式”的下拉列表

“单元格样式”下拉列表的任一样式上单击鼠标右键，则可快速地对样式进行修改、删除、复制等操作。

选择某一格式后，出现如图 4—32 所示的对话框，单击“确定”按钮。如果想重新选定区域，则单击“表数据来源”右侧的图标，选定后，再单击“确定”按钮。

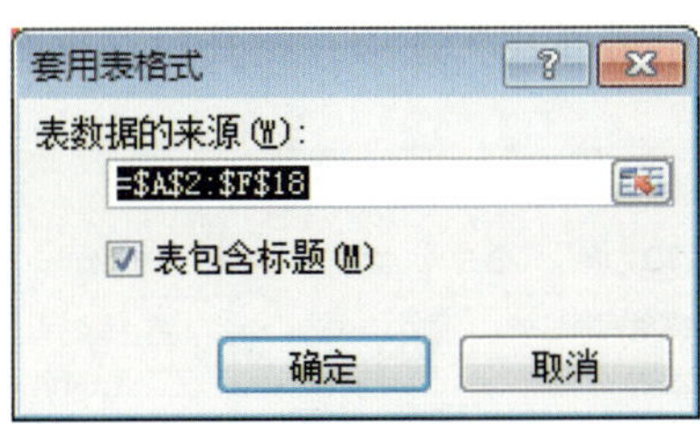

图 4—32　“套用表格式”对话框

Excel 会自动识别所选表格内容是否带有标题，若“表包含标题”单选框的自动勾选结果有误，可手动更改。

选择自动套用格式后的区域如图 4—33 所示。

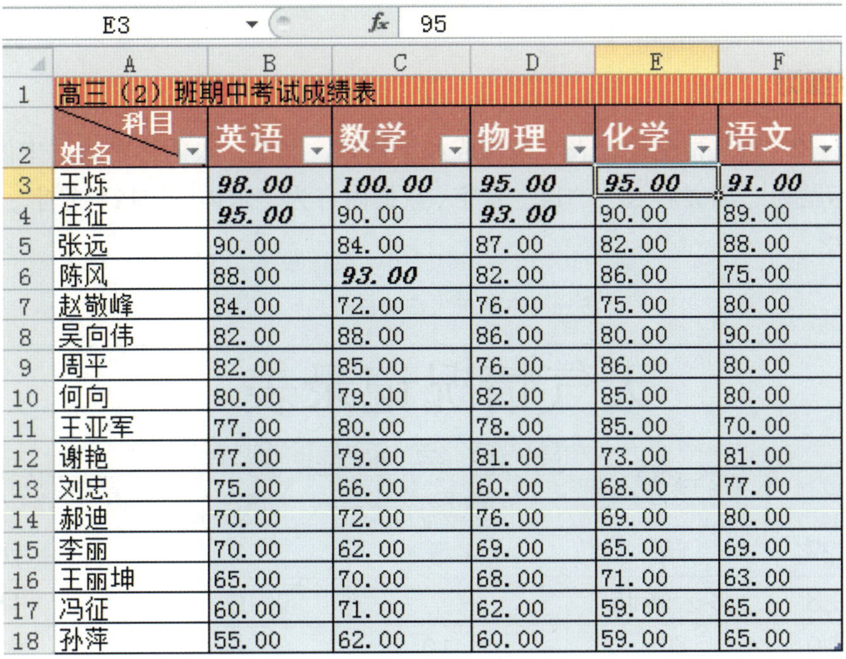

E3　　f_x　95

	A	B	C	D	E	F
1	高三（2）班期中考试成绩表					
2	科目 姓名	英语	数学	物理	化学	语文
3	王烁	98.00	100.00	95.00	95.00	91.00
4	任征	95.00	90.00	93.00	90.00	89.00
5	张远	90.00	84.00	87.00	82.00	88.00
6	陈风	88.00	93.00	82.00	86.00	75.00
7	赵敬峰	84.00	72.00	76.00	75.00	80.00
8	吴向伟	82.00	88.00	86.00	80.00	90.00
9	周平	82.00	85.00	76.00	86.00	80.00
10	何向	80.00	79.00	82.00	85.00	80.00
11	王亚军	77.00	80.00	78.00	85.00	70.00
12	谢艳	77.00	79.00	81.00	73.00	81.00
13	刘忠	75.00	66.00	60.00	68.00	77.00
14	郝迪	70.00	72.00	76.00	69.00	80.00
15	李丽	70.00	62.00	69.00	65.00	69.00
16	王丽坤	65.00	70.00	68.00	71.00	63.00
17	冯征	60.00	71.00	62.00	59.00	65.00
18	孙萍	55.00	62.00	60.00	59.00	65.00

图 4—33　“套用表格格式”编排的工作表

同时，如果选中该区域或者该区域中的任意单元格，在工具栏中将会出现表格工具“设计”一项，如图 4—34 所示。

在此工具栏下，可以对工作表进行样式的编辑。如果需要将图 4—34 所示的表格转换

成原来的区域形式，则单击图 4—34 所示中“工具”栏下的“转换为区域”按钮，或者右击，选择“表格”|“转换为区域”选项，单击“是”按钮即可。

单击图 4—31 所示的“新建表样式”选项，在其对话框中可以编辑自定义的表格样式。

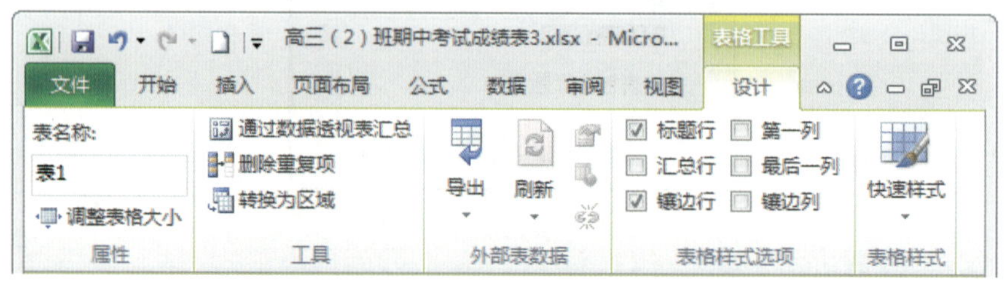

图 4—34　表格工具“设计”工具栏

教学资源

“高三（2）班期中考试成绩表”素材可通过网站 http://jg.class.com.cn 下载，位于软件资源包“中文版 Excel 2010 基础与实训 / 项目四 / 任务 1”中。

巩固练习

1. 将表 3—2“天气情况记录表”编排成如下格式，其中，表的标题为“宋体”“22”号字，各列标题为“华文彩云”“14”号字，数据内容为“宋体”“12”号字，修改后的效果见表 4—2。

表 4-2　　Excel 中的天气情况记录表

天气情况记录表

日期	天气情况	最低气温（°C）	最高气温（°C）	空气质量状况
2017-12-27	晴	－5	7	优
2017-12-28	多云转晴	－7	6	良
2017-12-29	阴	－10	6	差
2017-12-30	阴	－8	4	良

2. 将表 3—6“某班课程表”采用条件格式编排的方法，设置成如下格式，其中“数学”为“加粗倾斜”，“物理”为“浅红填充色深红色文本”。修改后的效果见表 4—3。

表 4-3　　修改后的“某班课程表”

星期 节数	星期一	星期二	星期三	星期四	星期五
第一节课	*数学*	语文	*数学*	英语	*数学*
第二节课	英语	化学	历史	化学	化学
第三节课	音乐	体育	物理	体育	美术
第四节课	物理	地理	生物	语文	物理
第五节课	历史	政治	美术	地理	语文
第六节课	生物	英语	自习	物理	自习

3.将表3—3“某产品一年的产量、质量以及市场占有率记录表”的样式修改为“浅色1”，修改后的效果如图4—35所示。

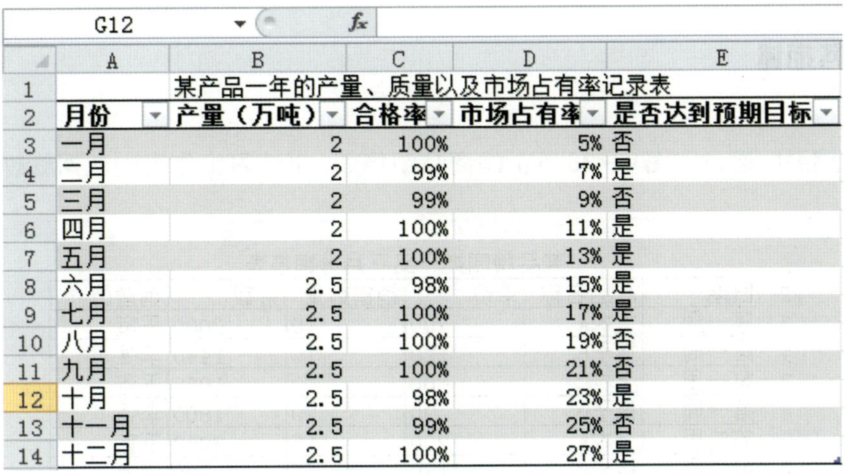

G12　　fx

	A	B	C	D	E
1	某产品一年的产量、质量以及市场占有率记录表				
2	月份	产量（万吨）	合格率	市场占有率	是否达到预期目标
3	一月	2	100%	5%	否
4	二月	2	99%	7%	是
5	三月	2	99%	9%	否
6	四月	2	100%	11%	是
7	五月	2	100%	13%	是
8	六月	2.5	98%	15%	是
9	七月	2.5	100%	17%	是
10	八月	2.5	100%	19%	否
11	九月	2.5	100%	21%	否
12	十月	2.5	98%	23%	是
13	十一月	2.5	99%	25%	否
14	十二月	2.5	100%	27%	是

图 4—35　表 3—3 样式修改后

任务 2　管理产品销售表数据

学习目标

1. 能描述数据管理的种类。
2. 能完成筛选、排序、分类汇总的具体操作。

任务描述

在此任务中，通过如图 4—36 所示的商品销售表，来练习工作表中数据管理中的操作。

	A	B	C	D	E	F
1	某品牌四类产品三月份销售表					
2	日期	产品名称	单价	销售数量	金额	销售员
3	第一周	上衣A	200	10	2000	王宣
4	第一周	裤子B	120	12	1440	李强
5	第一周	上衣C	100	10	1000	王宣
6	第一周	裤子D	90	20	1800	李强
7	第二周	上衣A	200	15	3000	王宣
8	第二周	裤子B	120	15	1800	李强
9	第二周	上衣C	100	9	900	王宣
10	第二周	裤子D	90	20	3000	李强
11	第三周	上衣A	200	12	2400	王宣
12	第三周	裤子B	120	20	2400	李强
13	第三周	上衣C	100	20	2000	王宣
14	第三周	裤子D	90	17	1530	李强
15	第四周	上衣A	200	9	1800	王宣
16	第四周	裤子B	120	15	1800	李强
17	第四周	上衣C	100	10	1000	王宣
18	第四周	裤子D	90	12	1080	李强

图 4—36　商品销售表

首先，需要按“王宣”和“李强”两位销售员的顺序对表格进行排序。所谓排序，就是按照一定的顺序把工作表中的数据重新排列。在 Excel 中，可以对文本按数据、日期数据和数值等按照不同的标准来排序，从而有助于快速直观地显示数据，并更好地理解数据，有助于组织并查找数据。

同时，还可根据一定的标准来筛选图 4—36 中的数据。筛选后，工作表中仅显示那些满足指定条件的行，并隐藏不希望显示的行。

而通过分类汇总操作，可以使用户更加直观地了解各项内容的情况，以便对事情的总体有个掌握，更便于分析数据。分类汇总是指利用汇总函数（如“求和”和“平均值”）对数据自动归类并计算汇总结果。

相关知识

虽然利用项目三所述“查找”的方法也能迅速地找到内容，但是也只能局限于某个单元格，而且利用“查找”操作并不能直观地观察符合某种条件的数据内容，因此 Excel 提供了筛选功能。

筛选操作是指用户根据需求，在 Excel 中只显示符合要求的数据，以更方便、直观地观察分析数据。Excel 中的筛选操作包括自动筛选和高级筛选。

排序操作是按照用户设置的要求对整个工作的数据重新进行排列，主要包括根据单行或单列的排序、多行或多列的排序以及自定义排序。

而所谓分类汇总包括对数据进行直接的分类汇总和嵌套分类汇总两种方式。这项操作是在对工作表数据根据所设的汇总条件进行排序的基础上，再根据分类项目，对指定数据进行分类汇总。

实践操作

1. 数据筛选

（1）自动筛选。选定任意单元格，单击“开始”|“编辑”栏下的“排序和筛选”图标，其下拉菜单如图 4—37 所示。选择“筛选”选项，即在各列的第 1 行出现自动筛选箭头，或者单击“数据”|“排序和筛选”栏下的“筛选”图标，此时工作表如图 4—38 所示。

图 4—37　“排序和筛选”图标的下拉菜单

	A	B	C	D	E	F
1	某品牌四类产品三月份销售表					
2	日期	产品名称	单价	销售数量	金额	销售员
3	第一周	上衣A	200	10	2000	王宣
4	第一周	裤子B	120	12	1440	李强
5	第一周	上衣C	100	10	1000	王宣
6	第一周	裤子D	90	20	1800	李强
7	第二周	上衣A	200	15	3000	王宣
8	第二周	裤子B	120	15	1800	李强
9	第二周	上衣C	100	9	900	王宣
10	第二周	裤子D	90	20	3000	李强
11	第三周	上衣A	200	12	2400	王宣
12	第三周	裤子B	120	20	2400	李强
13	第三周	上衣C	100	20	2000	王宣
14	第三周	裤子D	90	17	1530	李强
15	第四周	上衣A	200	9	1800	王宣
16	第四周	裤子B	120	15	1800	李强
17	第四周	上衣C	100	10	1000	王宣
18	第四周	裤子D	90	12	1080	李强

图 4—38 单击“筛选”后工作表

单击“数据”|“排序和筛选”栏下的“筛选”图标，各列第 1 行可直接出现自动筛选箭头。

单击需设置筛选条件列的自动筛选箭头，如“销售员”列，在其下拉菜单中单击“文本”筛选，出现子选项列表，如图 4—39 所示。这里选择“等于”选项，打开如图 4—40 所示的“自定义自动筛选方式”对话框。

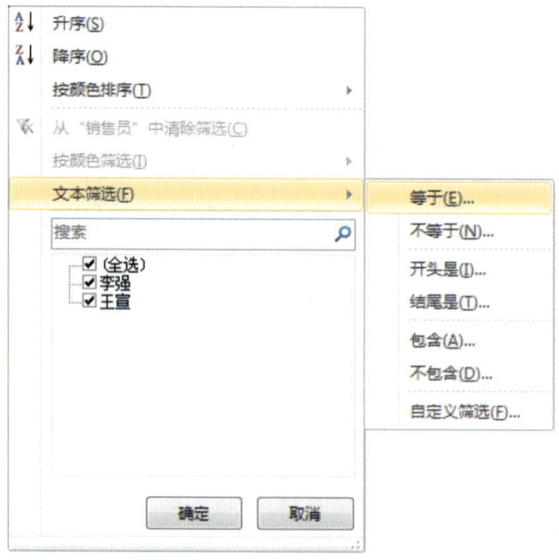

图 4—39 “自动筛选箭头”下拉菜单以及“文本筛选”子选项列表

在此对话框中，在等于右侧选项的下拉列表中选择“王宣”，如图 4—40 所示。单击“确定”按钮，则工作表即只显示王宣的销售情况，如图 4—41 所示。

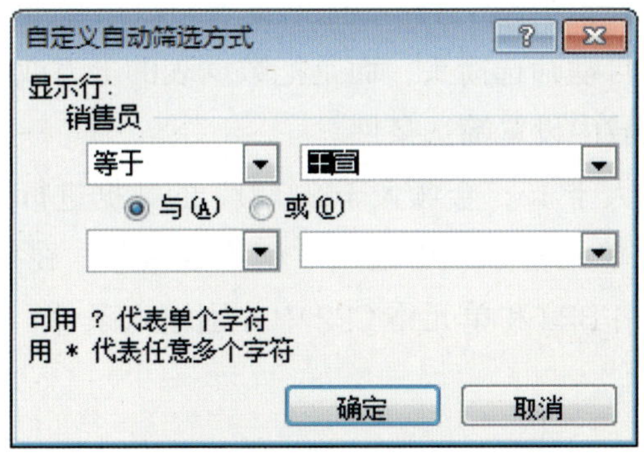

图 4—40　“自定义自动筛选方式”对话框的“销售员”筛选设置

	A	B	C	D	E	F
1	某品牌四类产品三月份销售表					
2	日期	产品名称	单价	销售数量	金额	销售员
3	第一周	上衣A	200	10	2000	王宣
5	第一周	上衣C	100	10	1000	王宣
7	第二周	上衣A	200	15	3000	王宣
9	第二周	上衣C	100	9	900	王宣
11	第三周	上衣A	200	12	2400	王宣
13	第三周	上衣C	100	20	2000	王宣
15	第四周	上衣A	200	9	1800	王宣
17	第四周	上衣C	100	10	1000	王宣

图 4—41　按“王宣”筛选后的工作表

完成筛选后，“销售员”列的自动筛选箭头变为 ，但是每项的位置并没有改变，如“第三周”的“上衣 C”仍然是单元格 B13。

在以上操作的基础上，继续单击“金额”列的自动筛选箭头，在下拉菜单中单击“数字筛选”，并在其子选项列表中选择“大于”，在其对话框中选择“1800”，如图 4—42 所示，单击“确定”按钮。

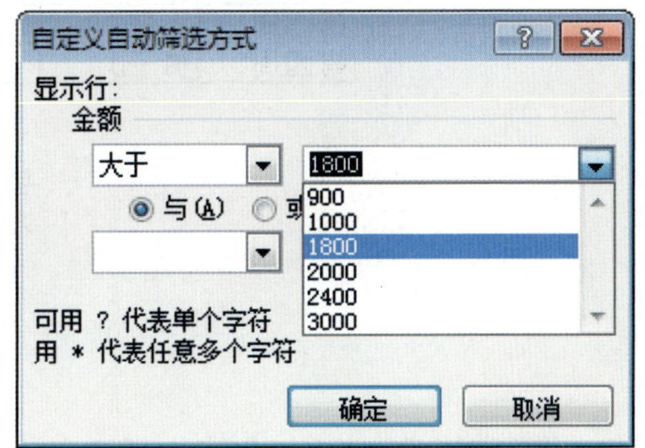

图 4—42　“自定义自动筛选方式”

此时的筛选就建立在“王宣”和“金额”大于 1 800 的两个选项之上，如果想取消某项条件的筛选，只需单击 图标，在其下拉菜单中选择“从‘列名’中清除筛选（例如，从‘金

额’中清除筛选）”即可；或者再单击一次“编辑”栏下的“筛选”选项或“数据”|“排序和筛选”栏中的“筛选”图标，则返回普通的工作表模式。

（2）高级筛选。高级筛选用于比自动筛选更复杂的数据筛选，它与自动筛选的区别在于，高级筛选不显示列的自动筛选箭头，而是把数据表的上方或下方的一个单独的地方设为条件区域，并在条件区域内设置筛选条件。

例如，要对“销售数量大于 15，金额大于 2 000”的数据进行筛选。首先在下方的任意空白区域输入列名，即在单元格 B21 中输入“销售数量”，在单元格 C21 中输入“金额”。在列名的下方即单元格 B22 和单元格 C22 中分别输入条件，即“>15”和“>2000”，如图 4—43 所示。

如果设置条件的关系为“与”，在同一行输入，如果设置条件的关系为“或”，则在不同行输入。

	A	B	C	D	E	F
1			某品牌四类产品三月份销售表			
2	日期	产品名称	单价	销售数量	金额	销售员
3	第一周	上衣A	200	10	2000	王宣
4	第一周	裤子B	120	12	1440	李强
5	第一周	上衣C	100	10	1000	王宣
6	第一周	裤子D	90	20	1800	李强
7	第二周	上衣A	200	15	3000	王宣
8	第二周	裤子B	120	15	1800	李强
9	第二周	上衣C	100	9	900	王宣
10	第二周	裤子D	90	20	3000	李强
11	第三周	上衣A	200	12	2400	王宣
12	第三周	裤子B	120	20	2400	李强
13	第三周	上衣C	100	20	2000	王宣
14	第三周	裤子D	90	17	1530	李强
15	第四周	上衣A	200	9	1800	王宣
16	第四周	裤子B	120	15	1800	李强
17	第四周	上衣C	100	10	1000	王宣
18	第四周	裤子D	90	12	1080	李强
19						
20						
21			销售数量	金额		
22			>15	>2000		
23						

图 4—43 高级筛选设置示例

设置完毕后，选定工作表中任意空白单元格。单击“数据”|“排序和筛选”栏下的“高级”图标 高级 ，出现“高级筛选”对话框。这里在“方式”中选择“在原有区域显示筛选结果”。

单击“列表区域”右侧的图标，选择筛选区域 A2:F18 后，再单击一次图标，返回对话框，如图 4—44 所示。

单击“条件区域”右侧的图标，选择条件区域 B21:C22，再单击一次图标，返回对话框，如图 4—45 所示，单击“确定”按钮。

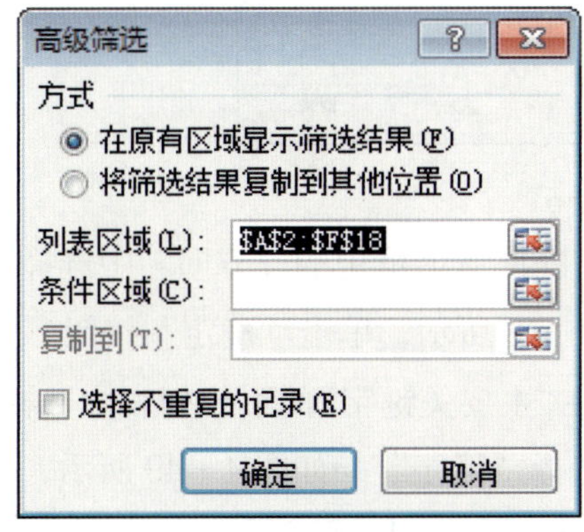

图 4—44　“高级筛选”对话框

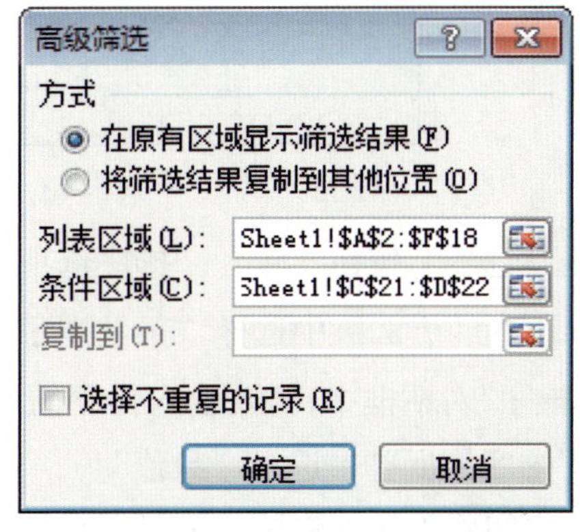

图 4—45　“高级筛选”对话框的“列表区域”和“条件区域”选择

如果在“方式”中选择“将筛选结果复制到其他位置”，那么还需选择“复制到”选项。选择方法同“列表区域”与“条件区域”的选择方法。

完成后，在工作表中将显示结果，如图 4—46 所示。同样，各项单元格的名称也没有改变。如果返回，则删除“条件区域”中的内容即可。

	A	B	C	D	E	F
1	某品牌四类产品三月份销售表					
2	日期	产品名称	单价	销售数量	金额	销售员
10	第二周	裤子D	90	20	3000	李强
12	第三周	裤子B	120	20	2400	李强
19						
20						
21			销售数量	金额		
22			>15	>2000		
23						

操作演示

图 4—46　高级筛选后的工作表

2. 数据排序

（1）单列或单行数据的排序。选定数据区域内的任意单元格，单击“数据”|“排序和筛选”栏下的图标，或者单击“开始”|“编辑”栏下的“排序和筛选”下拉菜单，选择“自定义排序”选项。打开“排序”对话框，如图 4—47 所示。

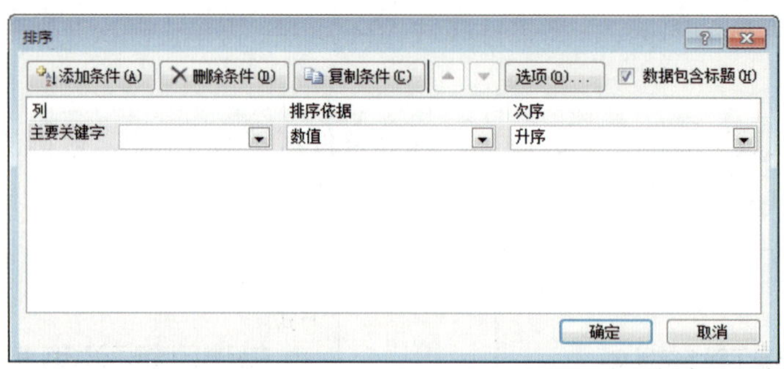

图 4—47 “排序”对话框

单击“选项”按钮，打开“排序选项”对话框。在此对话框中的“方向”中选择“按列排序”，在“方法”中选择“字母排序”，如图 4—48 所示，单击“确定”按钮。

在“排序”对话框中，需要输入排序的条件。首先在“主要关键字”的下拉列表中选择“金额”，“排序依据”中选择“数值”，“次序”中选择“降序”，如图 4—49 所示，单击“确定”按钮，工作表将按照金额大小的降序重新排列，如图 4—50 所示。

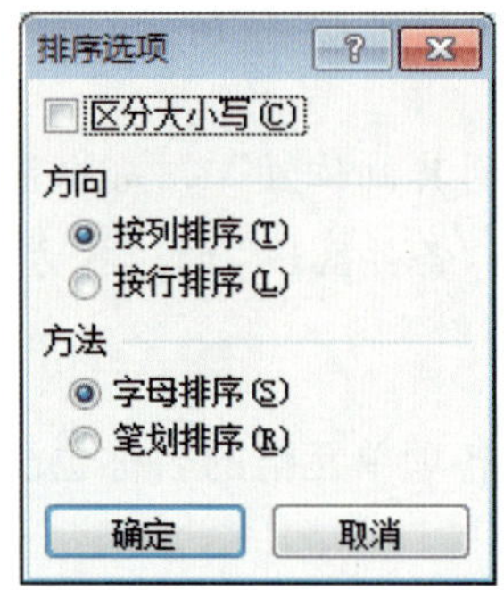

图 4—48 “排序选项”对话框

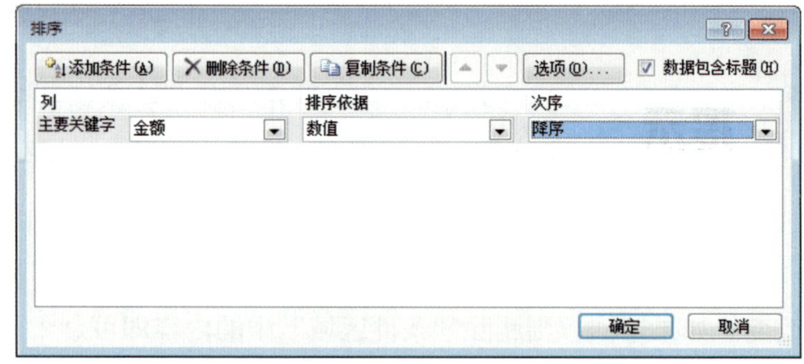

图 4—49 “排序”对话框

	A	B	C	D	E	F
1	某品牌四类产品三月份销售表					
2	日期	产品名称	单价	销售数量	金额	销售员
3	第二周	上衣A	200	15	3000	王宣
4	第二周	裤子D	90	20	3000	李强
5	第三周	上衣A	200	12	2400	王宣
6	第三周	裤子B	120	20	2400	李强
7	第一周	上衣A	200	10	2000	王宣
8	第三周	上衣C	100	20	2000	王宣
9	第一周	裤子D	90	20	1800	李强
10	第二周	裤子B	120	15	1800	李强
11	第四周	上衣A	200	9	1800	王宣
12	第四周	裤子B	120	15	1800	李强
13	第三周	裤子D	90	17	1530	李强
14	第一周	裤子B	120	12	1440	李强
15	第四周	裤子D	90	12	1080	李强
16	第一周	上衣C	100	10	1000	王宣
17	第四周	上衣C	100	10	1000	王宣
18	第二周	上衣C	100	9	900	王宣

图 4—50 按金额大小降序排列的工作表

如果按行排列，则在如图 4—48 所示的对话框的“方向”选项，选择“按行排序”。在排序对话框中设置相应的选项即可。“升序”排列需在如图 4—49 所示对话框中的“次序”选项中选择“升序”。

（2）多列或多行数据的排列。当工作表某列或某行的数据有相同的情况时，如果单列排序，可能无法满足用户的要求。这时，需要用到多列或多行排列。

首先选择数据区域，然后打开图 4—47 的“排序”对话框。按照前面所述的方法设置选项。例如首先选择单元格区域 A2:F18，然后把工作表按“金额”大小降序排列。单击“添加条件”后，在“次要关键字”的下拉列表中选择“单价”，“排列数据”选项下选择“数值”，“次序”中选择“升序”，如图 4—51 所示。

Excel 可以自动识别出表格标题行并勾选“数据包含标题”单选框，若识别有误，可手动更改。

图 4—51　多列数据排序设置

	A	B	C	D	E	F
1	某品牌四类产品三月份销售表					
2	日期	产品名称	单价	销售数量	金额	销售员
3	第二周	裤子D	90	20	3000	李强
4	第二周	上衣A	200	15	3000	王宣
5	第三周	裤子B	120	20	2400	李强
6	第三周	上衣A	200	12	2400	王宣
7	第三周	上衣C	100	20	2000	王宣
8	第一周	上衣A	200	10	2000	王宣
9	第一周	裤子D	90	20	1800	李强
10	第二周	裤子B	120	15	1800	李强
11	第四周	裤子B	120	15	1800	李强
12	第四周	上衣A	200	9	1800	王宣
13	第三周	裤子D	90	17	1530	李强
14	第一周	裤子B	120	12	1440	李强
15	第四周	裤子D	90	12	1080	李强
16	第一周	上衣C	100	10	1000	王宣
17	第四周	上衣C	100	10	1000	王宣
18	第二周	上衣C	100	9	900	王宣

图 4—52　多列排序的工作表

单击“确定”按钮后，首先按金额大小降序排列，金额相同的则按单价的升序排列。如图 4—52 所示。

用户可根据需要，继续单击“添加条件”，实现更多的多列数据的排序。多行数据的排列只需在如图 4—48 所示的“排序选项”对话框中选择“按行排序”，其他操作与此相同。

（3）自定义排序。自定

义排序是指工作表数据按照用户自定义的序列进行排序。通常应用在需要按照工作表中具体内容排序时的情况，如按照“王宣，李强”的顺序排序，具体操作方法如下：

打开如图 4—47 所示的“排序”对话框，“主要关键字”选择“销售员”，在“次序”选项的下拉列表中选择“自定义序列”，如图 4—53 所示。

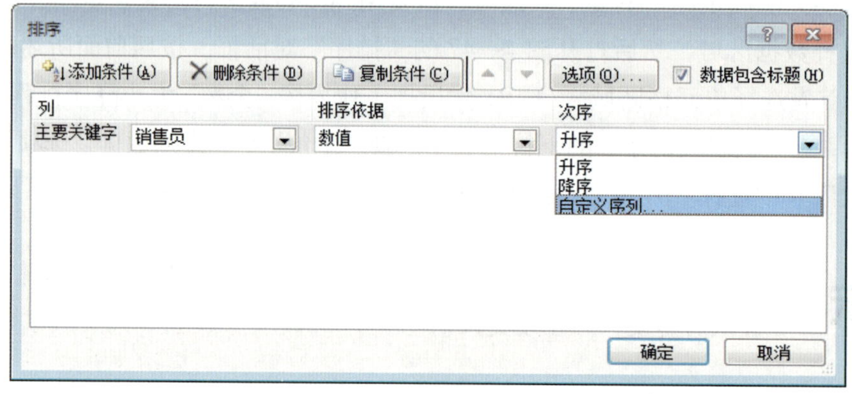

图 4—53 选择“自定义序列”

在出现的“自定义序列”对话框中，按照项目三编辑自定义序列的方法，编辑添加“王宣，李强”序列，如图 4—54 所示。

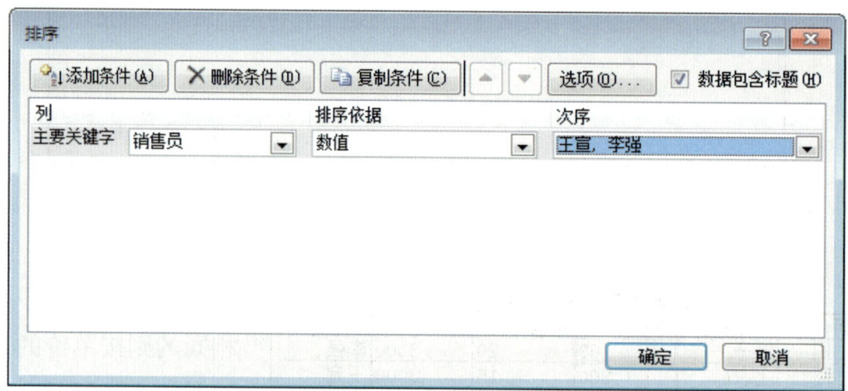

图 4—54 按“自定义序列”排序

单击“确定”按钮后，工作表即按“王宣，李强”自定义的序列进行排序，如图 4—55 所示。

操作演示

3. 数据的分类汇总

首先把工作表返回到进行筛选、排序前的初始状态。

（1）直接分类汇总。按照每周的销售金额进行汇总。首先根据要汇总的对象表格进行排序，如此处应按“日期”排序，排序完成后，选中工作表区域内任意单元

格，单击“数据”|“分级显示”栏下的“分类汇总”选项，打开如图 4—56 所示的对话框。在此对话框中的“分类字段”选项中，选择“日期”，在“汇总方式”选项中选择“求和”，在“选定汇总项”选项选择“金额”，如图 4—57 所示，单击“确定”按钮。工作表如图 4—58 所示。

	A	B	C	D	E	F
1	某品牌四类产品三月份销售表					
2	日期	产品名称	单价	销售数量	金额	销售员
3	第二周	上衣A	200	15	3000	王宣
4	第三周	上衣A	200	12	2400	王宣
5	第三周	上衣C	100	20	2000	王宣
6	第一周	上衣A	200	10	2000	王宣
7	第四周	上衣A	200	9	1800	王宣
8	第一周	上衣C	100	10	1000	王宣
9	第四周	上衣C	100	10	1000	王宣
10	第二周	上衣C	100	9	900	王宣
11	第二周	裤子D	90	20	3000	李强
12	第三周	裤子B	120	20	2400	李强
13	第一周	裤子D	90	20	1800	李强
14	第二周	裤子B	120	15	1800	李强
15	第四周	裤子B	120	15	1800	李强
16	第三周	裤子D	90	17	1530	李强
17	第一周	裤子B	120	12	1440	李强
18	第四周	裤子D	90	12	1080	李强

图 4—55　自定义排序的工作表

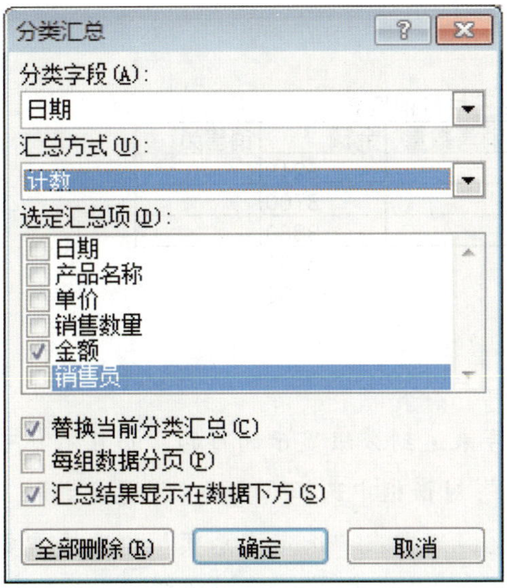

分类汇总
分类字段(A):
日期
汇总方式(U):
计数
选定汇总项(D):
日期
产品名称
单价
销售数量
金额
销售员
替换当前分类汇总(C)
每组数据分页(P)
汇总结果显示在数据下方(S)
全部删除(R)　确定　取消

图 4—56　“分类汇总”对话框

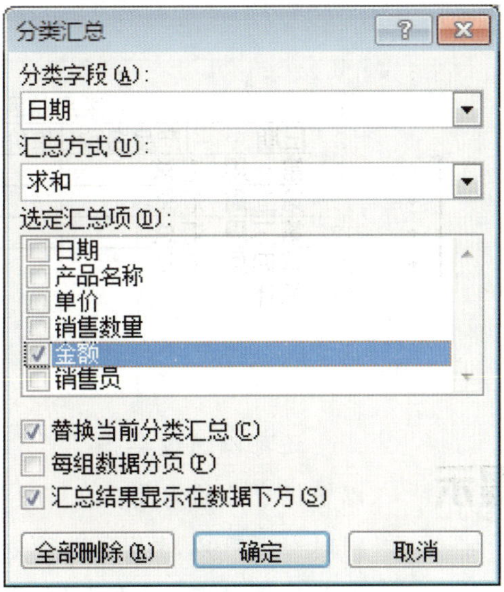

分类汇总
分类字段(A):
日期
汇总方式(U):
求和
选定汇总项(D):
日期
产品名称
单价
销售数量
金额
销售员
替换当前分类汇总(C)
每组数据分页(P)
汇总结果显示在数据下方(S)
全部删除(R)　确定　取消

图 4—57　“分类汇总”的设置

汇总完成后，可以看到在每周结尾处，都会显示这一周金额的总和，这样可以使用户非常直观地看到这一周的销售总额，以及这一个月的销售额。此外，汇总后的工作表左侧出现了“分级”工具条。通过对它的操作，可以分级显示汇总的结果。如单击左上侧的“2”，

则工作表只显示每周及总的汇总结果，如图 4—59 所示。

	A	B	C	D	E	F
1	某品牌四类产品三月份销售表					
2	日期	产品名称	单价	销售数量	金额	销售员
3	第一周	上衣A	200	10	2000	王宣
4	第一周	裤子B	120	12	1440	李强
5	第一周	上衣C	100	10	1000	王宣
6	第一周	裤子D	90	20	1800	李强
7	**第一周 汇总**				6240	
8	第二周	上衣A	200	15	3000	王宣
9	第二周	裤子B	120	15	1800	李强
10	第二周	上衣C	100	9	900	王宣
11	第二周	裤子D	90	20	3000	李强
12	**第二周 汇总**				8700	
13	第三周	上衣A	200	12	2400	王宣
14	第三周	裤子B	120	20	2400	李强
15	第三周	上衣C	100	20	2000	王宣
16	第三周	裤子D	90	17	1530	李强
17	**第三周 汇总**				8330	
18	第四周	上衣A	200	9	1800	王宣
19	第四周	裤子B	120	15	1800	李强
20	第四周	上衣C	100	10	1000	王宣
21	第四周	裤子D	90	12	1080	李强
22	**第四周 汇总**				5680	
23	**总计**				28950	

图 4—58 按日期对金额汇总的工作表

	A	B	C	D	E	F
1	某品牌四类产品三月份销售表					
2	日期	产品名称	单价	销售数量	金额	销售员
7	**第一周 汇总**				6240	
12	**第二周 汇总**				8700	
17	**第三周 汇总**				8330	
22	**第四周 汇总**				5680	
23	**总计**				28950	

图 4—59 工作表显示每周及总的汇总结果

还可以通过单击“+”“−”号来达到分级显示的目的。而且用户可以根据自己的需要，在“分类汇总”对话框中选择需要的“汇总方式”。同时，还可以对多项进行分类汇总，只需在“选定汇总项”中选择需要汇总的项即可。单击“数据”|“分级显示”栏下的“显示 / 隐藏明细数据”，可以自动显示或隐藏一组明细数据。

（2）嵌套分类汇总。嵌套分类汇总是对多个选项进行分类汇总的操作。这里要求按“日

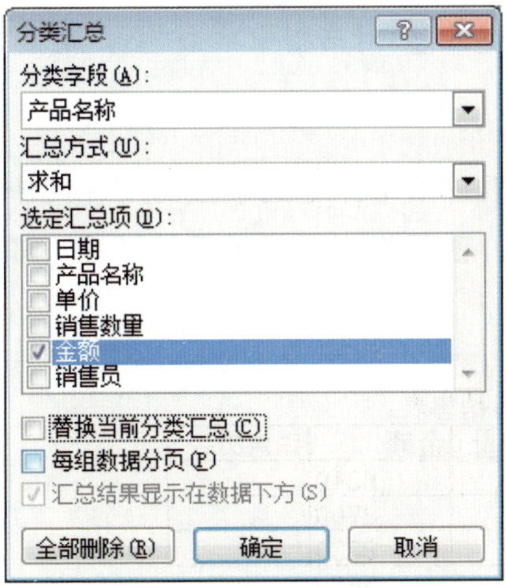

分类汇总

分类字段（A）：产品名称

汇总方式（U）：求和

选定汇总项（D）：
- [ ] 日期
- [ ] 产品名称
- [ ] 单价
- [ ] 销售数量
- [x] 金额
- [ ] 销售员

- [ ] 替换当前分类汇总（C）
- [ ] 每组数据分页（P）
- [x] 汇总结果显示在数据下方（S）

全部删除（R）　确定　取消

图 4—60　嵌套分类汇总的设置

期”汇总，每个日期下再按“产品名称”汇总。汇总前先按“日期”和“产品名称”对表格排序。然后打开“分类汇总”对话框，首先按“日期”进行分类汇总，操作方法与前述相同。再打开“分类汇总”对话框，在“分类字段”选项中选择“产品名称”，在“汇总方式”选项中“求和”，在“选定汇总项”选项中选择“金额”，不选择“替换当前分类汇总”选项，如图 4—60 所示。

单击“确定”按钮，工作表如图 4—61 所示。

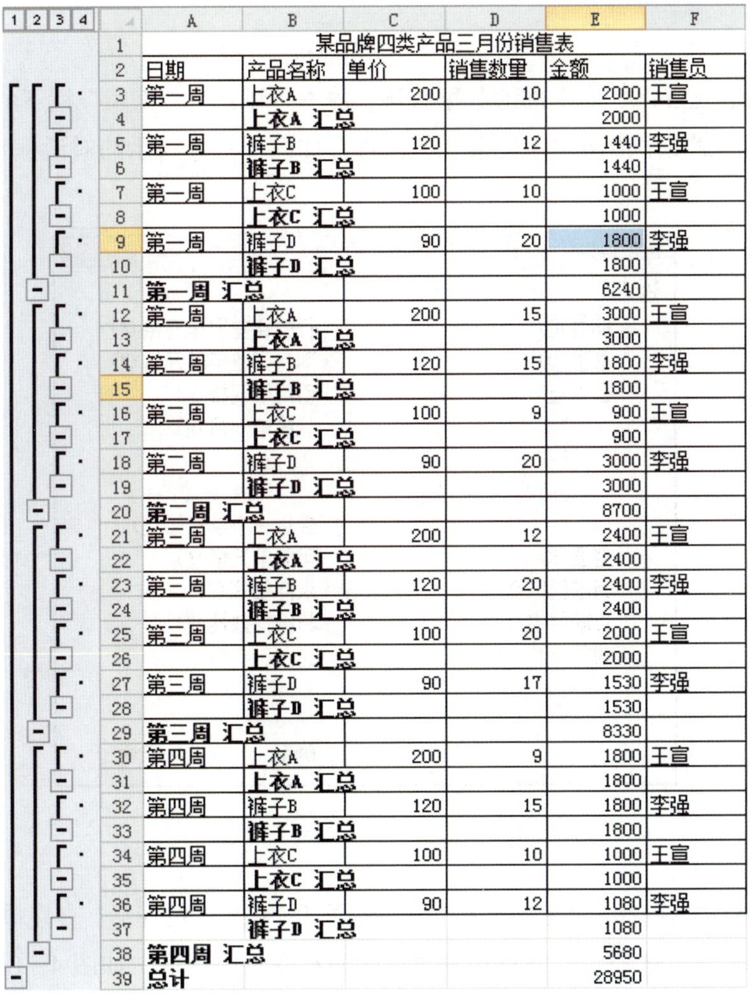

	A	B	C	D	E	F
1	某品牌四类产品三月份销售表					
2	日期	产品名称	单价	销售数量	金额	销售员
3	第一周	上衣A	200	10	2000	王宣
4		**上衣A 汇总**			2000	
5	第一周	裤子B	120	12	1440	李强
6		**裤子B 汇总**			1440	
7	第一周	上衣C	100	10	1000	王宣
8		**上衣C 汇总**			1000	
9	第一周	裤子D	90	20	1800	李强
10		**裤子D 汇总**			1800	
11	**第一周 汇总**				6240	
12	第二周	上衣A	200	15	3000	王宣
13		**上衣A 汇总**			3000	
14	第二周	裤子B	120	15	1800	李强
15		**裤子B 汇总**			1800	
16	第二周	上衣C	100	9	900	王宣
17		**上衣C 汇总**			900	
18	第二周	裤子D	90	20	3000	李强
19		**裤子D 汇总**			3000	
20	**第二周 汇总**				8700	
21	第三周	上衣A	200	12	2400	王宣
22		**上衣A 汇总**			2400	
23	第三周	裤子B	120	20	2400	李强
24		**裤子B 汇总**			2400	
25	第三周	上衣C	100	20	2000	王宣
26		**上衣C 汇总**			2000	
27	第三周	裤子D	90	17	1530	李强
28		**裤子D 汇总**			1530	
29	**第三周 汇总**				8330	
30	第四周	上衣A	200	9	1800	王宣
31		**上衣A 汇总**			1800	
32	第四周	裤子B	120	15	1800	李强
33		**裤子B 汇总**			1800	
34	第四周	上衣C	100	10	1000	王宣
35		**上衣C 汇总**			1000	
36	第四周	裤子D	90	12	1080	李强
37		**裤子D 汇总**			1080	
38	**第四周 汇总**				5680	
39	**总计**				28950	

图 4—61　嵌套分类汇总的工作表

如果用户想删除分类汇总，则在“分类汇总”对话框中单击“全部删除”按钮即可。

（3）分类汇总的保存。这项操作适用于用户想把汇总结果保存到单独的工作簿中的情况。首先利用分级显示功能，单击左上侧的“2”，使工作表只显示汇总结果，如图 4—62 所示。

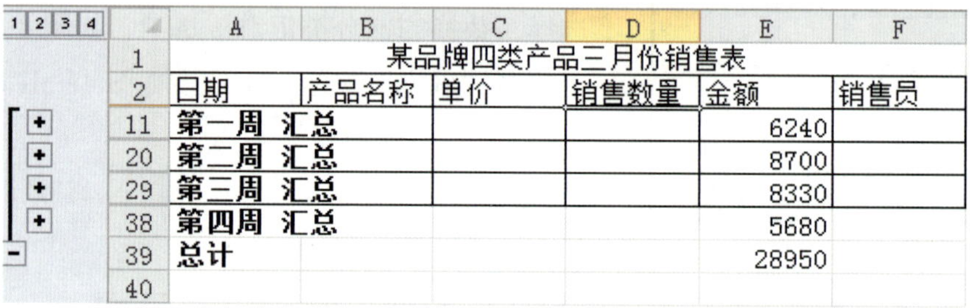

	A	B	C	D	E	F
1	某品牌四类产品三月份销售表					
2	日期	产品名称	单价	销售数量	金额	销售员
11	**第一周 汇总**				6240	
20	**第二周 汇总**				8700	
29	**第三周 汇总**				8330	
38	**第四周 汇总**				5680	
39	**总计**				28950	
40						

图 4—62 工作表的汇总结果

选择单元格 A1:F39，即全部的数据区域，单击“开始”|“编辑”栏下的“查找和选择”按钮，在其下拉菜单中单击“定位条件”，打开如图 4—63 所示的对话框。

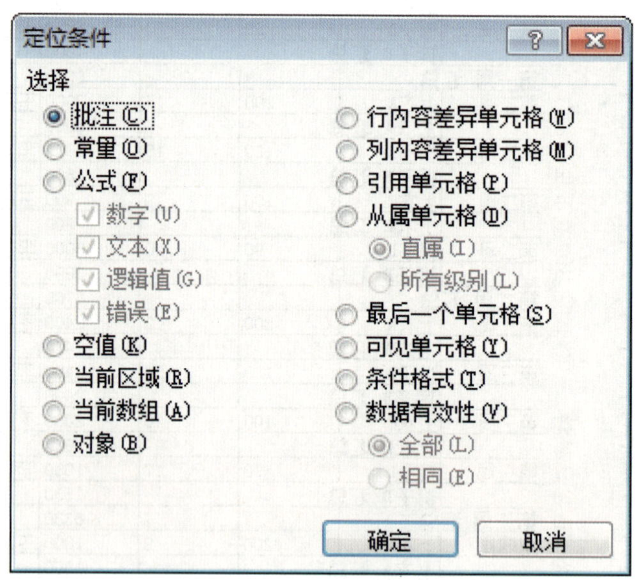

图 4—63 “定位条件”对话框

在此对话框中，选择“可见单元格”选项，单击“确定”按钮后，直接单击“开始”|“剪贴板”中的“复制”选项，可以看到，数据区域都变为黑虚框，如图 4—64 所示。

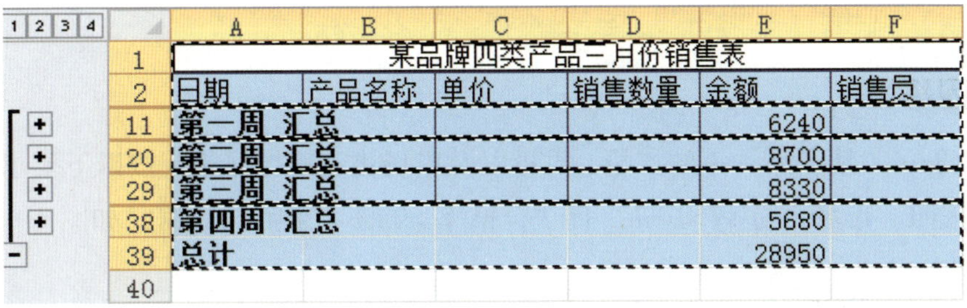

	A	B	C	D	E	F
1	某品牌四类产品三月份销售表					
2	日期	产品名称	单价	销售数量	金额	销售员
11	第一周 汇总				6240	
20	第二周 汇总				8700	
29	第三周 汇总				8330	
38	第四周 汇总				5680	
39	总计				28950	
40						

图 4—64　“复制”汇总结果

选定要粘贴此表格区域的第一个单元格，单击“开始”|“剪贴板”中的“粘贴”选项，即完成了分类汇总表的保存，如图 4—65 所示。

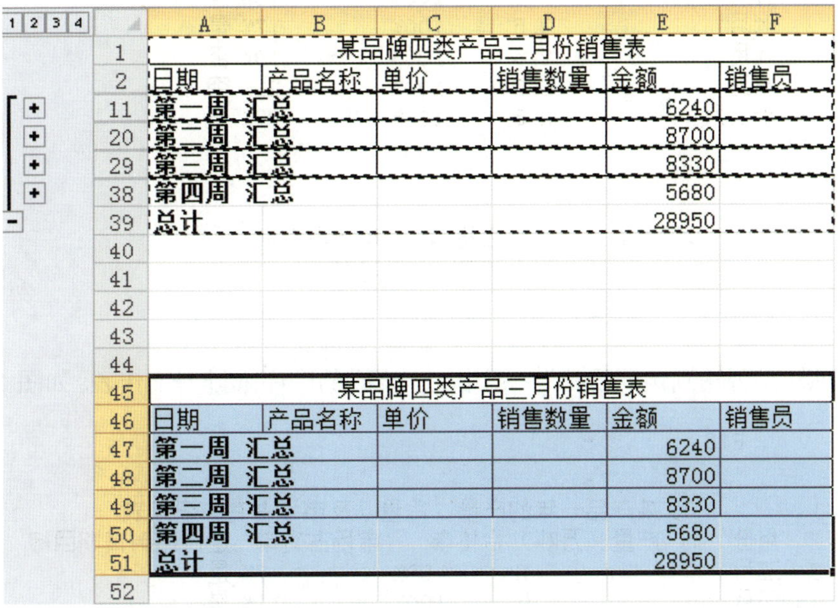

	A	B	C	D	E	F
1	某品牌四类产品三月份销售表					
2	日期	产品名称	单价	销售数量	金额	销售员
11	第一周 汇总				6240	
20	第二周 汇总				8700	
29	第三周 汇总				8330	
38	第四周 汇总				5680	
39	总计				28950	
40						
41						
42						
43						
44						
45	某品牌四类产品三月份销售表					
46	日期	产品名称	单价	销售数量	金额	销售员
47	第一周 汇总				6240	
48	第二周 汇总				8700	
49	第三周 汇总				8330	
50	第四周 汇总				5680	
51	总计				28950	
52						

图 4—65　汇总结果的保存

（4）分级显示。对工作表不进行汇总的条件下，同样可以实现工作表的分级显示。选中需要建立分组的第 3 行至第 6 行数据，单击“数据”|“分级显示”栏下的“创建组”按钮即可。如果要取消，则单击“取消组合”按钮。

操作演示

“某品牌四类产品三月份销售表”素材可通过网站 http://jg.class.com.cn 下载，位于软件资源包“中文版 Excel 2010 基础与实训 / 项目四 / 任务 2”中。

巩固练习

1. 对表 3—3“某产品一年的产量、质量以及市场占有率记录表”按以下要求完成操作。

（1）按照“市场占有率 >10%”且“合格率 >99%”来筛选数据，如图 4—66 所示。

E25

	A	B	C	D	E
1		某产品一年的产量、质量以及市场占有率记录表			
2	月份	产量（万吨）	合格率	市场占有率	是否达到预期目标
6	四月	2	100%	11%	是
7	五月	2	100%	13%	是
9	七月	2.5	100%	17%	是
10	八月	2.5	100%	19%	否
11	九月	2.5	100%	21%	否
14	十二月	2.5	100%	27%	是
15					
16					
17					
18			合格率	市场占有率	
19			>99%	>10%	

图 4—66 筛选“市场占有率”和“合格率”

（2）按照“是否达到预期目标”一列中“是，否”的顺序来排列工作表，如图 4—67 所示。

F19

	A	B	C	D	E
1		某产品一年的产量、质量以及市场占有率记录表			
2	月份	产量（万吨）	合格率	市场占有率	是否达到预期目标
3	二月	2	99%	7%	是
4	四月	2	100%	11%	是
5	五月	2	100%	13%	是
6	六月	2.5	98%	15%	是
7	七月	2.5	100%	17%	是
8	十月	2.5	98%	23%	是
9	十二月	2.5	100%	27%	是
10	一月	2	100%	5%	否
11	三月	2	99%	9%	否
12	八月	2.5	100%	19%	否
13	九月	2.5	100%	21%	否
14	十一月	2.5	99%	25%	否

图 4—67 排序“是否达到预期目标”

2. 对任务 2 中图 4—36“Excel 中销售表”按“日期”进行“销售数量”汇总，如图 4—68 所示，操作完成后保存此汇总表。

	A	B	C	D	E	F
1	某品牌四类产品三月份销售表					
2	日期	产品名称	单价	销售数量	金额	销售员
3	第一周	上衣A	200	10	2000	王宣
4	第一周	裤子B	120	12	1440	李强
5	第一周	上衣C	100	10	1000	王宣
6	第一周	裤子D	90	20	1800	李强
7	**第一周 汇总**			52		
8	第二周	上衣A	200	15	3000	王宣
9	第二周	裤子B	120	15	1800	李强
10	第二周	上衣C	100	9	900	王宣
11	第二周	裤子D	90	20	3000	李强
12	**第二周 汇总**			59		
13	第三周	上衣A	200	12	2400	王宣
14	第三周	裤子B	120	20	2400	李强
15	第三周	上衣C	100	20	2000	王宣
16	第三周	裤子D	90	17	1530	李强
17	**第三周 汇总**			69		
18	第四周	上衣A	200	9	1800	王宣
19	第四周	裤子B	120	15	1800	李强
20	第四周	上衣C	100	10	1000	王宣
21	第四周	裤子D	90	12	1080	李强
22	**第四周 汇总**			46		
23	**总计**			226		

图 4—68　按“日期”对“销售数量”分类汇总

项目五　插入图形和图表

在 Microsoft Office Excel 2010 中，可以很轻松地创建具有专业外观的图形和图表。本项目主要练习剪贴画、形状、外部图片、艺术字、SmartArt 图形等各种图形、基本图表及数据透视图表的插入、编辑和使用。

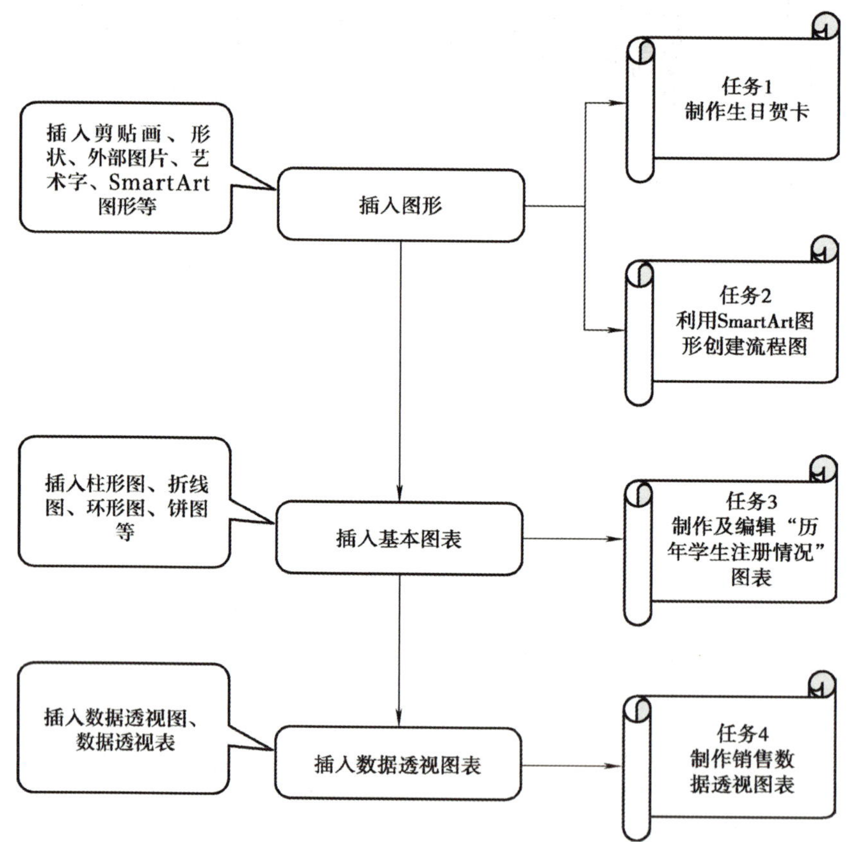

任务 1　制作生日贺卡

1. 能描述 Excel 2010 中的图形对象的基本功能。
2. 能完成剪贴画、形状、外部图片、艺术字等各种图形的插入、修改和删除等操作。
3. 能在 Excel 2010 中熟练应用各种图形。

本任务以制作生日贺卡为例，练习 Excel 中图形部分（各种图形、剪贴画、艺术字）的处理技巧。

制作生日贺卡，需要插入图形或者外部图片，本任务中可以从“剪贴画”任务窗格中选取与生日相匹配的图形，并编辑其形状大小。再插入“笑脸”图形和外部图片做背景，并设置了剪贴画、“笑脸”图形和外部图片的叠放次序。最后插入艺术字，并设置艺术字的样式。

Excel 2010 中可以插入的图形对象有形状、剪贴画、图片、SmartArt 图形、文本框、艺术字等。

形状包括各种线条、矩形、基本形状、箭头总汇、公式形状、流程图符号、星与旗帜、标注等。

剪贴画是 Excel 2010 中“剪辑管理器”里包含的插图、照片等媒体文件。剪贴画中的图片是一种具有矢量特性的图像素材，放大后不会失去图像品质而变模糊。

图片是事先在外部处理好的图像，可以用于插入 Excel 表格中的一些图像文件。

文本框用于显示独立于单元格的文字内容。

艺术字是一种装饰性的文字，通过这种文字可以使文字具有带阴影、扭曲、旋转、拉伸等效果，而且在 Excel 表格中可以按照预定义的形状创建文字，还可以使用“绘图”工

具栏上的工具改变艺术字的效果。

SmartArt 图形是一种便捷、美观的图形图表设计模板，将在下一任务中深入学习。

实践操作

1. 新建“生日贺卡”工作簿

打开 Excel 2010，新建空白工作簿，将其保存并命名为“生日贺卡”。

2. 插入剪贴画

选中单元格 A1，再选择“插入” | “插图” | “剪贴画”按钮，然后再在右侧弹出的“剪贴画”编辑窗口中“搜索文字”输入“生日”，如图 5—1 所示。若勾选“包括 Office.com 内容”或“包含必应内容”选项，如图 5—2 所示，可在互联网中搜索到更多的剪贴画。在“结果类型”的下拉菜单中将“影片”和“声音”复选框取消，以确保搜索出的文件的类型，如图 5—3 所示，之后单击“搜索”按钮。几秒钟后，显示了搜索结果，在其中选择需要的剪贴画，将鼠标指针移到图上，会显示图片的相关信息，如图 5—4 所示。在此状态下，单击图片右侧的下三角按钮，会弹出如图 5—5 所示的对话框列表，选择“插入”选项（或者双击图片），即可完成剪贴画的插入，如图 5—6 所示。

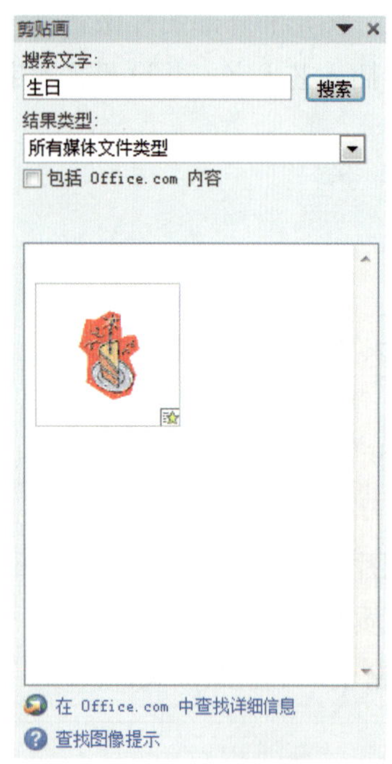

图 5—1 “剪贴画”编辑窗口

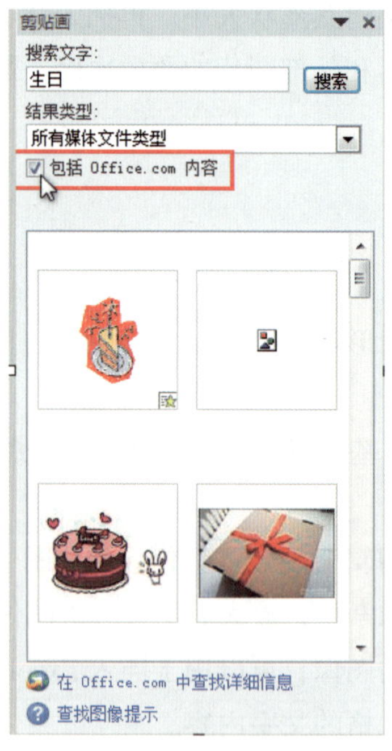

图 5—2 “剪贴画”编辑窗口“搜索范围”设定

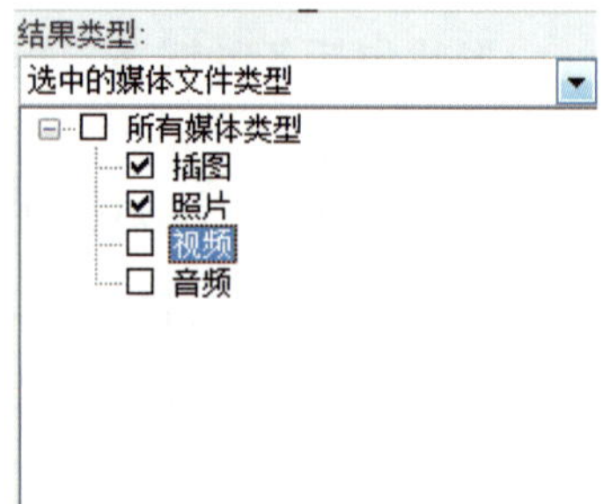

图 5—3 “剪贴画”编辑窗口“结果类型”设定

图 5—4　“剪贴画”搜索结果

图 5—5　“剪贴画”的插入

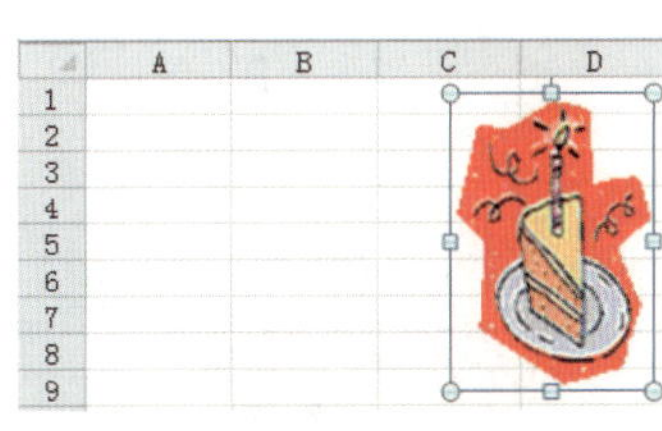

图 5—6　“剪贴画”插入后的效果

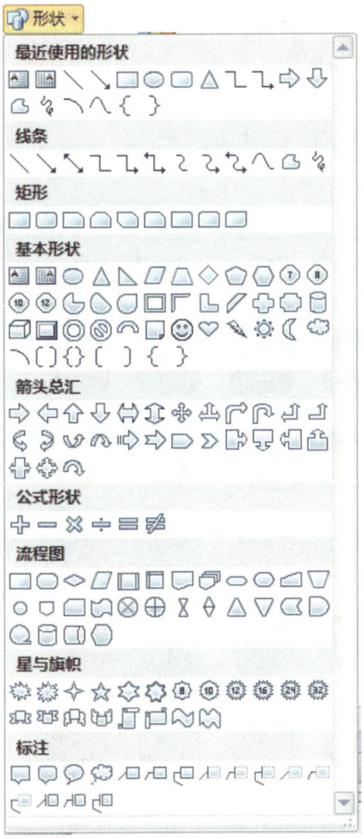

形状
最近使用的形状
线条
矩形
基本形状
箭头总汇
公式形状
流程图
星与旗帜
标注

图 5—7　“形状”列表框

3. 插入编辑形状

选择“插入”|“插图”|“形状”下拉列表框，选定图 5—7 所示的“基本形状”中的笑脸 。将鼠标指针移动到工作表需要绘制图形的位置，鼠标指针变成十字线形状，这时同时按住 Shift 键和鼠标左键，拖动鼠标，将显示图形的形状。绘制满意后，松开 Shift 键和鼠标左键，绘制完毕，如图 5—8 所示。

图 5—8　用“形状”绘制图形

若只按鼠标左键拖动鼠标，则绘制出的笑脸是椭圆形；若按鼠标左键的同时按 Shift 键拖动鼠标，则绘制出的笑脸是圆形。

绘制完毕后，若想要调整图形的大小，可以用图形四周的八个浅蓝色的控制点控制，鼠标拖动四角的圆形控制点，可以缩放图形的大小；鼠标拖动上下及左右的方形控制点，则可以任意调整图形的大小，使其变宽变窄，如图 5—9 所示。调整图形的大小，还可以双击图形后，在“绘图工具”功能区“格式”|“大小”中设置图形的高宽，这里设置“笑脸”的高 1.91 厘米、宽 1.85 厘米，如图 5—10 所示。

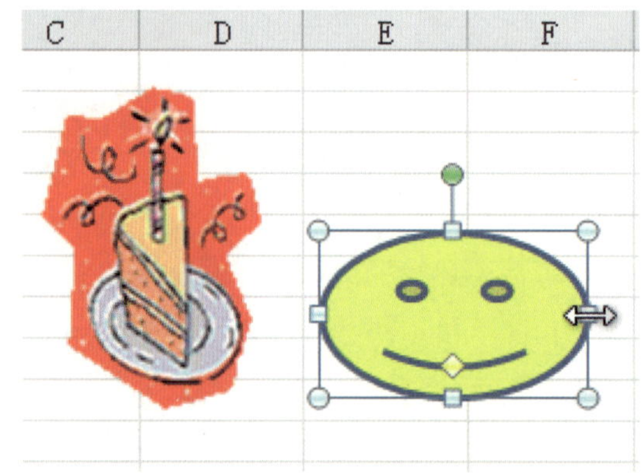

图 5—9 调整图形形状

图 5—10 调整图形大小

双击插入的“笑脸”图片，在“绘图工具”功能区“格式”选项卡中的“形状样式”组左侧的形状线条样式下拉列表框，如图 5—11 所示，并在其中选择与“蛋糕”相配的形状样式。或者还可以在“形状填充”和“形状轮廓”中选择填充和线条的颜色及样式，“形状填充”的下拉菜单如图 5—12 所示，可以使之插入形状的填充颜色、图片、渐变和纹理等。“形状轮廓”的下拉菜单如图 5—13 所示，可以设置插入形状轮廓的颜色、粗细、虚线和箭头等。

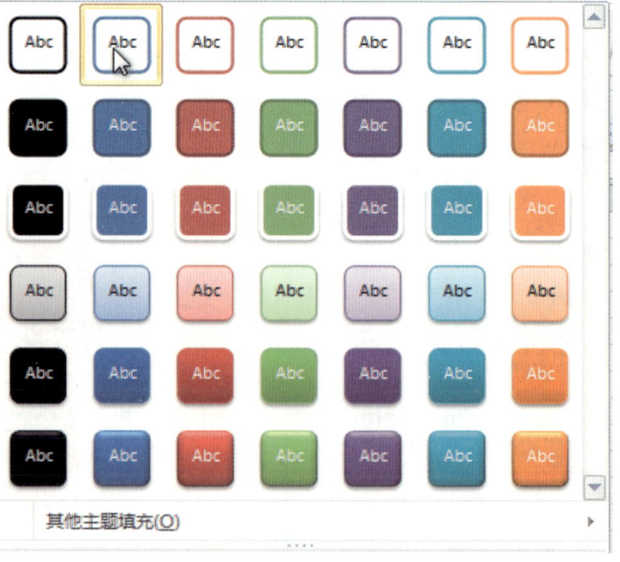

图 5—11 设置图片形状和线条的外观样式

图 5—12　“形状填充”下拉菜单

图 5—13　“形状轮廓”下拉菜单

同时按住 Ctrl 键和鼠标左键，选择“蛋糕”和“笑脸”两个图片，单击“绘图工具”功能区“格式”选项卡中的“形状样式”组的“形状效果”下拉菜单，选择“发光”并在其中挑选发光变体的样式，如图 5—14 所示。在图 5—14 中还可以看到“形状效果”中可以设置阴影、映像、发光、柔化边缘、棱台、三维旋转等特殊效果。根据需要，用户可以将鼠标指针放在效果按钮上，以查看图片的效果，满意后单击选定。

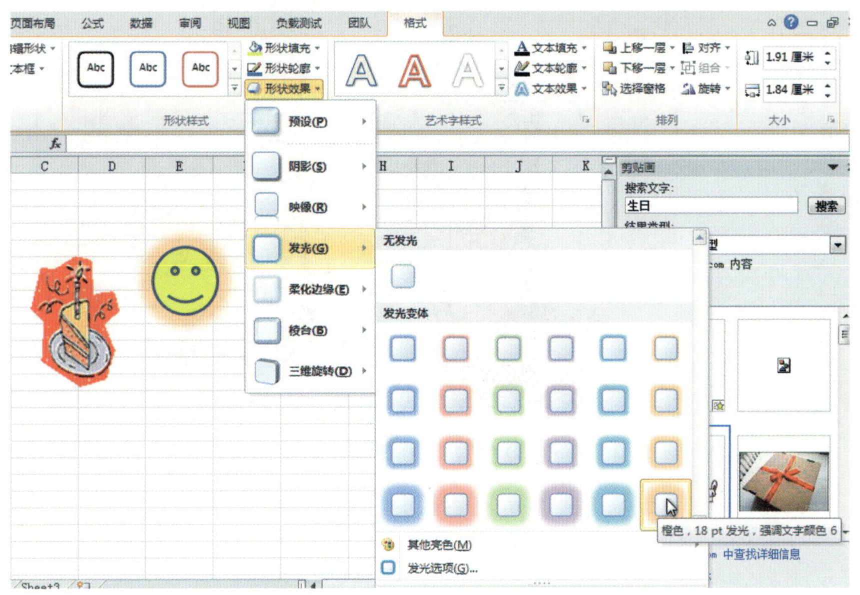

图 5—14　“形状效果”的设置

4. 插入外部图片

选中单元格 C1，在“插入”选项卡“插图”组中选择“图片”按钮，选择外部编辑好的图片，单击“插入”按钮。将插入的图片在“图片工具”|“格式”|“大小”中设置为高 6 厘米、宽 8 厘米，样式如图 5—15 所示。

图 5—15　插入外部图形的效果

这时想要移动插入的图形，可以将鼠标指针移动到图片上，鼠标指针变成双十字时，按鼠标左键，向左拖动到合适位置松开，如图 5—16 所示。移动后的效果如图 5—17 所示。

图 5—16　移动图片

图 5—17　移动图片的效果

若想要复制图片，可以按住 Ctrl 键的同时做移动操作，也就是鼠标指针变成双十字时，同时按住 Ctrl 键和鼠标左键，把图片拖动到合适位置，即可完成复制。

单击“图片工具”|“格式”|“大小”中“裁剪”按钮，可以对图片进行裁剪，删除不需要的部分，这时图片四周增加了一些黑框，如图 5—18 所示。单击边框或四角，按住鼠标左键并拖动边框，会出现细线框提示，拖动到合适位置放开鼠标左键即完成裁剪，裁剪过程如图 5—19 所示。

图 5—18　裁剪图片

图 5—19 裁剪图片过程

在裁剪或者缩放图片的过程中，若同时按住 Ctrl 键，则可实现以图片中心为基准点进行裁剪或者缩放。

若想要调整图片的叠放次序，选中插入的外部图片，四周出现浅蓝色控制点，右击，在出现的对话框中选择“置于底层”，如图 5—20 所示。调整图片叠放次序后的效果如图 5—21 所示。

图 5—20 调整图片叠放次序过程　　图 5—21 调整图片叠放次序后的效果

5. 插入艺术字

选中图片附近的单元格，在“插入”选项卡“文本”组“艺术字”按钮下拉菜单中选择一种文字效果，如图 5—22 所示。工作区出现如图 5—23 所示的艺术字文本框，在该文本框中输入文字“生日快乐”后的效果如图 5—24 所示。

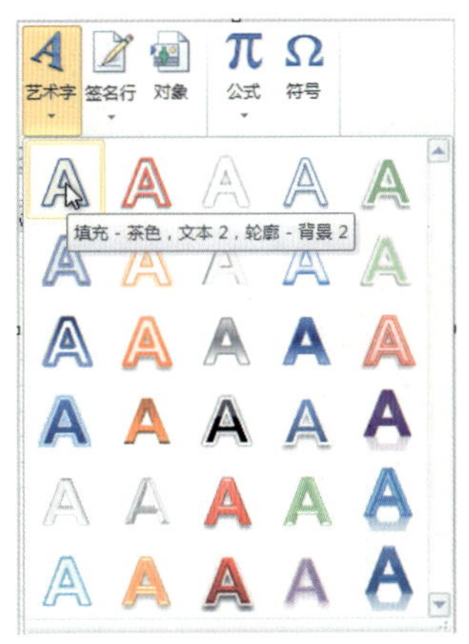

图 5—22　插入"艺术字"下拉菜单

图 5—23　"艺术字"文本框

图 5—24　输入艺术字文字

插入的艺术字过大，这时可以选中"生日快乐"文本框，在"开始"选项卡的"字体"组将字号改为 40 号，操作过程如图 5—25 所示。艺术字若还需要修改，可以双击文本框，在"绘图工具"|"格式"|"艺术字样式"中进行修改。

最终制作完成的生日贺卡如图 5—26 所示。

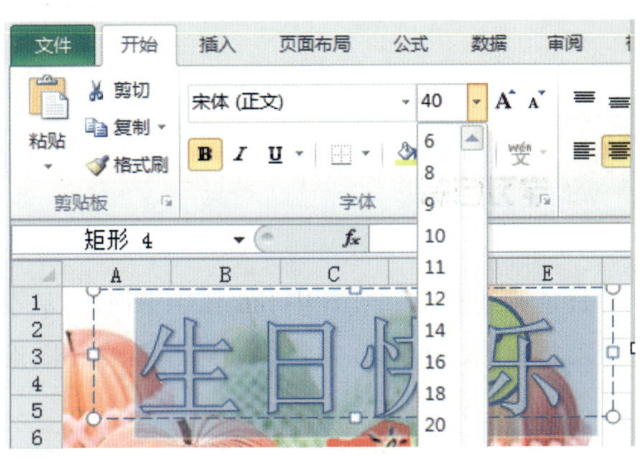

图 5—25　设置艺术字大小

图 5—26　制作完成的生日贺卡

"生日贺卡"素材可通过网站 http://jg.class.com.cn 下载，位于软件资源包"中文版 Excel 2010 基础与实训 / 项目五 / 任务 1"中。

操作演示

巩固练习

发挥自己的创意，制作一个精美的新年贺卡。

任务 2　利用 SmartArt 图形创建流程图

1. 能描述 Excel 2010 中 SmartArt 图形的基本功能。
2. 能在 Excel 2010 中熟练使用 SmartArt 图形。

任务描述

本任务利用精美的 SmartArt 图形制作一个关于学生入学的流程图，具体内容为：“报到”→“注册”→“选课”→“上课学习”→“预约考试”→“考试”→“综合成绩合格，获得学分”，生动地表现出学生入学的过程。

相关知识

SmartArt 图形是自 Excel 2007 以来新添加的功能，可以方便地创建结构图、流程图等。SmartArt 图形中提供了种类繁多的流程图样式。SmartArt 图形是信息和观点的视觉表示形式，可以通过从多种不同布局中进行选择来创建所需要的 SmartArt 图形，从而快速、轻松、有效地传达信息。

使用 SmartArt 图形和其他新功能，如“主题”（主题：主题颜色、主题字体和主题效果三者的组合。主题可以作为一套独立的选择方案应用于文件中），只需单击几下，即可创建具有设计师水准的插图。

在使用 SmartArt 图形创建图形时可尝试不同类型，各种图形类型及其用途见表 5—1。

表 5-1　　SmartArt 图形类型及其用途

图形类型	用途
列表	显示无序信息
流程	在流程或日程表中显示步骤
循环	显示连续的流程
层次结构	显示决策树
层次结构	创建组织结构图
关系	图示连接
矩阵	显示各部分如何与整体关联
棱锥图	显示与顶部或底部最大部分的比例关系

实践操作

1. 新建“流程图”工作簿

打开 Excel 2010，新建空白工作簿，将其保存，并命名为“流程图”。

2. 选择 SmartArt 图形

在“插入”选项卡“插图”组，选择 SmartArt 按钮，出现“选择 SmartArt 图形”对话框，单击左侧的“流程”选项卡，在中间列表框中选择“基本蛇形流程”，如图 5—27 所示。在右侧的预览说明中有对“基本蛇形流程”的用途简介，供用户进行选择。单击“确定”按钮，此时工作表区出现如图 5—28 所示的界面。

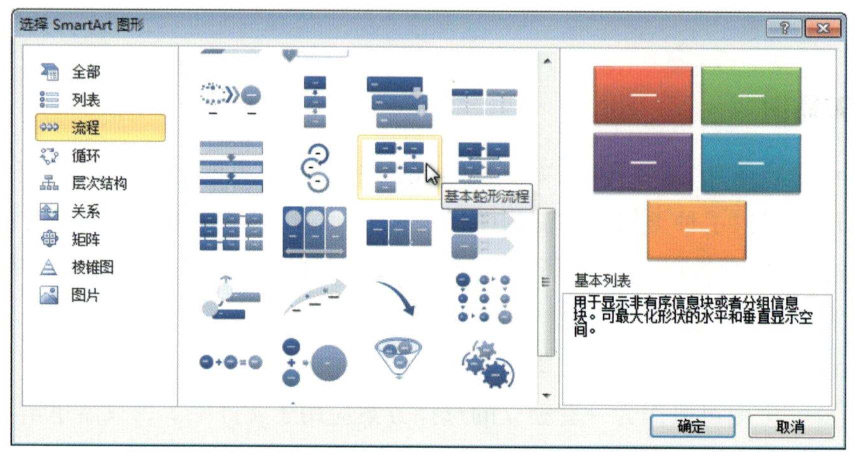

图 5—27 “选择 SmartArt 图形”对话框

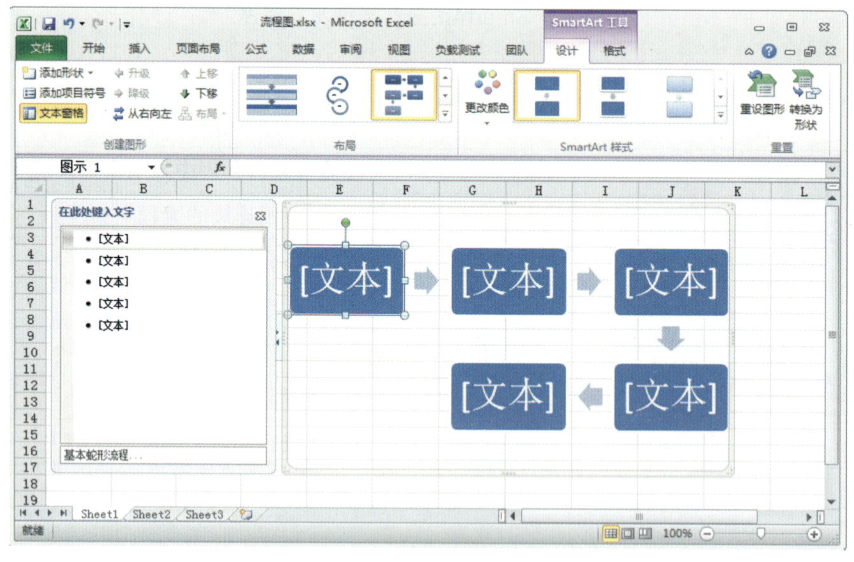

图 5—28 添加“蛇形流程图”

3. 更改 SmartArt 样式

单击“SmartArt 工具”功能区“设计”选项卡“SmartArt 样式”组的“更改颜色”按钮，

“更改颜色”按钮的下拉菜单显示如图 5—29 所示，在其中有“主题颜色”“彩色”“强调文字颜色 1”“强调文字颜色 2”等配色方案，选择一种适合的配色方案即可。

单击“SmartArt 样式”组右侧的样式下拉菜单，出现如图 5—30 所示的“文档的最佳匹配对象”和“三维”样式，同样选择一种的样式单击即可。更改后的样式如图 5—31 所示。

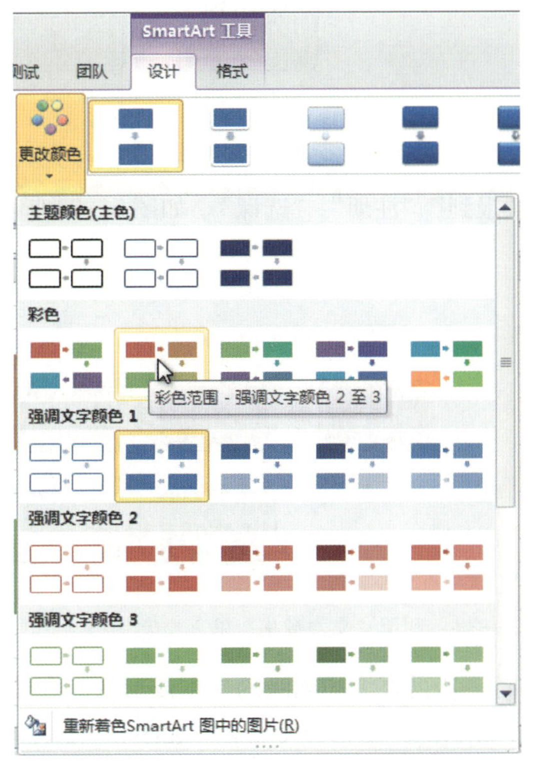

图 5—29　“更改颜色”下拉列表

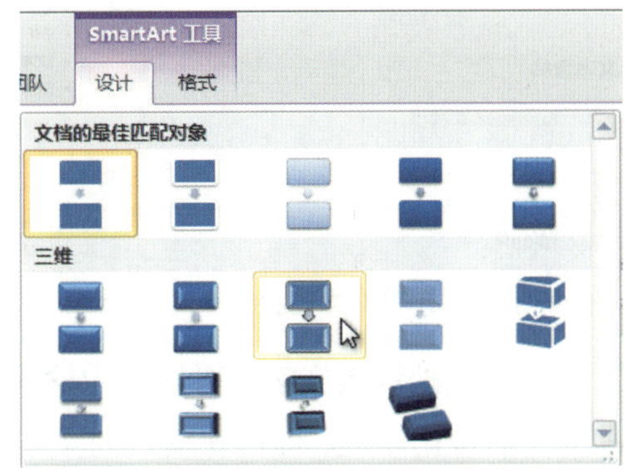

图 5—30　更改 SmartArt 样式

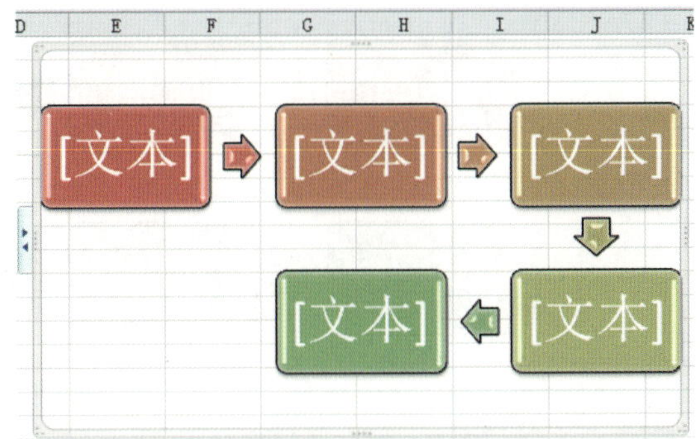

图 5—31　更改样式的显示

4. 添加并修改设置文字

如果想要向一个“文本”添加文字，只需单击此形状，之后出现如图 5—32 所示的输

入标志，在插入点位置输入文字即可。

单击“SmartArt 工具”功能区“设计”选项卡“创建图形”组的“文本窗格”按钮，如图 5—33 所示。此按钮可以显示或隐藏文本窗格，利用“文本窗格”可以帮助用户在 SmartArt 图形中快速输入和组织文本。显示文本窗格后，在“在此处键入文字”对话框中，单击每一级的文本输入框即可输入文字，在前三级中输入学生入学后的流程“报到”“注册”“选课”，如图 5—34 所示。

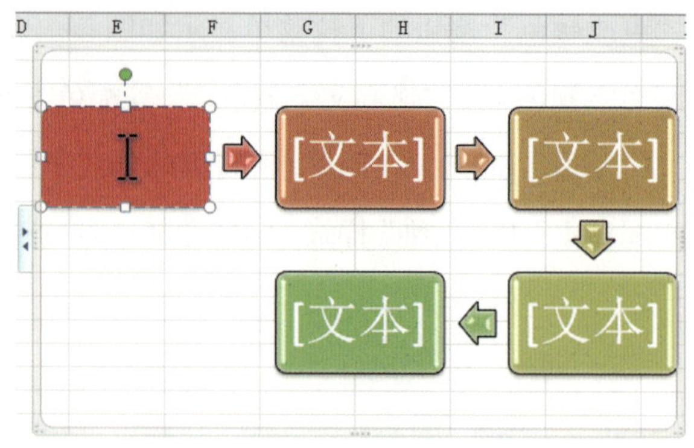

图 5—32 在插入点输入文字

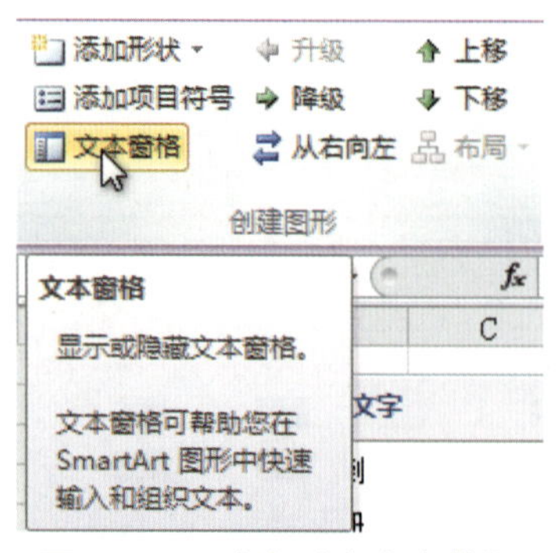

图 5—33 选定“文本窗格”

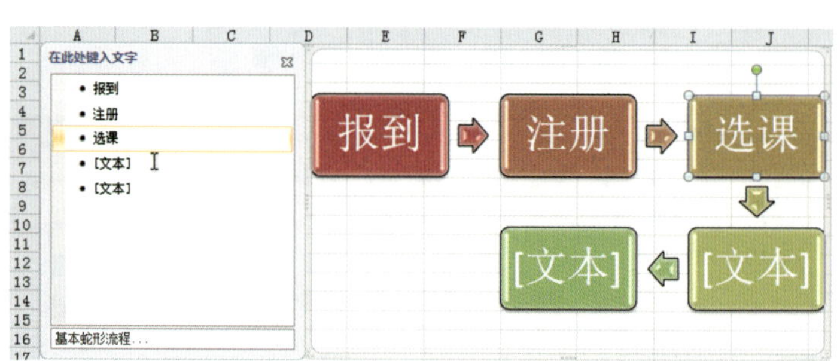

图 5—34 利用“文本窗格”输入文字

在“在此处键入文字”对话框中输入文字时，若需要添加同级的文本或形状，在输入一项完毕后按回车键，即可在输入的文本后面生成新的一项形状文本框，如图 5—35 所示。

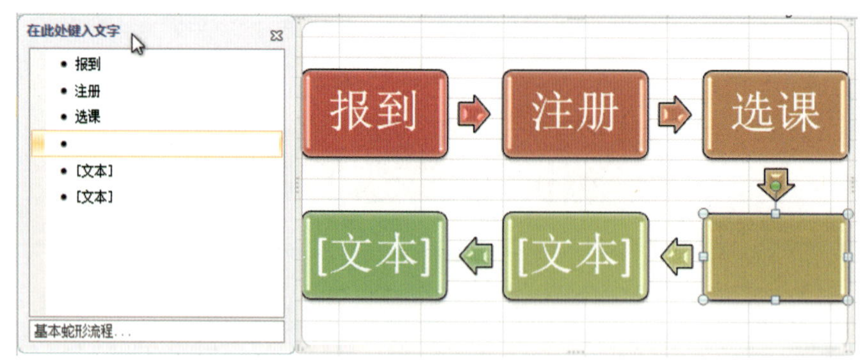

图 5—35 添加形状

在新添加的形状文本框中键入“上课学习”，如图 5—36 所示，下一个同级文本框中输入“平时作业”，如图 5—37 所示。若想要使“平时作业”变成“上课学习”的下级标题，在输入过程中按 Tab 键，即可实现，如图 5—38 所示。若还有“平时作业”的同级标题需要添加，仍然在输入“平时作业”完毕后按回车键即可生成输入框，如图 5—39 所示。和通常输入文本时一样，按 Backspace 键即可删除。

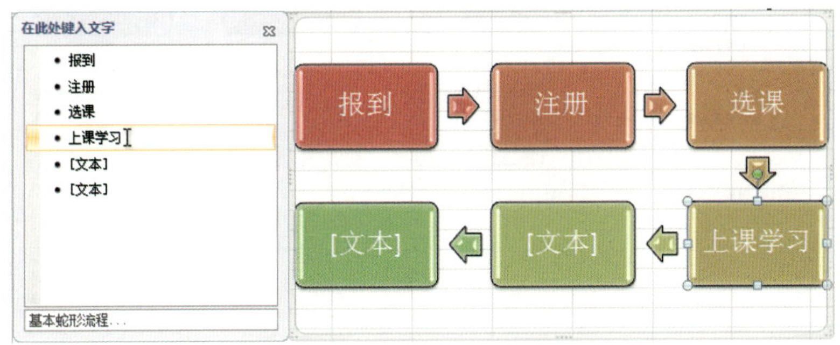

图 5—36 输入文字“上课学习”

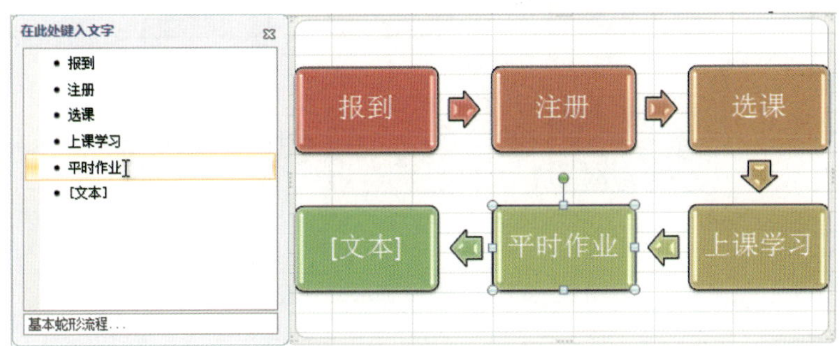

图 5—37 输入文字“平时作业”

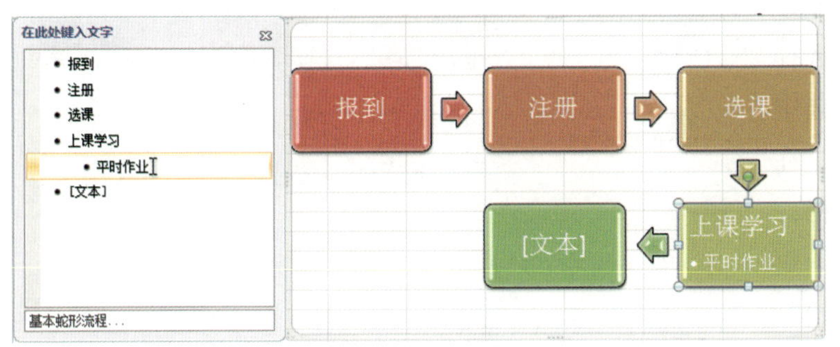

图 5—38 下级标题的输入

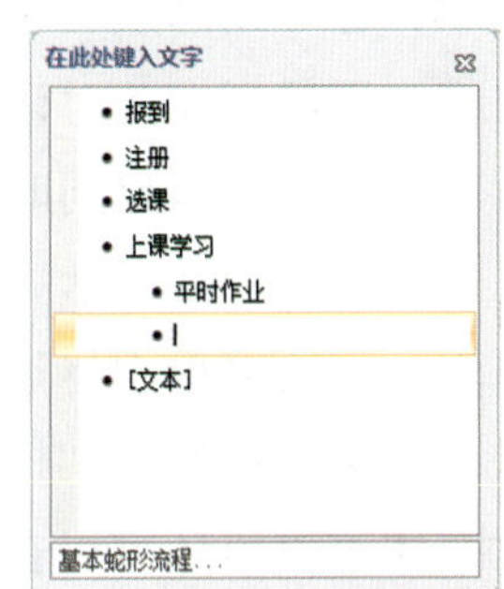

图 5—39 生成“平时作业”的同级标题

在其余的两个标题框中键入“考试”和“综合成绩合格，获得学分”，如图 5—40 所示。

文本窗格可设置隐藏和显示。输入文字完毕后，单击“在此处键入文字”文本框右上角的关闭按钮（或者单击“SmartArt 工具”|“设计”|“创建图形”|“文本窗格”），即可隐藏文本框，隐藏后的效果如图 5—41 所示。若想要再显示“在此处键入文字”文本框，则可以单击如图 5—41 所示的流程图图框左侧的扩展按钮（或者单击“SmartArt 工具”|“设

计”|“创建图形”|“文本窗格”）。

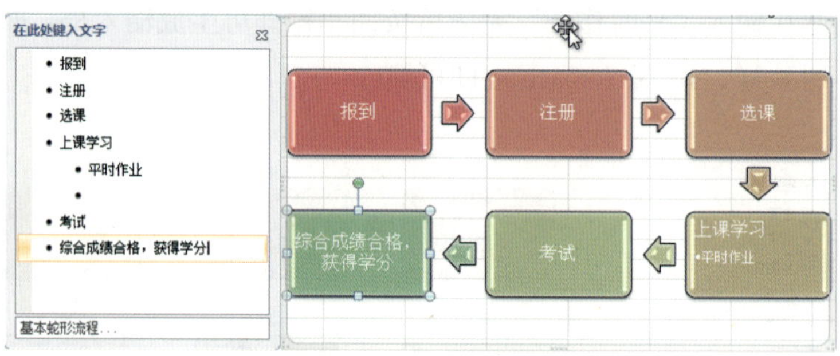

图 5—40　输入文字后效果

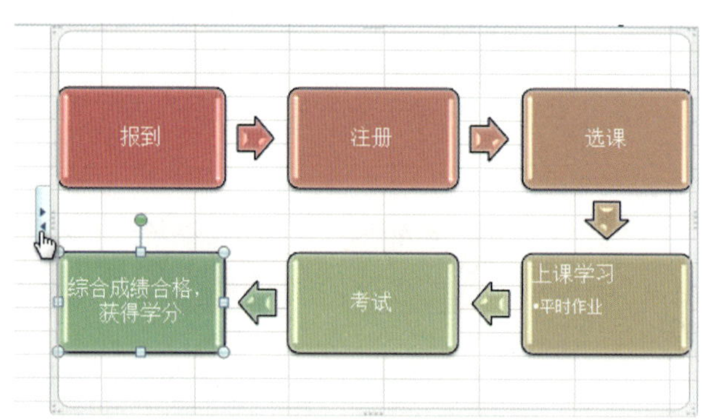

图 5—41　隐藏和显示文本窗格

在“在此处键入文字”对话框中，也可以修改文字的字体等内容，用鼠标在此对话框中选择所有文字，形状也同时被都选中了，如图 5—42 所示。右击，在出现的快捷菜单中将选择加粗，以及将字体更改为“楷体”（更改字体等内容还可以在“开始”选项卡中完成），如图 5—43 所示。

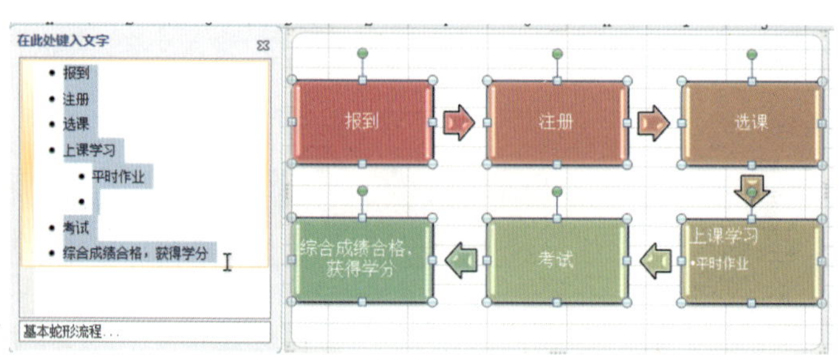

图 5—42　选中文字

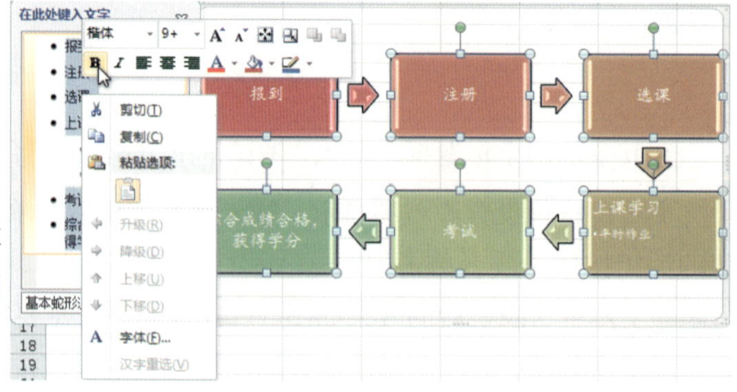

图 5—43　更改文字字体

5. 添加形状

若发现还需要在“上课学习”后插入一个程序，可以选中形状“上课学习”，选择“设计”|“创

建图形”|“添加形状”按钮下拉菜单中的“在后面添加形状”选项，选中“上课学习”的后面添加如图 5—44 所示，添加后的效果如图 5—45 所示。

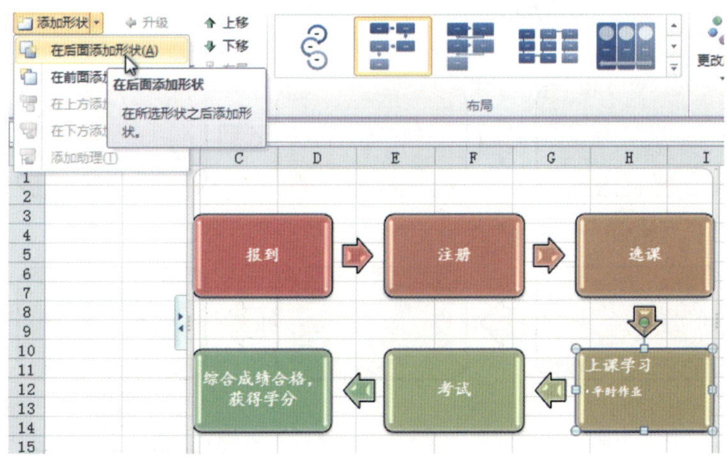

图 5—44　“添加形状”的选中

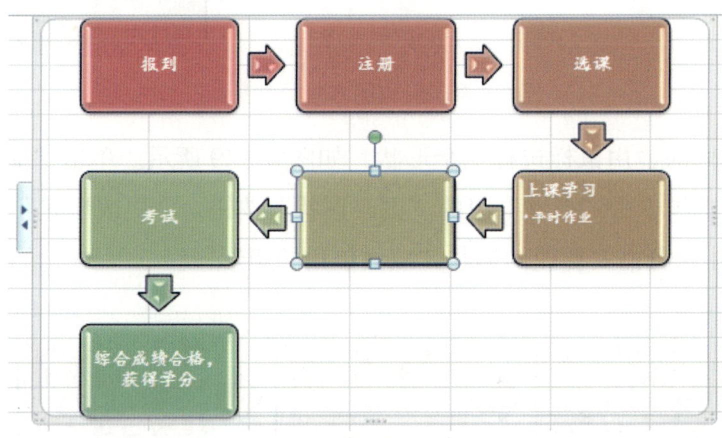

图 5—45　添加形状的效果

在添加的形状中输入文本“预约考试”，然而字体和其他的文本不一致。这时可以先选择其他的同级文本的文字，然后右击，在快捷菜单中选择“格式刷”按钮，随后用变成格式刷形状的鼠标选择“预约考试”四个字，如图 5—46 所示。这样就可以实现文本格式的统一了，图 5—47 所示为修改后的字体。

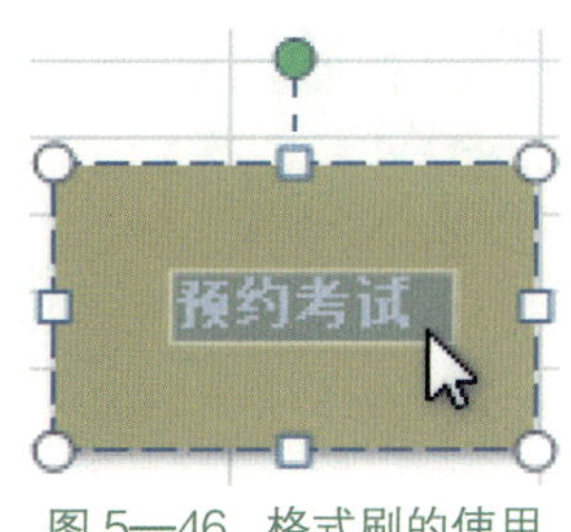

图 5—46　格式刷的使用

预约考试

图 5—47　文本格式统一的效果

6. 选定流程图

再选择“设计”|“创建图形”中的按钮，这时流程图就由原来的从左向右的顺序改为从右向左的顺序，如图 5—48 所示。

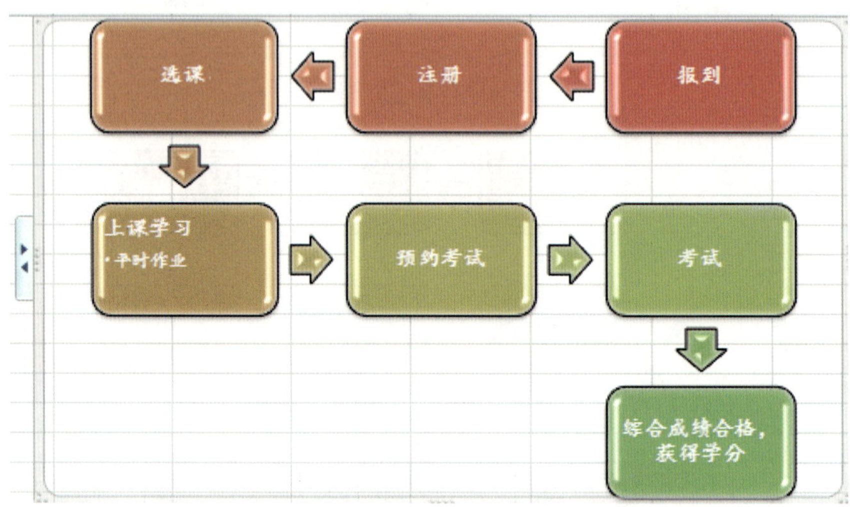

图 5—48　流程图方向的改变

按住 Ctrl 键的同时，用鼠标选择七个形状，如图 5—49 所示。单击“SmartArt 工具”功能区的“格式”选项卡中“形状”组的“更改形状”按钮，“更改形状”下拉菜单如图 5—50 所示，在其中选择需要更改的形状“减去单角的矩形”。

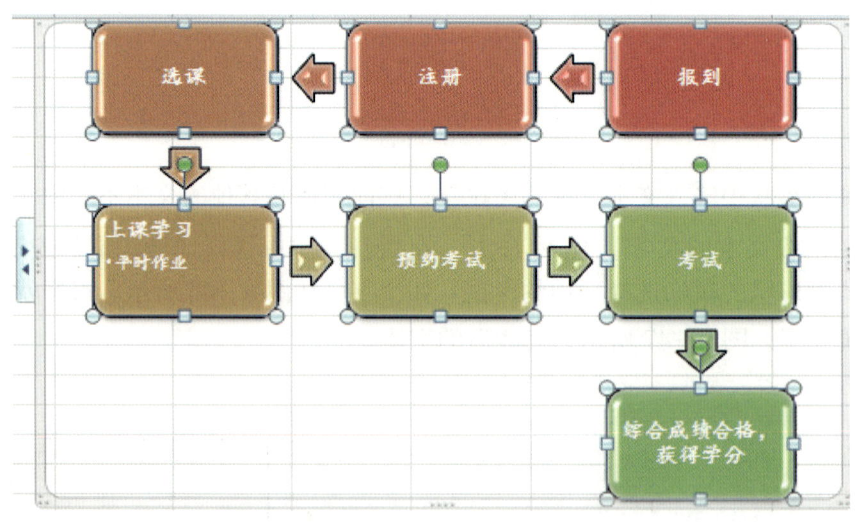

图 5—49　形状的选中

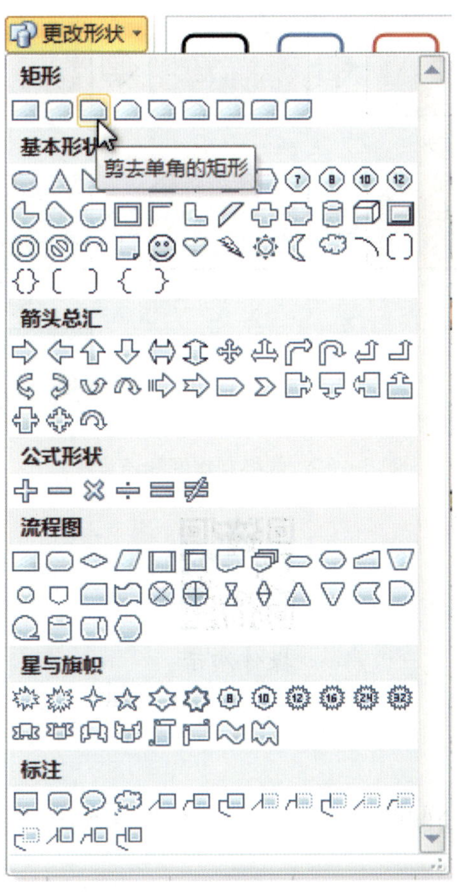

图 5—50　“更改形状”下拉菜单

这里的“SmartArt 工具”功能区的“格式”选项卡中，还有如图 5—51 所示的“形状样式”组、“艺术字样式”组、“排列”组和“大小”组，其功能在前面的任务中已经介绍，这里不再重复，用户可以根据需要更改形状样式、文字样式以及它们的排列和大小等内容。

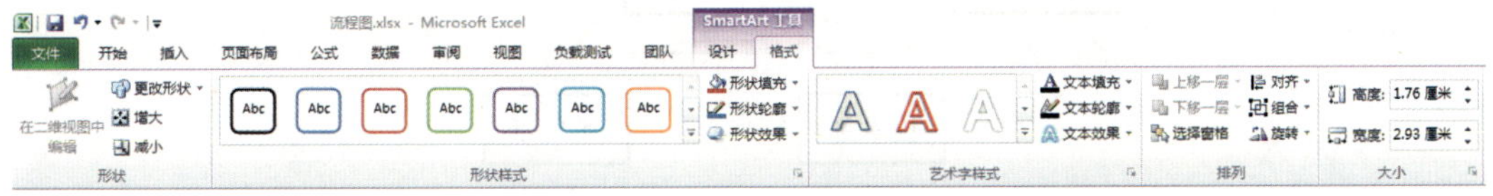

图 5—51　“格式”选项卡

7. 流程图保存

最终制作好的流程图如图 5—52 所示，将其保存即可。

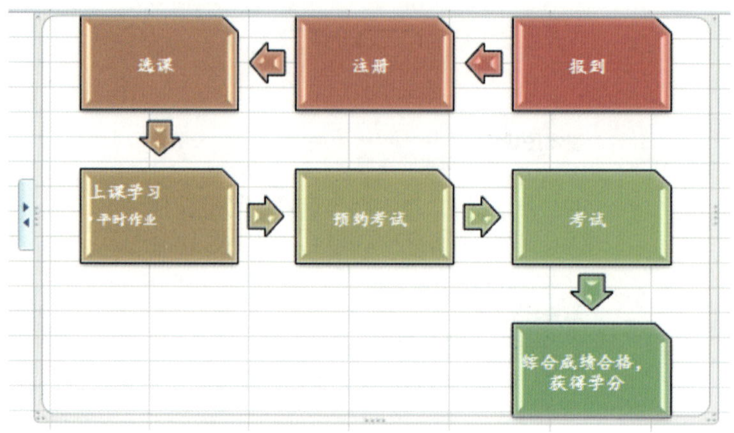

图 5—52　最终制作好的流程图

操作演示

巩固练习

1. 创建一个流程图：“绘制图形”→“输入文字”→“确定位置”→“编辑格式”→“完成”。

2. 使用 SmartArt 图形，创建一个如图 5—53 所示的组织结构图。

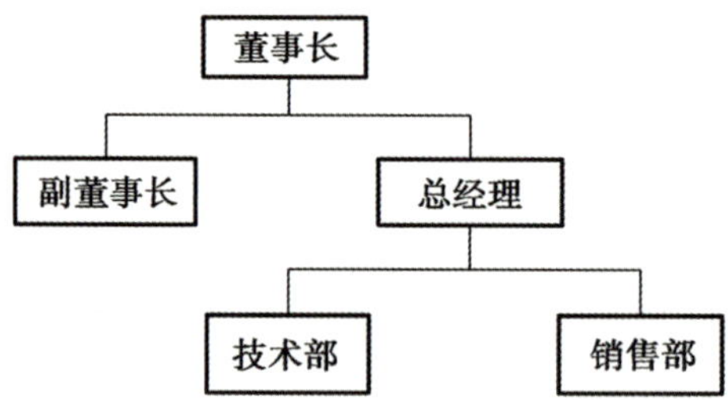

图 5—53　组织结构图

任务3 制作及编辑“历年学生注册情况”图表

学习目标

1. 能描述 Excel 2010 中柱形图、折线图、环形图和饼图等基本图表的特点和用途。
2. 能在 Excel 2010 中熟练使用各种图表。

任务描述

本任务的内容是制作及编辑一个“历年学生注册情况”图表。在 Excel 中制作一个表格，见表 5—2。然后利用 Excel 的图表功能，用柱形图对比男女生两组数据在各年的变化情况，并对其进行各种编辑，从而更直观、清晰地表示出数据的变化情况。

表 5-2 历年学生注册情况

年份	男生	女生
2013	200	230
2014	180	176
2015	234	199
2016	233	198

相关知识

利用 Excel 2010 功能区的“插入”选项卡的“图表”组，可以创建各种类型的图表，帮助用户以有意义的方式来显示数据。不同的图表类型可表述不同的含义，在创建图表之前，必须熟悉这些图表的类型及其用途。

Excel 2010 可用的图表类型有以下几类：柱形图、折线图、饼图、条形图、面积图、散点图、股价图、曲面图、圆环图、气泡图和雷达图，需要创建或更改现有图表时，还可以在各种图表的子类型中选择。

1. 柱形图

柱形图用于显示一段时间内的数据变化或显示各项之间的比较情况，柱形图的子类型

如图 5—54 所示。排列在工作表的列或行中的数据可以绘制到柱形图中。在柱形图中，通常沿水平轴组织类别，而沿垂直轴组织数值。

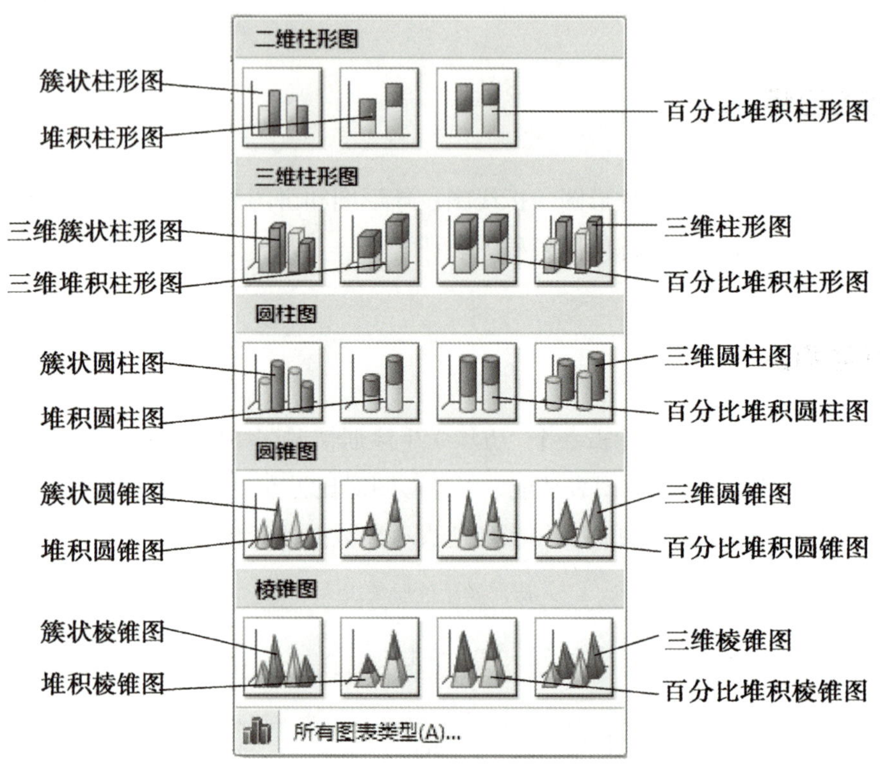

图 5—54　柱形图子类型

柱形图的图表子类型及功能见表 5—3。

表 5-3　柱形图的图表子类型及功能

子类型	功能
簇状柱形图	比较各个类别的数值，以二维垂直矩形显示数值
堆积柱形图	显示单个项目与整体之间的关系，它比较各个类别的每个数值占总数值的大小，以二维垂直堆积矩形显示数值
百分比堆积柱形图	以二维垂直百分比堆积矩形显示数值
三维簇状柱形图	仅以三维格式显示垂直矩形，而不以三维格式显示数据
三维堆积柱形图	以三维格式显示垂直堆积矩形，而不以三维格式显示数据
（三维）百分比堆积柱形图	以三维格式显示垂直百分比堆积矩形，而不以三维格式显示数据。当有三个或更多数据系列并且需要强调占总数值的大小时，尤其是总数值对每个类别都相同时，较为适用

续表

子类型	功能
三维柱形图	使用可修改的三个轴（水平轴、垂直轴和深度轴），对沿水平轴和深度轴分布的数据点进行比较
簇状圆柱图	使用圆柱方式显示和比较数据
堆积圆柱图	使用圆柱显示相交于类别轴上的每个数值占总数值的大小
簇状柱形图	比较各个类别的数值，以二维垂直矩形显示数值
百分比堆积圆柱图	使用圆柱显示相交于类别轴上的每个数值占总数值的百分比
三维圆柱图	显示相交于类别轴上和相交于系列轴上的数值大小，并在三个坐标轴上显示圆柱图
簇状圆锥图	使用圆锥方式显示和比较数据
堆积圆锥图	使用圆锥显示相交于类别轴上的每个数值占总数值的大小
百分比堆积圆锥图	使用圆锥显示相交于类别轴上的每个数值占总数值的百分比
三维圆锥图	显示相交于类别轴上和相交于系列轴上的数值大小，并在三个坐标轴上显示圆锥图
簇状棱锥图	使用棱锥方式显示和比较数据
堆积棱锥图	使用棱锥显示相交于类别轴上的每个数值占总数值的大小
百分比堆积棱锥图	使用棱锥显示相交于类别轴上的每个数值占总数值的百分比
三维棱锥图	显示相交于类别轴上和相交于系列轴上的数值大小，并在三个坐标轴上显示棱锥图

2. 折线图

折线图可以显示随时间（根据常用比例设置）而变化的连续数据，因此非常适用于显示在相等时间间隔下数据的趋势，折线图的子类型如图 5—55 所示。在折线图中，类别数据沿水平轴均匀分布，所有值数据沿垂直轴均匀分布。如果分类标签是文本并且代表均匀分布的数值（如月、季度或财政年度），则应该使用折线图。当有多个系列时，尤其适合

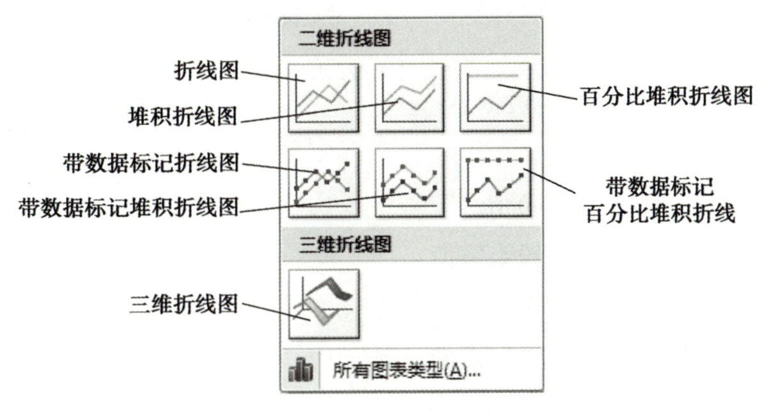

图 5—55　折线图子类型

使用折线图。对于一个系列，应该考虑使用类别图。如果有几个均匀分布的数值标签（尤其是年），也应该使用折线图。如果数值标签多于 10 个，应改用散点图。

折线图的图表子类型及功能见表 5—4。

表 5-4　　折线图的图表子类型及功能

子类型	功能
折线图	显示随时间或有序类别而变化的趋势，可以显示数据点以表示单个数据值，也可以不显示。在有很多数据点并且它们的显示顺序很重要时，折线图尤其有用
堆积折线图	显示每一数值所占大小随时间或有序类别而变化的趋势，可以显示数据点以表示单个数据值，也可以不显示
百分比堆积折线图	显示每一数值所占百分比随时间或有序类别而变化的趋势，可以显示数据点以表示单个数据值，也可以不显示
带数据标记的折线图	显示数据随时间或有序类别变化的趋势线，一般用于数据点较少的情况
带数据标记的堆积折线图	显示数据所占大小随时间或有序类别变化的趋势线
带数据标记的百分比堆积折线图	显示每个数值所占百分比随时间或有序类别变化的趋势线
三维折线图	将每一行或列的数据显示为三维标记。三维折线图具有可修改的水平轴、垂直轴和深度轴

3. 饼图

饼图显示一个数据系列中各项的大小与各项总和的比例，饼图的子类型如图 5—56 所示。饼图中的数据点显示为整个饼图的百分比。仅排列在工作表的一列或一行中的数据可以绘制到饼图中。在以下的情况可以使用饼图：

（1）仅有一个要绘制的数据系列。

（2）要绘制的数值没有负值。

（3）要绘制的数值几乎没有零值。

（4）类别数目不超过 7 个。

（5）各类别分别代表整个饼图的一部分。

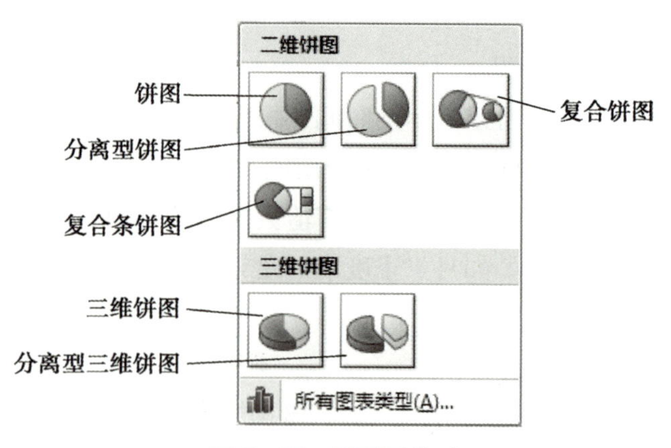

图 5—56　饼图子类型

饼图的图表子类型及功能见表 5—5。

表 5-5　饼图的图表子类型及功能

子类型	含义
饼图	以二维格式显示每一数值相对于总数值的大小。用户可以手动拖出饼图的某个扇面以表示强调
分离型饼图	显示每一数值相对于总数值的大小，同时强调每个数值
复合饼图	将用户定义的数值从主饼图中提取并组合到第二个饼图
复合条饼图	将用户定义的数值从主饼图中提取并组合到第二个堆积条形图
三维饼图	以三维格式显示每一数值相对于总数值的大小。用户可以手动拖出饼图的某个扇面以表示强调
分离型三维饼图	以三维格式显示分离型饼图。不能单独移动分离型饼图的扇面

4. 条形图

条形图显示各个项目之间的比较情况，条形图子类型如图 5—57 所示。当轴标签过长以及显示的数值是持续型的时候，可使用条形图。

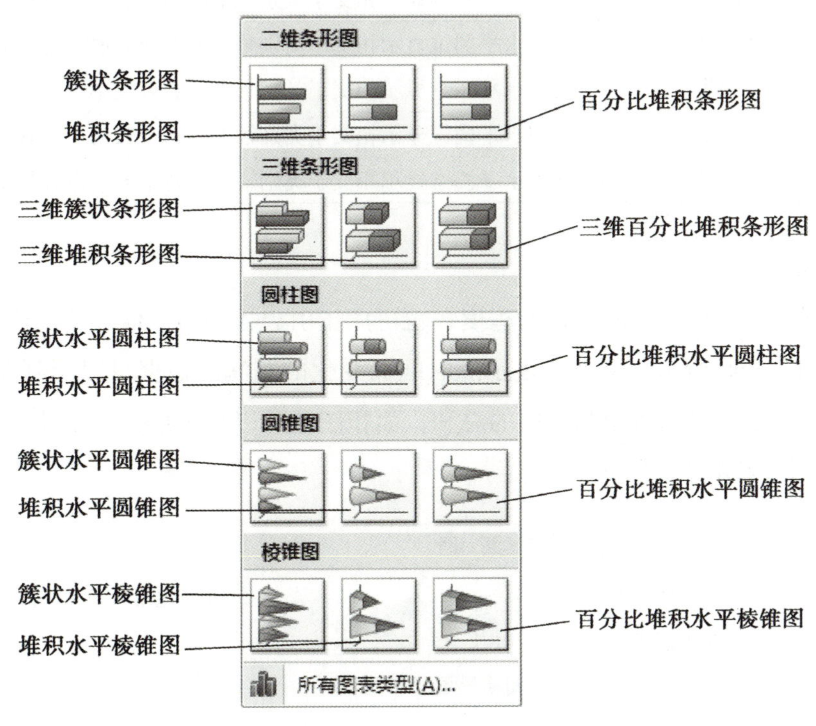

图 5—57　条形图子类型

条形图的图表子类型及功能见表 5—6。

表 5-6　　条形图的图表子类型及功能

子类型	功能
簇状条形图	比较各个类别的值。在簇状条形图中，通常沿垂直轴组织类别，而沿水平轴组织数值
堆积条形图	显示单个项目与整体之间的关系
百分比堆积条形图	比较各个类别的每一数值所占总数值的百分比大小
三维簇状条形图	三维格式显示水平矩形的簇状条形图，不以三维格式显示数据
三维堆积条形图	以三维格式显示水平矩形的堆积条形图，不以三维格式显示数据
三维百分比堆积条形图	以三维格式显示水平矩形的百分比堆积条形图，不以三维格式显示数据
簇状水平圆柱图	使用水平圆柱显示相交于类别轴上的数值大小
堆积水平圆柱图	使用水平圆柱显示相交于类别轴上的每个数值占总数值的大小
百分比堆积水平圆柱图	使用水平圆柱显示相交于类别轴上的每个数值占总数值的百分比
簇状水平圆锥图	使用水平圆锥显示相交于类别轴上的数值大小
堆积水平圆锥图	使用水平圆锥显示相交于类别轴上的每个数值占总数值的大小
百分比堆积水平圆锥图	使用水平圆锥显示相交于类别轴上的每个数值占总数值的百分比
簇状水平棱锥图	使用水平棱锥显示相交于类别轴上的数值大小
堆积水平棱锥图	使用水平棱锥显示相交于类别轴上的每个数值占总数值的大小
百分比堆积水平棱锥图	使用水平棱锥显示相交于类别轴上的每个数值占总数值的百分比

5. 面积图

面积图强调数量随时间而变化的程度，也可用于引起人们对总值趋势的注意，面积图的子类型如图 5—58 所示。例如，表示随时间而变化的利润的数据可以绘制在面积图中，以强调总利润。通过显示所绘制的值的总和，面积图还可以显示部分与整体的关系。面积图的图表子类型及功能见表 5—7。

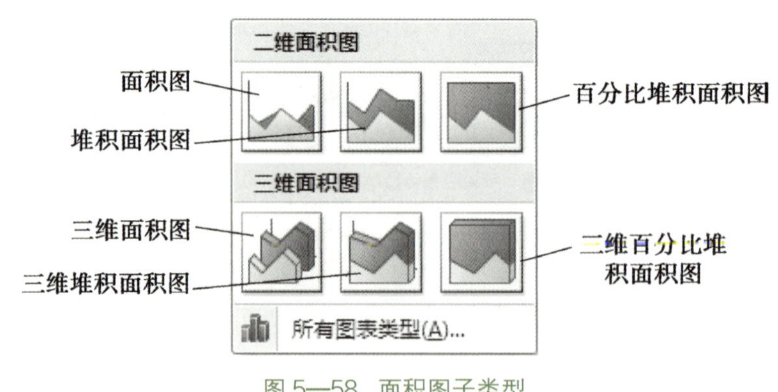

图 5—58　面积图子类型

表 5-7　　面积图的图标子类型及功能

子类型	面积图的图表子类型及功能
面积图	显示数值随时间或类别而变化的趋势
堆积面积图	显示各个数值所占大小随时间或类别而变化的趋势
百分比堆积面积图	显示各个数值所占百分比随时间或类别变化的趋势
三维面积图	在三个坐标轴上使用面积图显示数值随时间或类别而变化的趋势
三维堆积面积图	以三维格式显示各个数值所占大小随时间或类别而变化的趋势
三维百分比堆积面积图	以三维格式的百分比堆积面积图显示各个数值所占百分比随时间或类别变化的趋势

6. 散点图

散点图显示若干数据系列中各数值之间的关系，或者将两组数绘制为直角坐标的一个系列，散点图的子类型如图 5—59 所示。散点图有两个数值轴，沿水平轴（X 轴）方向显示一组数值数据，沿垂直轴（Y 轴）方向显示另一组数值数据。散点图将这些数值合并到单一数据点，并以不均匀间隔或簇显示。散点图通常用于显示和比较数值，如科学数据、统计数据和工程数据。在以下情况可以使用散点图：

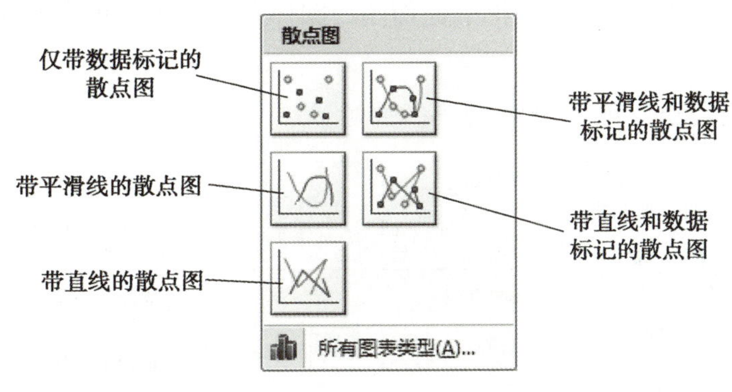

图 5—59　散点图子类型

（1）要更改水平轴的刻度。

（2）要将轴的刻度转换为对数刻度。

（3）水平轴的数值不是均匀分布的。

（4）水平轴上有许多数据点。

（5）要有效地显示包含成对或成组数值集的工作表数据，并调整散点图的独立刻度以显示关于成组数值的详细信息。

（6）要显示大型数据集之间的相似性而非数据点之间的区别。

（7）要在不考虑时间的情况下比较大量数据点，在散点图中包含的数据越多，所进行比较的效果越好。

要在工作表上排列使用散点图的数据，应将 X 值放在一行或一列，然后在相邻的行或列中输入对应的 Y 值。

散点图的图表子类型及功能见表 5—8。

表 5-8　散点图的图表子类型及功能

子类型	功能
仅带数据标记的散点图	比较成对的数值。当数据以特定的顺序排列时，可以使用无连接线散点图
带平滑线的散点图	可以显示连接数据点的平滑曲线，也可以不显示这些平滑曲线
带直线的散点图	可以显示数据点间的直线连接线，也可以不显示这些直线连接线
带平滑线和数据标记的散点图	显示连接数据点的平滑曲线，显示这些连接线时，可以显示数据点，也可以不显示数据点
带直线和数据标记的散点图	显示数据点间的直线连接线，显示这些连接线时，可以显示数据点，也可以不显示数据点

7. 其他图表

在其他图表选项中，包含股价图、曲面图、圆环图、气泡图和雷达图，其他图表的子类型如图 5—60 所示。

其他图表的图表子类型及功能见表 5—9。

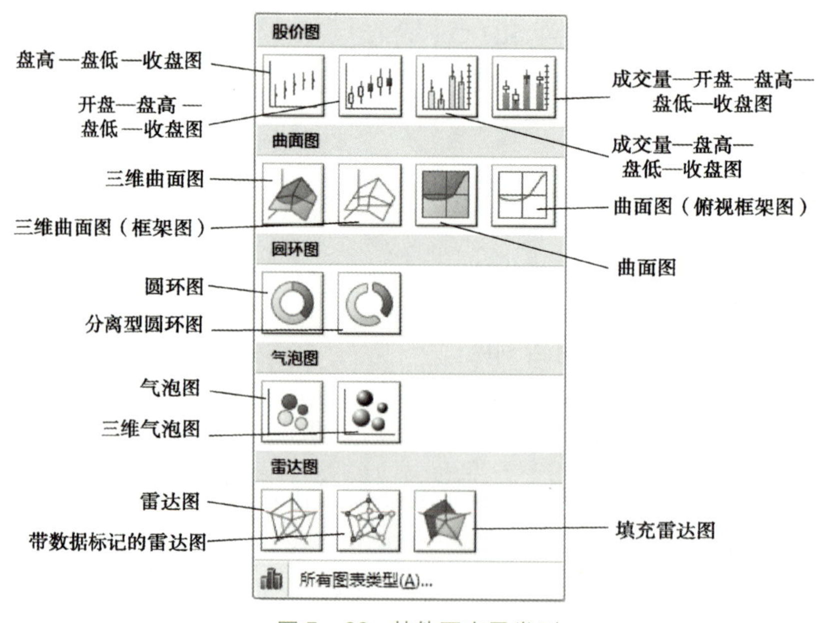

图 5—60　其他图表子类型

表 5-9 其他图表的图表子类型及功能

子类型	功能
盘高—盘低—收盘图	用来显示股票价格。它需要按下列顺序排列的三个数值系列：盘高、盘低和收盘
开盘—盘高—盘低—收盘图	需要按正确顺序排列的四个数值系列：开盘、盘高、盘低和收盘
成交量—盘高—盘低—收盘图	需要按正确顺序排列的四个数值系列：成交量、盘高、盘低和收盘。它使用两个数值轴来计算成交量：一个用于计算成交量的列，另一个用于股票价格
成交量—开盘—盘高—盘低—收盘图	需要按正确顺序排列的五个数值系列：成交量、开盘、盘高、盘低和收盘
三维曲面图	在连续曲面上跨两维显示数值的趋势。曲面图中的颜色并不代表数据系列，而是代表数值间的差别
三维曲面图（框架图）	不带颜色的三维曲面图称为三维曲面图（框架图）
曲面图	曲面图是曲面图的上视图。在曲面图中，颜色代表特定的数值范围
曲面图（俯视框架图）	曲面图（俯视框架图）是曲面图的上视图。在曲面图中，颜色代表特定的数值范围。曲面图（俯视框架图）不显示颜色
圆环图	圆环图在圆环中显示数据，其中每个圆环代表一个数据系列
分离型圆环图	分离型圆环图显示每一数值相对于总数值的大小，同时强调每个单独的数值。它与分离型饼图很相似，但是可以包含多个数据系列
气泡图	气泡图与 XY 散点图类似，但是它对成组的三个数值进行比较，而非两个数值。第三个数值确定气泡数据点的大小
三维气泡图	以三维的形式显示气泡图
雷达图	显示各值相对于中心点的变化
带数据标记的雷达图	显示各值相对于中心点的变化，其中可以显示各个数据点的标记
填充雷达图	在填充雷达图中，由一个数据系列覆盖的区域用一种颜色来填充

8. 图表的结构

为了详细地了解图表，必须先认识图表的结构。图表由图表区域和区域中的对象组成，区域中的对象包括图表标题、图例、数值轴和分类轴等，如图 5—61 所示。

图表区包括整个图表的全部元素。

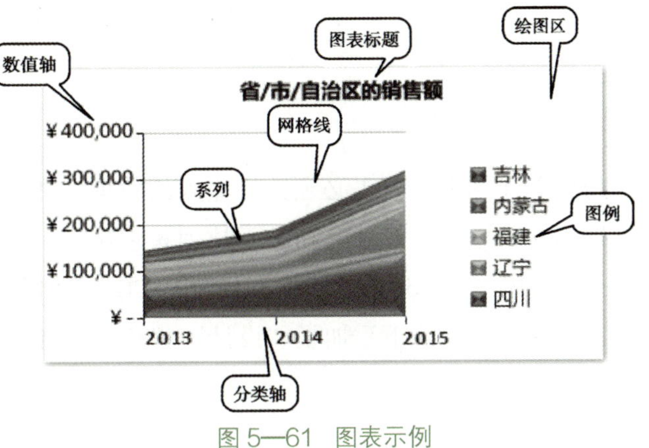

图 5—61 图表示例

图表标题是用于说明性的文本，自动与坐标轴对齐或者在图表顶部居中。

绘图区在二维图表区中是指通过轴来界定的区域，包括所有的数据系列；在三维图表中，绘图区包括所有的数据系列、分类名、刻度线标志和坐标轴标题。

网格线是在图表中方便察看和计算数据的线条，在坐标轴上刻度线延伸并且穿过绘图区。

系列是在图表中绘制的相关数据点，这些数据源自数据标的行或列，每个数据系列都具有唯一的颜色或图案，并在图表的图例中表示。可以在图表中绘制一个或者多个数据系列，但是饼图只有一个数据系列。

坐标轴（包括数值轴和分类轴）是用于界定图表绘图区，度量的参照框架。Y 轴通常作为数值轴包含带有刻度的数据；X 轴通常作为分类轴包含有分类名称。在坐标轴上还可以添加标题。

图例是用于标志图表中的数据系列或分类制定的图案或者颜色，在界面上表现为一个方框。

实践操作

1. 创建“历年学生注册情况”工作簿

启动 Excel 2010，创建空白工作簿，保存并命名为“历年学生注册情况”。

2. 输入工作表的数据

在工作表中输入如图 5—62 所示的数据。

	A	B	C
1		男生	女生
2	2013年	200	230
3	2014年	180	176
4	2015年	234	199
5	2016年	233	198

图 5—62　输入历年学生注册情况数据

3. 创建图表

想要创建图表，首先必须选择输入的数据，然后使用“插入”选项卡上的“图表”组的“柱形图”按钮，在柱形图的下拉列表中选择一个用户需要的子类型，这里选择“簇状圆柱图”，如图 5—63 所示。插入图表后的结果如图 5—64 所示，这时生成了“图表工具”功能区，在此功能区下添加了“设计”“布局”和“格式”选项卡。

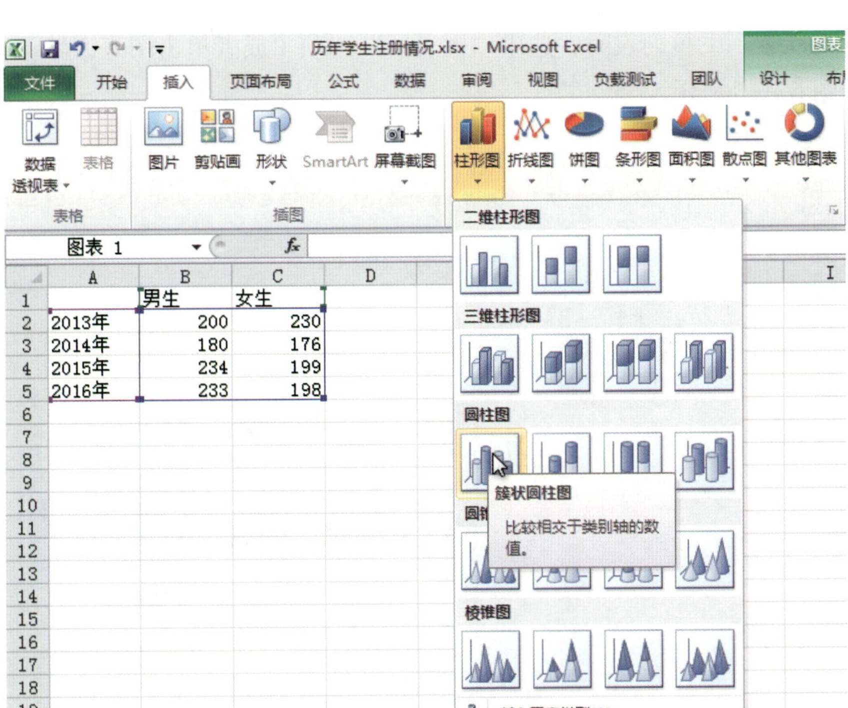

图 5—63　插入图表选择“簇状圆柱图”

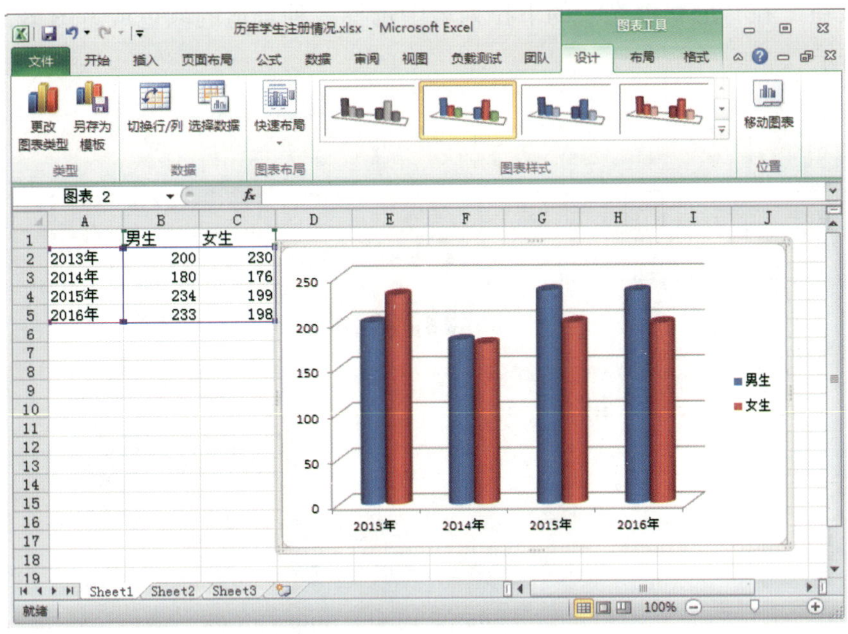

图 5—64　插入图表的效果

4. 图表区域的修饰

在“图表工具”功能区的“布局”和“格式”选项卡的左侧都有“当前所选内容”组，

当单击“图表元素”下拉列表时，选中“图表区”选项（或者单击图表区域），图表区域被选中，如图 5—65 所示。

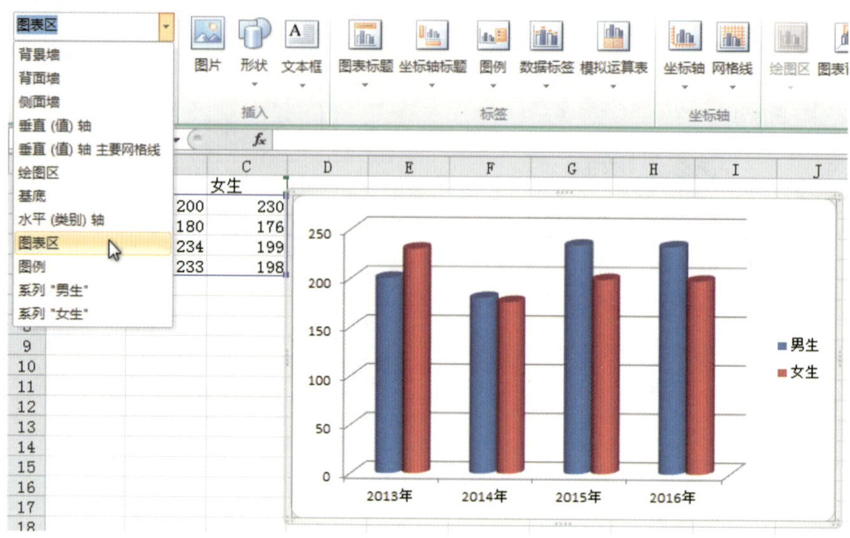

图 5—65 选中图表区

选中图表区后，选择“图表工具”功能区“格式”选项卡的“形状样式”组的“形状填充”按钮，在“形状填充”的下拉列表中选择一种合适的颜色或者图案，其效果如图 5—66 所示。

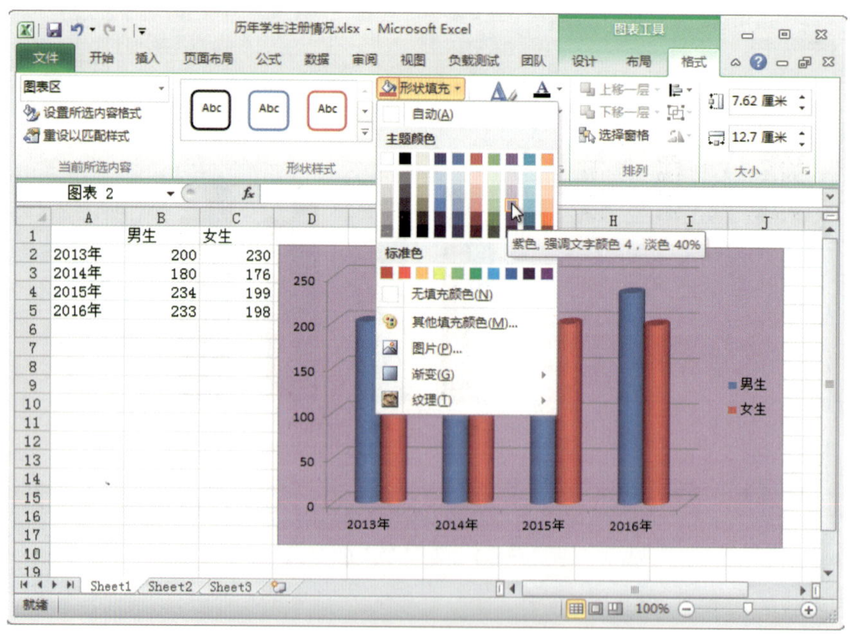

图 5—66 设定图表区域的颜色填充

在图表区域右击，在出现的快捷菜单中选择“设置图表区域格式”选项，如图 5—67 所示。出现“设置图表区格式”对话框，在这里可以设置图表区的填充、边框颜色、边框样式、阴影、发光和柔化边缘三维格式及三维旋转大小、属性、可造文字，选择“边框颜色”实线以及颜色选择黑色，如图 5—68 所示。选择“边框样式”将“宽度”修改为 2 磅。这些也可以通过“图表工具”各选项卡的功能进行设置，只是在“设置图表区格式”对话框中设置更为方便、快捷，单击“关闭”按钮即可完成设置，设置后效果如图 5—69 所示。

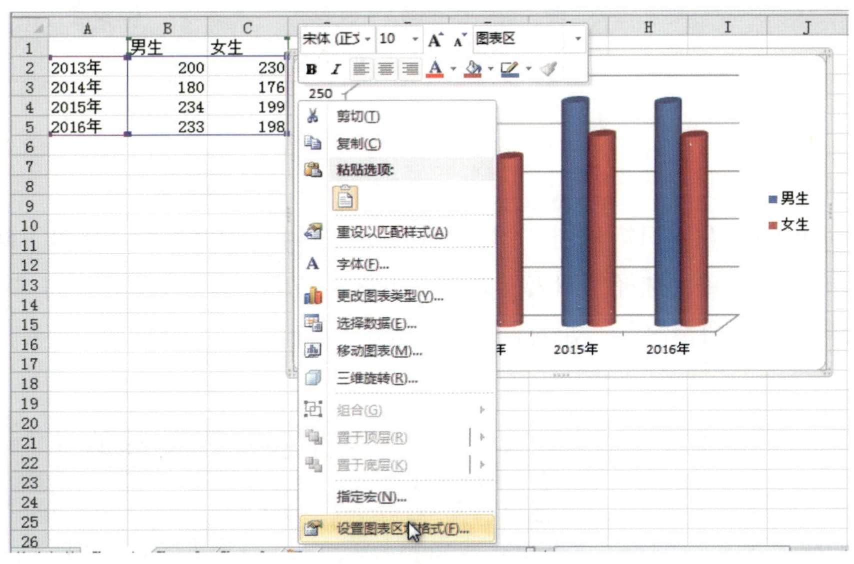

图 5—67　“设置图表区域格式”选项

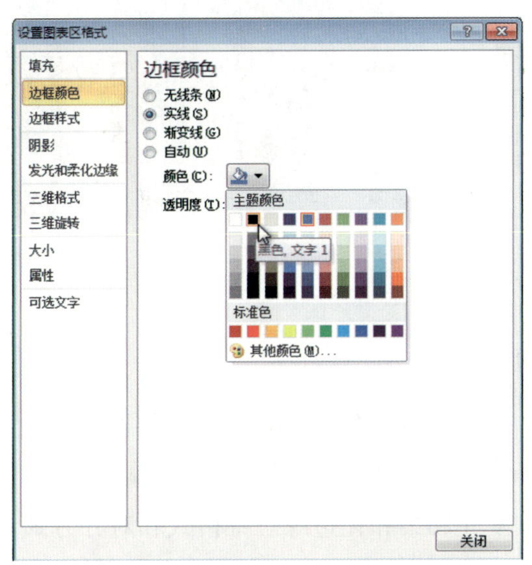

图 5—68　“设置图表区格式”对话框选定“边框颜色”

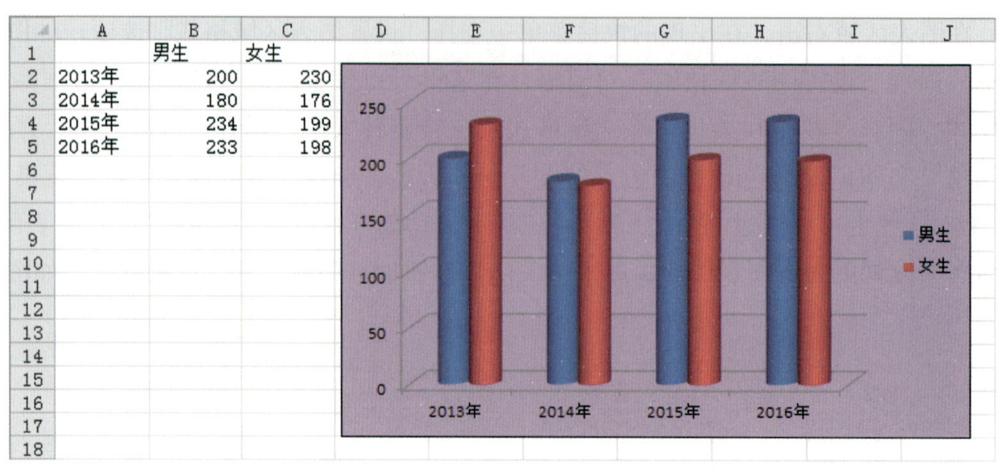

图 5—69　图表区格式设置的效果

5. 添加图表标题

想要添加图表标题，只需单击“图表工具”|“布局”选项卡的“标签”组中的“图表标题”，在下拉菜单中选择“图表上方”，如图 5—70 所示。在图表上的“图表标题”区输入“历年学生注册情况”，如图 5—71 所示。

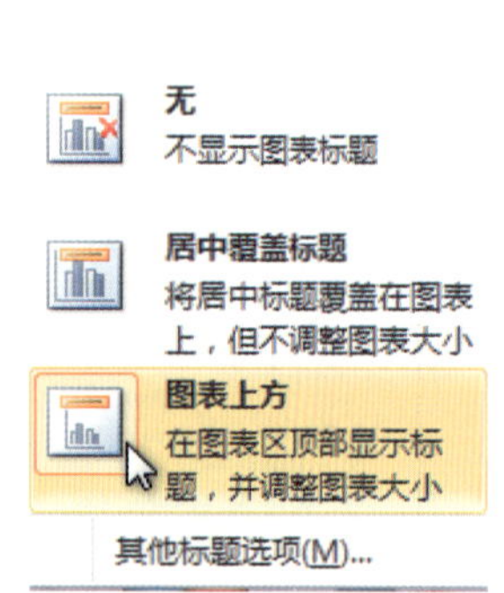

图 5—70　添加图表标题

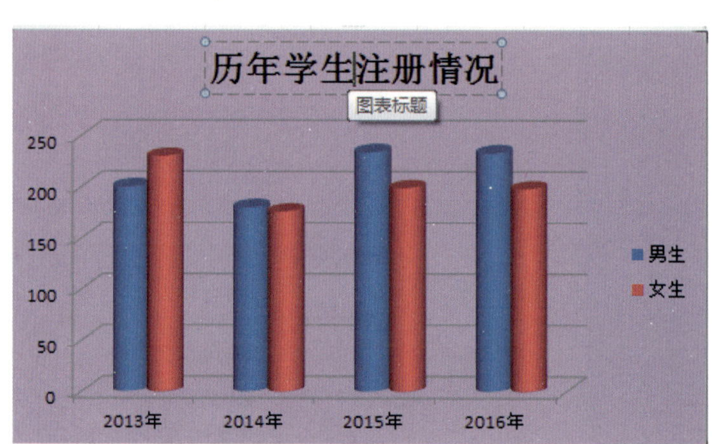

图 5—71　输入图表标题

6. 修饰图表的坐标轴

选择坐标轴刻度线，右击，在快捷菜单中选择“设置坐标轴格式”选项，如图 5—72 所示。出现“设置坐标轴格式”对话框，在这个对话框中包含坐标轴选项、数字、填充、线条颜色、线型、阴影、发光和柔和化边缘三维格式和对齐方式。在对话框中“坐标轴选项”选项卡中将最大值设置成“固定值 500”，如图 5—73 所示。关闭对话框，完成设置，修改坐标轴后的图表如图 5—74 所示。

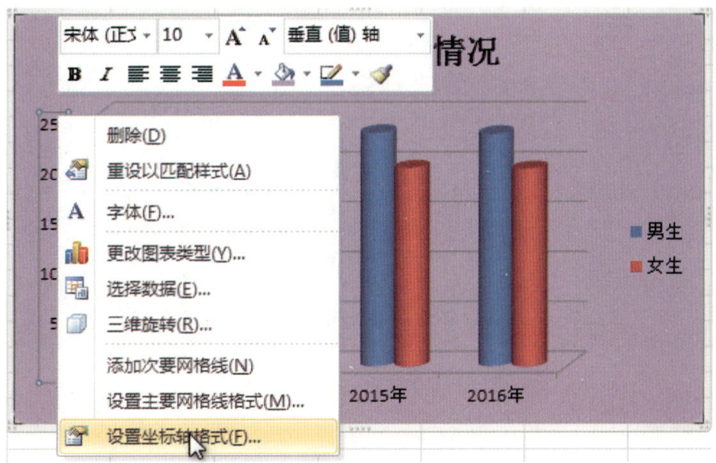

图 5—72　“设置坐标轴格式”选项

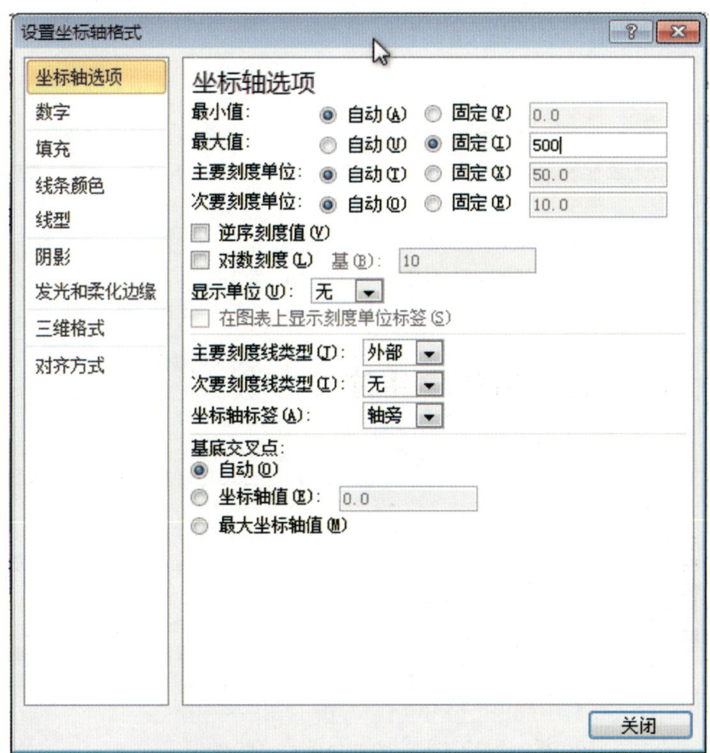

图 5—73　“设置坐标轴格式”对话框

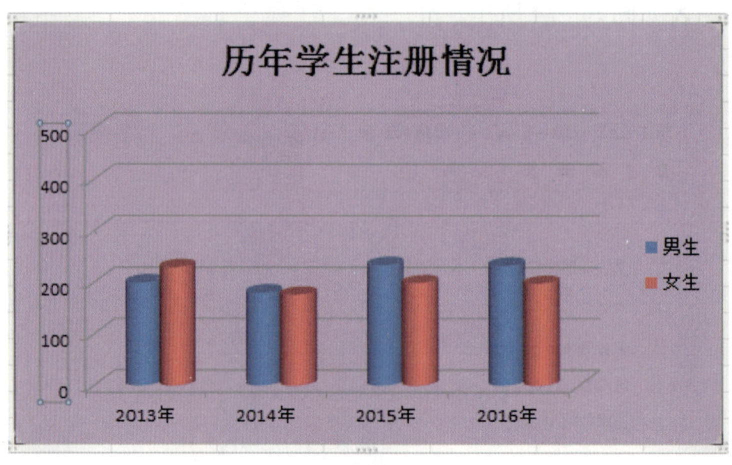

图 5—74 设置坐标轴格式的效果

7. 修饰坐标轴标题

单击选择“图表工具”|“布局”|“标签”|“坐标轴标题”下拉菜单中的“主要纵坐标轴标题”|“竖排标题”，设置坐标轴标题如图 5—75 所示。在纵坐标“坐标轴标题”处输入“人数”，如图 5—76 所示。

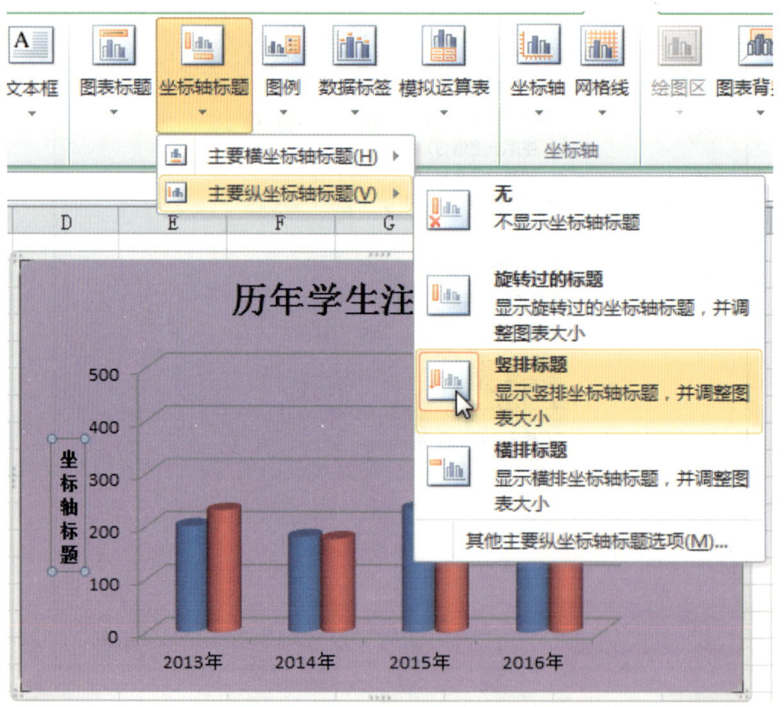

图 5—75 设置坐标轴标题

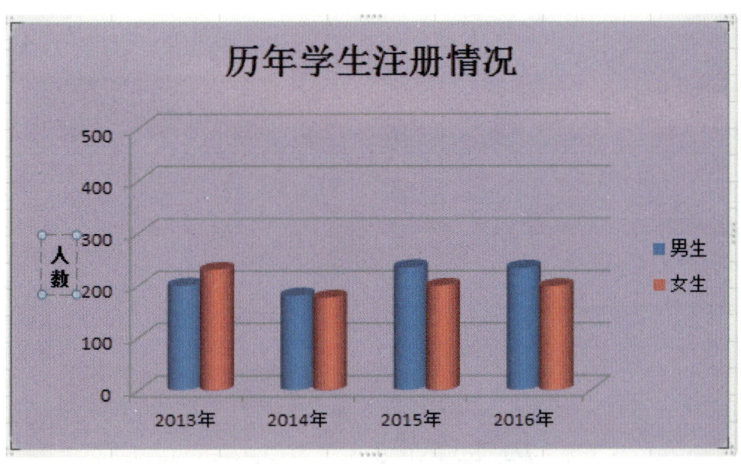

图 5—76　设置坐标轴标题的效果

8. 修饰图例

单击选择“图表工具”|“布局”|“标签”|“图例”下拉菜单中的“在底部显示图例”，设置图例如图 5—77 所示。

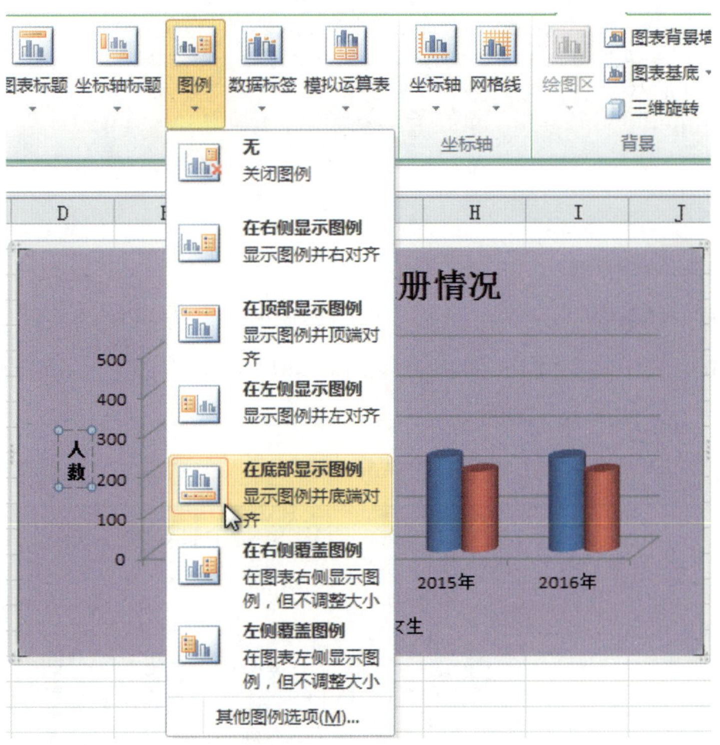

图 5—77　设置图例

9. 图表中显示数据表

单击选择“图表工具”|“布局”|“标签”|“模拟运算表”下拉菜单中的“显示模拟运算表”，

在图表中显示数据表，如图 5—78 所示。

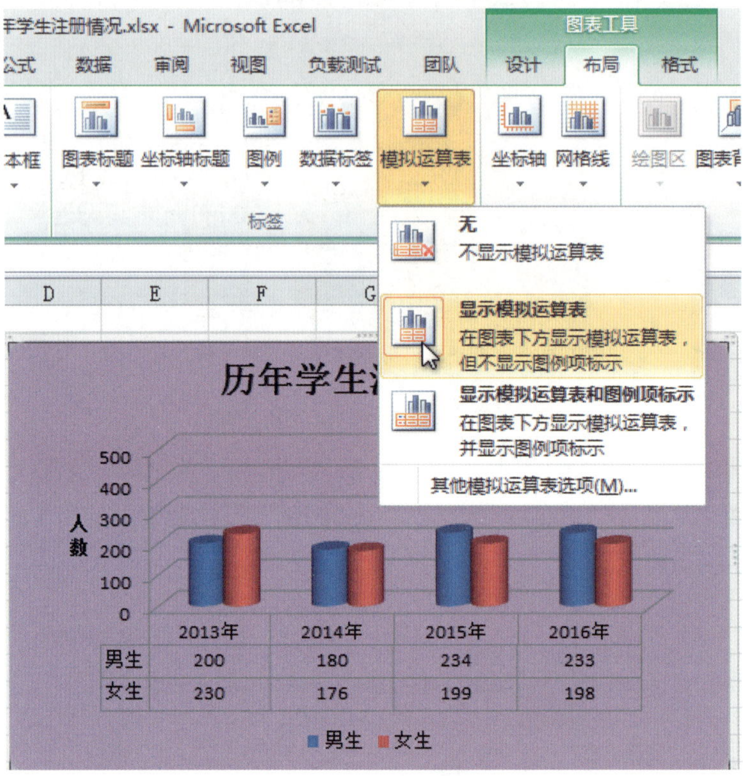

图 5—78 图表中显示数据表

10. 修改后图表中的数据

想要修改图表中的数据，只需在原始数据中做修改，相互链接的数据会随之对图表进行改动。在原始数据表中将单元格 C2 的数据由“230”改为“190”，按 Enter 键确认后，图表的数据也变动了，如图 5—79 所示。

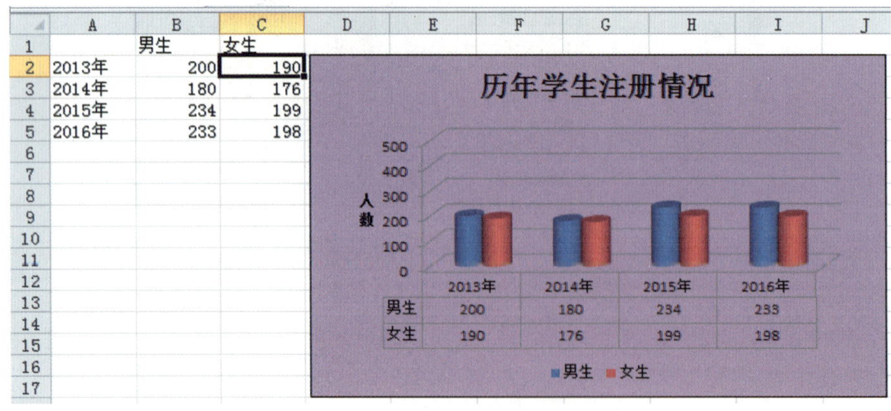

图 5—79 修改后图表中的数据

11. 更改图表类型

选择图表，在“图表工具”功能区“设计”选项卡“类型”组的“更改图表类型”项单击，出现如图 5—80 所示的“更改图表类型”对话框。在对话框中选择“簇状柱形图”，单击“确定”按钮即可。

图 5—80　“更改图表类型”对话框

12. 改变图表样式

在“图表工具”功能区“设计”选项卡“图表样式”组选择用户需要的样式，如图 5—81 所示。

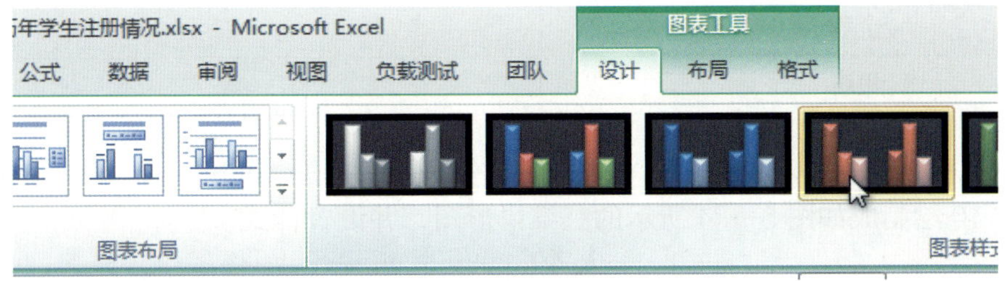

图 5—81　更改图表样式

13. 添加趋势线

选择“图表工具”|“布局”的“分析”组的“趋势线”，在出现的“添加趋势线”对话框（见图 5—82）中选中“男生”后单击“确定”按钮，即可生成如图 5—83 所示的趋势线。

图 5—82 “添加趋势线”对话框

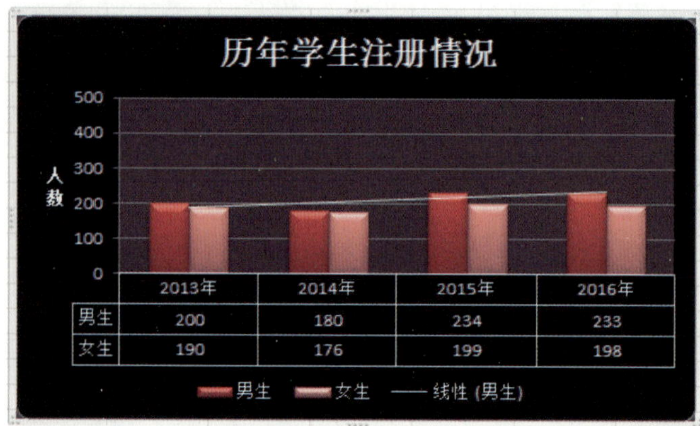

图 5—83 添加趋势线的效果

制作好的图表还可以选中图表，右击进行复制、删除等操作，最后保存工作簿即可完成任务。

教学资源

“历年学生注册情况”素材可通过网站 http://jg.class.com.cn 下载，位于软件资源包“中文版 Excel 2010 基础与实训 / 项目五 / 任务 3”中。

操作演示

巩固练习

表 5-10 运动会获奖情况

等次	人数
金牌	25
银牌	45
铜牌	103

将表 5—10 绘制成如图 5—84 所示的三维饼形图，并设置样式。

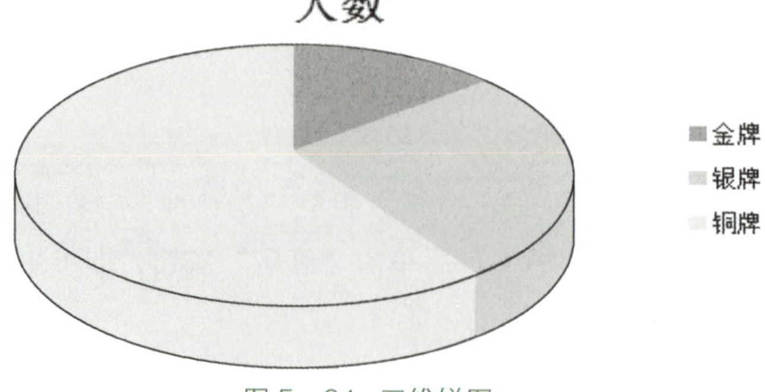

图 5—84 三维饼图

任务 4 制作销售数据透视图表

学习目标

1. 能描述 Excel 2010 中透视图和透视表的基本功能。
2. 能完成透视图和透视表的创建与使用。

任务描述

本任务利用项目四中任务 2 的图 4—36“商品销售表”制作一个透视图表。

数据透视表和透视图可以交互地分析 Excel 报表，本任务利用透视表和透视图分析项目四任务 2 的销售报表，并设置样式。

相关知识

1. 数据透视表

数据透视表是一种可以快速汇总大量数据的交互式、交叉制表的 Excel 报表，用于对多种来源（包括 Excel 的外部数据）的数据（如数据库记录）进行汇总和分析，尤其是对于记录多、结构复杂的工作表更加方便。使用数据透视表可以深入分析数值数据，并且可以回答一些预计不到的数据问题。

数据透视表主要适用于以下用途：

（1）以多种用户友好方式查询大量数据。

（2）对数值数据进行分类汇总和聚合，按分类和子分类对数据进行汇总，创建自定义计算和公式。

（3）展开或折叠要关注结果的数据级别，查看感兴趣区域摘要数据的明细。

（4）将行移动到列或将列移动到行（或“透视”），以查看源数据的不同汇总。

（5）对最有用和最关注的数据子集进行筛选、排序、分组和有条件地设置格式，使用户能够关注所需的信息。

（6）提供简明、有吸引力并且带有批注的联机报表或打印报表。

如果要分析相关的汇总值，尤其是在要合计较大的数字列表并对每个数字进行多种比较时，通常使用数据透视表。

2. 数据透视图

数据透视图是一种提供交互式数据分析的图表，它与数据透视表相似。用户可以更改数据的视图，查看不同级别的明细数据，或者通过拖动字段和显示或隐藏字段中的项来重新组织图表的布局。在创建数据透视图时，Excel 会根据同样的数据创建一个相关联的数据透视表，因此可以根据相关联的报表创建一个新的报表。对数据透视图的更改将影响相关联的数据透视表；反之亦然。

1. 启动工作簿

启动 Excel 2010，打开项目四任务 2 的工作簿“某品牌四类产品三月份销售表”。

2. 新建数据透视表

选中单元格 G1，在“插入”选项卡中的“表格”组的“数据透视表”按钮的下拉列表中选择“数据透视表”。这时弹出“创建数据透视表”对话框，现有工作表中，选择表区域如图 5—85 所示。单击“确定”按钮，得到新建数据透视表 1，如图 5—86 所示。

	A	B	C	D	E	F
1	某品牌四类产品三月份销售表					
2	日期	产品名称	单价	销售数量	金额	销售员
3	第一周	上衣A	200	10	2000	王宣
4	第一周	裤子B	120	12	1440	李强
5	第一周	上衣C	100	10	1000	王宣
6	第一周	裤子D	90	20	1800	李强
7	第二周	上衣A	200	15	3000	王宣
8	第二周	裤子B	120	15	1800	李强
9	第二周	上衣C	100	9	900	王宣
10	第二周	裤子D	90	20	3000	李强
11	第三周	上衣A	200	12	2400	王宣
12	第三周	裤子B	120	20	2400	李强
13	第三周	上衣C	100	20	2000	王宣
14	第三周	裤子D	90	17	1530	李强
15	第四周	上衣A	200	9	1800	王宣
16	第四周	裤子B	120	15	1800	李强
17	第四周	上衣C	100	10	1000	王宣
18	第四周	裤子D	90	12	1080	李强

创建数据透视表
请选择要分析的数据
选择一个表或区域(S)
表/区域(T): Sheet1!$A$2:$F$18
使用外部数据源(U)
选择连接(C)...
连接名称:
选择放置数据透视表的位置
新工作表(N)
现有工作表(E)
位置(L): Sheet1!$G$1
确定　取消

图 5—85 “创建数据透视表”对话框

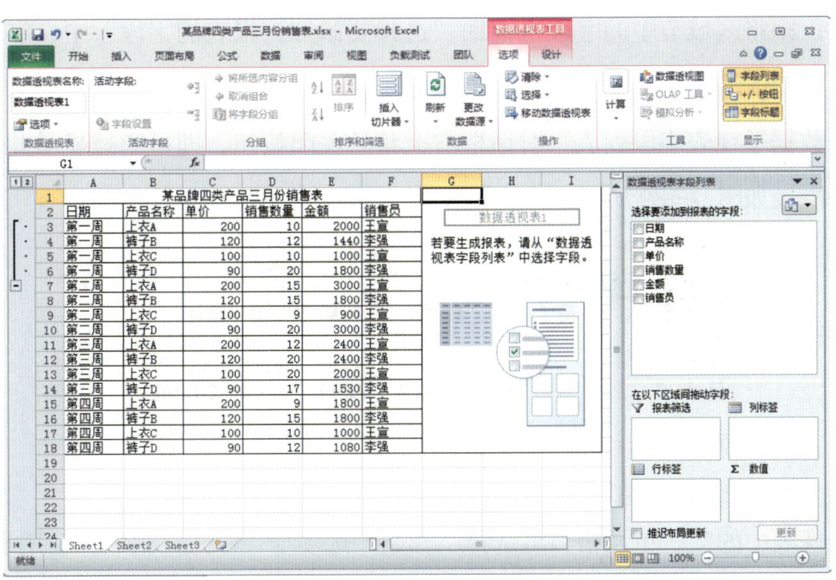

图 5—86　新建数据透视表

3. 设置数据透视表的格式

在新建数据透视表的右侧是“数据透视表字段列表”对话框，单击对话框右上角的按钮，从下拉菜单中可以设置字段节和区域节的排列形式，如图 5—87 所示。

在“数据透视表字段列表”中可以设置行、列字段、数值、页字段等内容。在“选择要添加到报表的字段”中选中要添加的字段，按住鼠标左键，将字段拖动到设定的区域节中。这里将“产品名称”拖到“列标签”中，将“金额”拖到“Σ数值”中，将“销售员”拖到“行标签”中，如图 5—88 所示，拖进“区域节”中的字段前会标记“√”选中。若

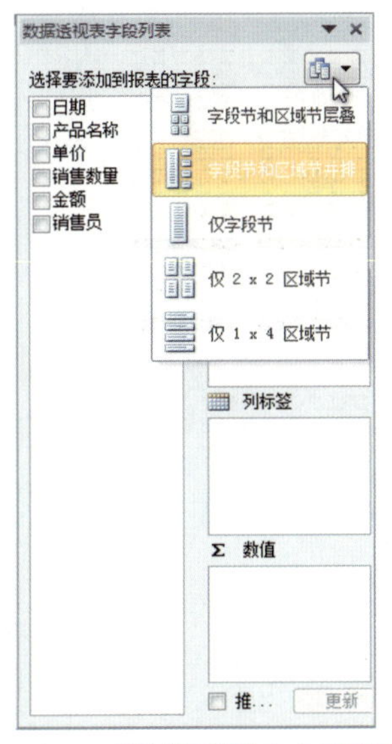

图 5—87　“数据透视表字段列表”对话框

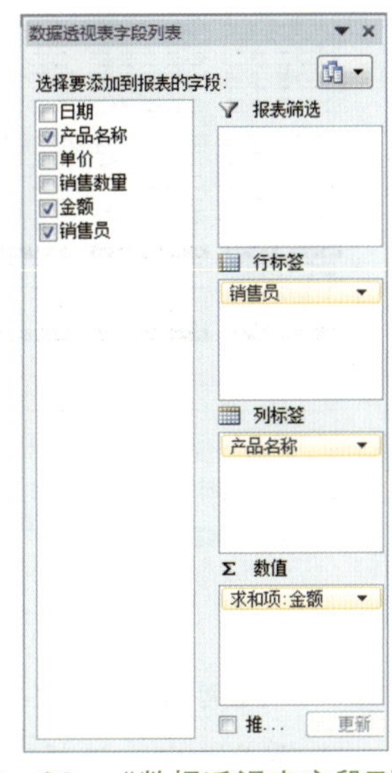

图 5—88　“数据透视表字段列表”中设置字段

要删除字段，则将区域节中的字段再拖回“选择要添加到报表的字段”中，字段前的标记“√”就会自动取消。

单击“数据透视表字段列表”对话框右上角的关闭按钮，即可隐藏显示此对话框。创建的数据透视表如图 5—89 所示。

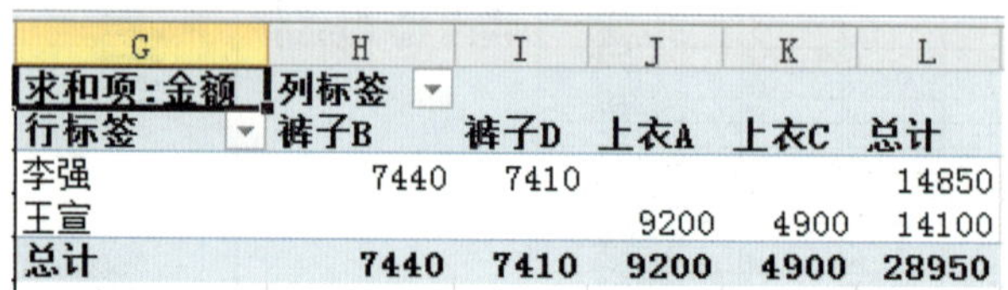

G	H	I	J	K	L
求和项:金额	列标签				
行标签	裤子B	裤子D	上衣A	上衣C	总计
李强	7440	7410			14850
王宣			9200	4900	14100
总计	7440	7410	9200	4900	28950

图 5—89　创建的数据透视表

4. 设置数据透视表的样式

选中透视表中的某一单元格，再选择“开始”选项卡“样式”组的“套用表格格式”，在如图 5—90 所示的“套用表格格式”的下拉列表中，选择用户需要的样式，生成如图 5—91 所示的数据透视表。

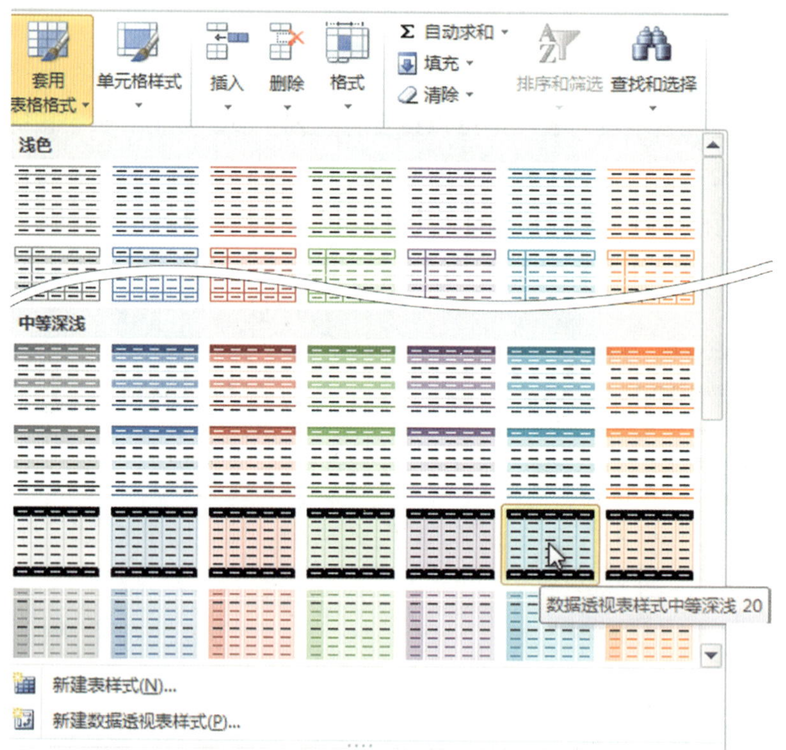

图 5—90　设置数据透视表样式

还可以在“数据透视表工具”功能区“设计”选项卡的“数据透视表样式”中，选择表格的样式。

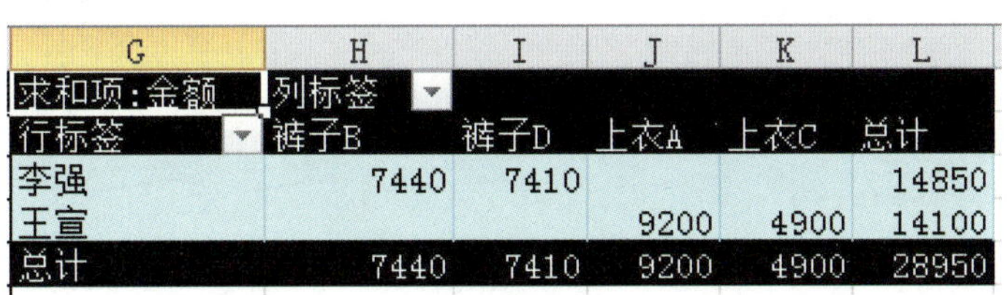

G	H	I	J	K	L
求和项:金额	列标签				
行标签	裤子B	裤子D	上衣A	上衣C	总计
李强	7440	7410			14850
王宣			9200	4900	14100
总计	7440	7410	9200	4900	28950

图 5—91　表格样式设置的透视表

5. 更新数据

若数据透视表数据源（某品牌四类产品三月份销售表）的数据进行了更改，可以在数据透视表中选择任意单元格，在“数据透视表工具”功能区“选项”选项卡的“数据”组中选择“刷新”按钮中的任意选项，进行更新修正数据透视表中的数据。数据透视表的数据更新如图 5—92 所示。

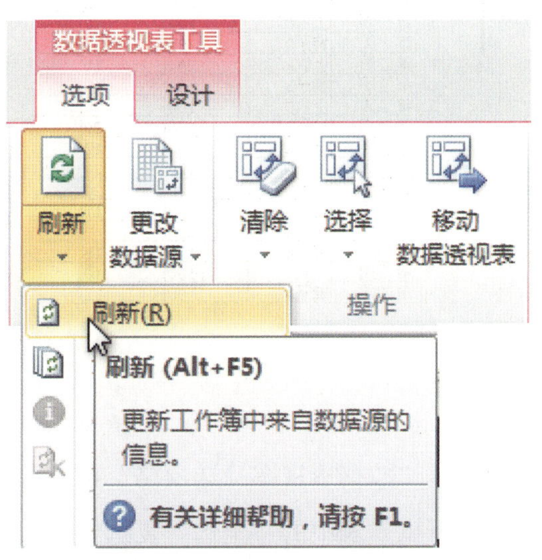

图 5—92　数据透视表的数据更新

6. 插入“数据透视图”

选中数据透视表中的任意单元格，选择“数据透视表工具”功能区“选项”选项卡中的“工具”组中的“数据透视图”按钮，在弹出的“插入图表”对话框中选择“三维簇状条形图”，如图 5—93 所示。单击“确定”按钮即可，生成如图 5—94 所示的透视图。

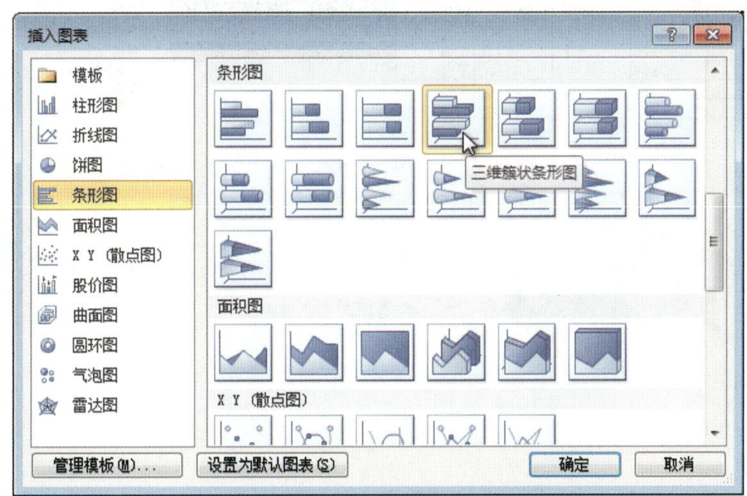

图 5—93　“插入图表”对话框

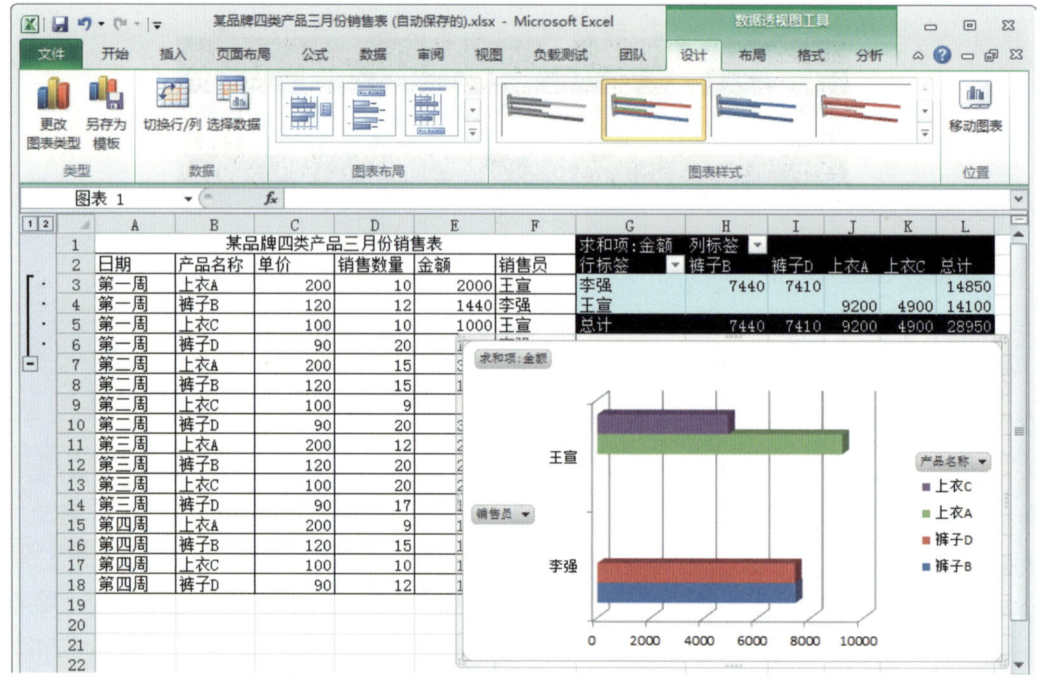

图 5—94 插入的数据透视图

通过“数据透视图筛选窗格”可以筛选数据透视图上的活动字段，例如将“轴字段”销售员下拉列表中的“全选”复选框改为只有“李强”，确定后得到如图 5—95 所示的筛选后的数据透视图。

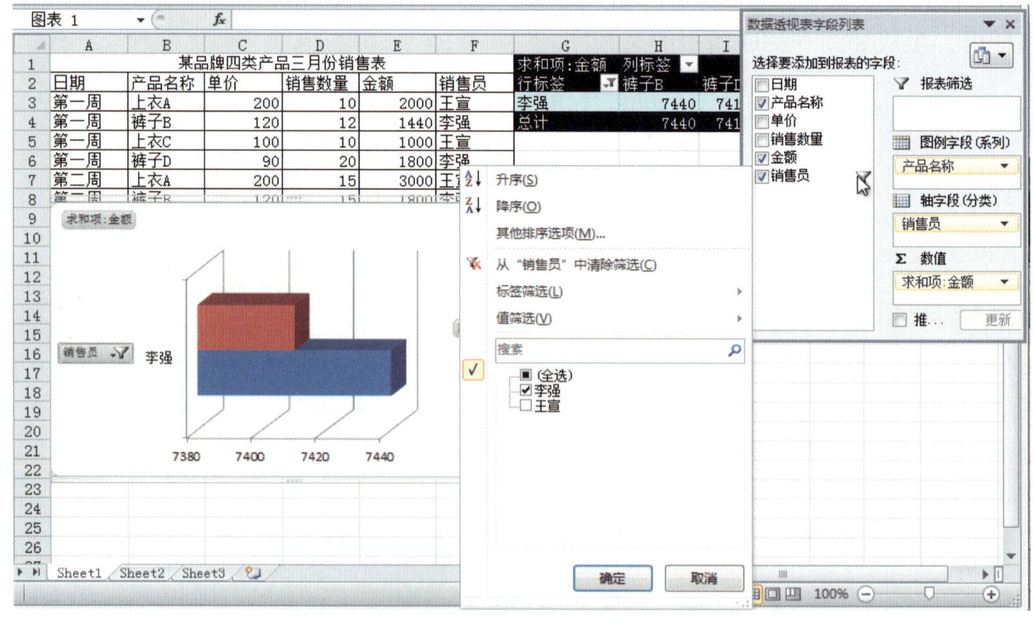

图 5—95 筛选后的数据透视图

7. 输入图表标题

选择“数据透视图工具”|“设计”|“图表布局”，在“图表布局”的下拉菜单中选择“布局 3”，如图 5—96 所示。在设置布局后的图表中，键入图表标题“个人销售情况”，如图 5—97 所示。

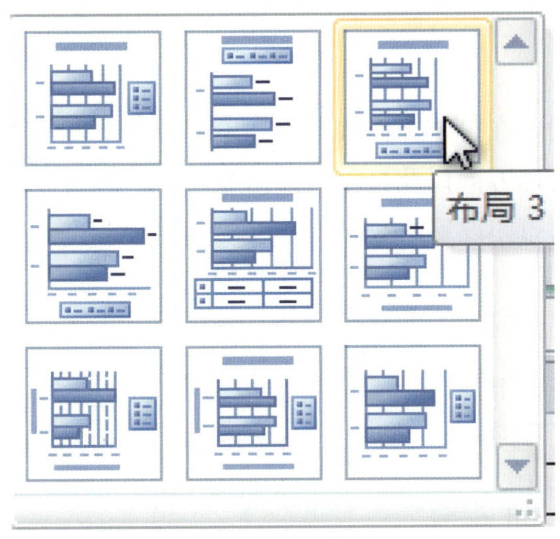

图 5—96　“图表布局”下拉菜单

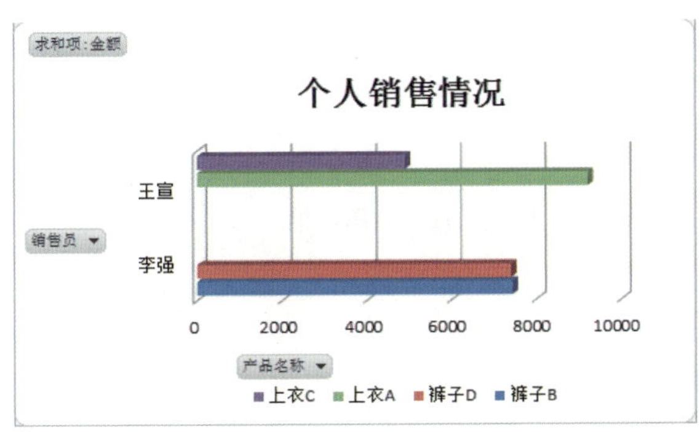

图 5—97　添加图表标题

8. 保存

最后保存工作簿。

操作演示

巩固练习

将项目四任务 2 中的“某品牌四类产品的三月份销售表”制作成透视表和透视图，并将透视图制作成三维堆积柱形图。

项目六　打印及其他操作

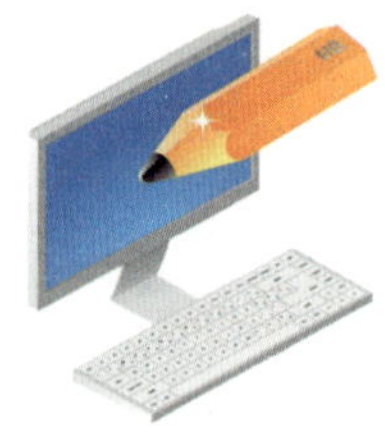

通常在打印工作表之前，还需对工作表进行一些设置，如页面的大小、打印方向以及打印的数据等设置。本项目主要练习打印工作表前对其进行打印设置的操作。

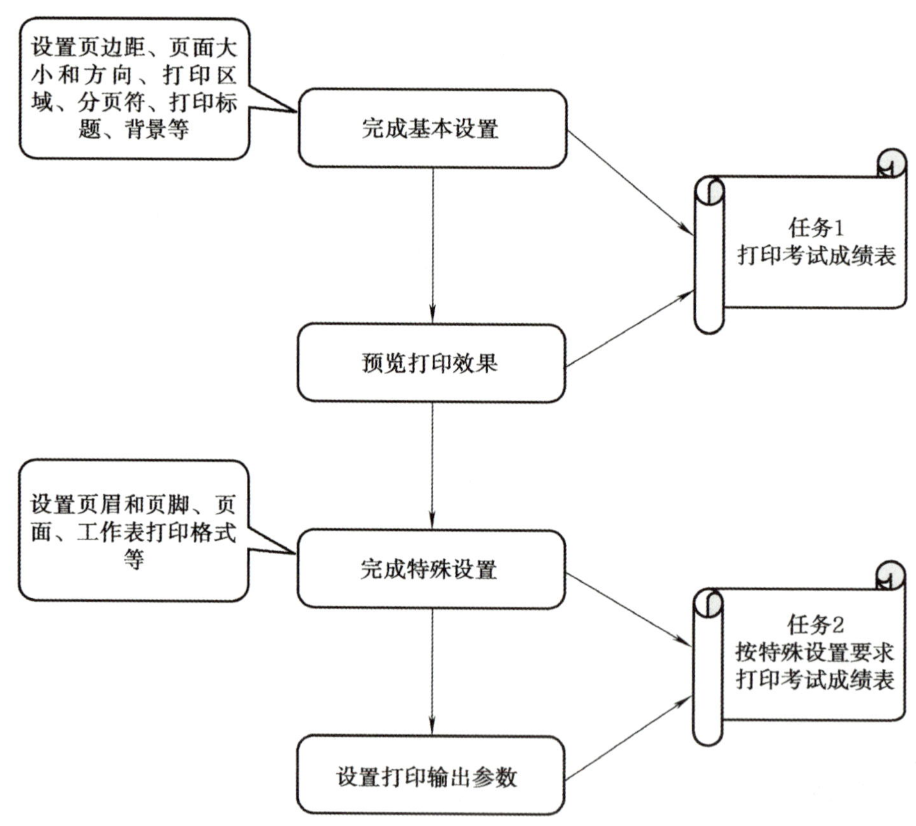

任务 1 打印考试成绩表

学习目标

1. 能描述打印页面基本设置的含义。
2. 能完成工作表打印页面的基本设置，并能合理运用打印中的一些技巧性操作。

任务描述

本任务的内容是对表 6—1 进行打印参数的设置，包括页边距、页面大小、方向、分页符等，完成打印工作的基本设置。

表 6-1　　高三（2）班期中考试成绩表

科目 姓名	英语	数学	物理	化学	语文
王亚军	77	80	78	85	70
周平	82	85	76	86	80
张远	90	84	87	82	88
冯征	60	71	62	59	65
赵敬峰	84	72	76	75	80
任征	95	90	93	90	89
郝迪	70	72	76	69	80
王丽坤	65	70	68	71	63
李丽	70	62	69	65	69
吴向伟	82	88	86	80	90
陈风	88	93	82	86	75
谢艳	77	79	81	73	81
王烁	98	100	95	95	91
孙萍	55	62	60	59	65
刘忠	75	66	60	68	77
何向	80	79	82	85	80

相关知识

打印页面的基本设置包括页边距、页面大小和方向、打印区域、分页符、打印标题、背景设置等。

通过打印区域设置可以只打印选定一部分区域，而不是整个工作表。

通过分页符设置，用户可以根据需要选择分页的位置，从而使打印的工作表可以根据需要分页打印。

通过打印标题设置可以实现分页打印工作表时，工作表的表头标题在各页显示，而不是只在第一页显示，这有助于用户观察工作表。

这三项设置是在 Excel 打印时较为常用的设置。

实践操作

1. 页边距、页面大小以及方向的设置

单击“页面布局”|“页面设置”，选择“页边距”选项，打开如图 6—1 所示的下拉列表。其中可以预设“普通”“宽”“窄”三种既定的页边距方案。

单击“自定义边距”后选择“页边距”选项，在此可以设置自定义的页边距，这里设置的页边距值如图 6—2 所示。

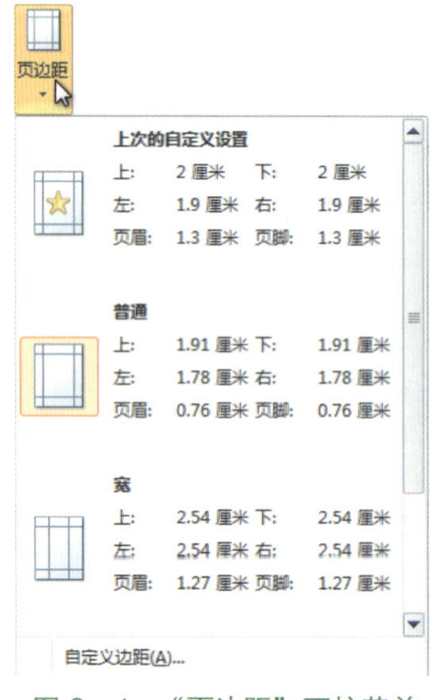

图 6—1 “页边距”下拉菜单

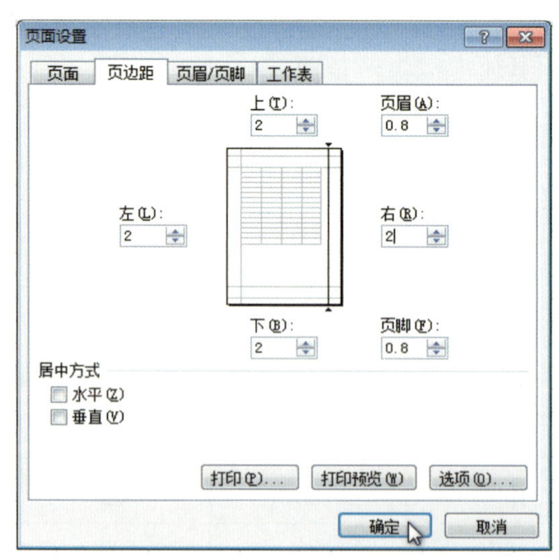

图 6—2 “页边距”选项卡

单击“打印预览”窗口下的“边距”，可以利用鼠标拖动的方式来对页面边距进行设置。

打印时，需要根据需求或打印纸的实际情况来设置页面的大小，也就是纸张的大小。单击“页面布局”|“页面设置”，选择“大小”选项，打开如图6—3所示的下拉菜单。在此对话框中选择所需的纸张大小，最为常用的纸张是A4。如果需要其他格式的页面大小，也可单击“其他纸张大小”，在其对话框中设置即可。

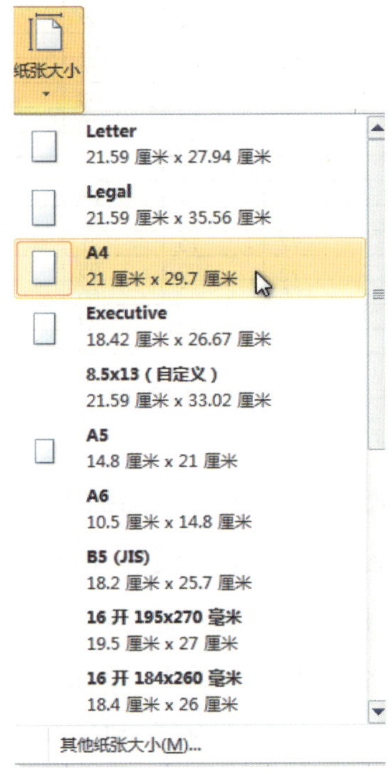

图6—3　“纸张大小”下拉菜单

根据需求，还可以对打印的页面方向进行设置。同样单击“页面布局”|“页面设置”下的纸张“方向”选项，出现“横向”和“纵向”两个选项，根据需要选择即可，这里选择“纵向”，如图6—4所示。

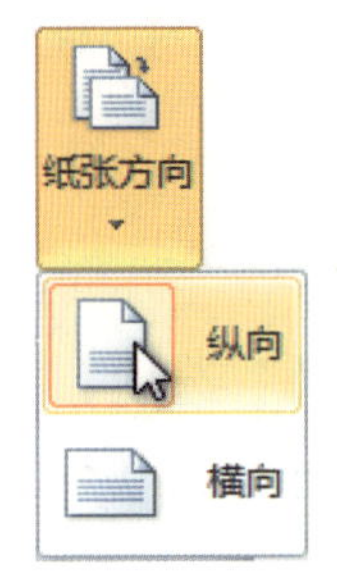

图6—4　“纸张方向”下拉菜单

2. 打印区域的设置

如果不需要打印整个工作表，可以通过此项设置来完成。如对于表6—1只需打印A1:F9的区域。首先选定A1:F9区域，单击“页面布局”|“页面设置”中的“打印区域”按钮，在其下拉列表中

图 6—5 “打印区域”下拉菜单

选择“设置打印区域”，如图 6—5 所示。可以看到此区域周围出现了虚线框，如图 6—6 所示，即完成了打印区域的设置。如要删除，则在如图 6—5 所示的下拉列表中选择“取消打印区域”。

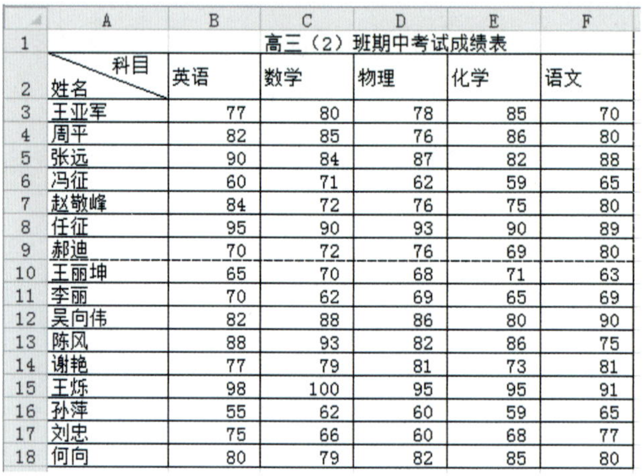

	A	B	C	D	E	F
1	高三（2）班期中考试成绩表					
2	科目 姓名	英语	数学	物理	化学	语文
3	王亚军	77	80	78	85	70
4	周平	82	85	76	86	80
5	张远	90	84	87	82	88
6	冯征	60	71	62	59	65
7	赵敬峰	84	72	76	75	80
8	任征	95	90	93	90	89
9	郝迪	70	72	76	69	80
10	王丽坤	65	70	68	71	63
11	李丽	70	62	69	65	69
12	吴向伟	82	88	86	80	90
13	陈风	88	93	82	86	75
14	谢艳	77	79	81	73	81
15	王烁	98	100	95	95	91
16	孙萍	55	62	60	59	65
17	刘忠	75	66	60	68	77
18	何向	80	79	82	85	80

图 6—6 “打印区域”设置完成后工作表

3. 分页符的设置

在打印数据量很大的工作表时，Excel 会自动插入分页符。但是用户也可以在自己需要的位置设置分页符，使打印工作表时在自己指定的位置分页。选定插入分页符的行或列中的任意单元格，如 A6。单击“页面布局”|“页面设置”栏下的“分隔符”选项，在其下拉列表中选择“插入分页符”选项，如图 6—7 所示，即完成了分页符的设置。如需删除，则在下拉列表中选择“删除分页符”；如需重新设置，则在下拉列表中选择“重设所有分页符”选项。

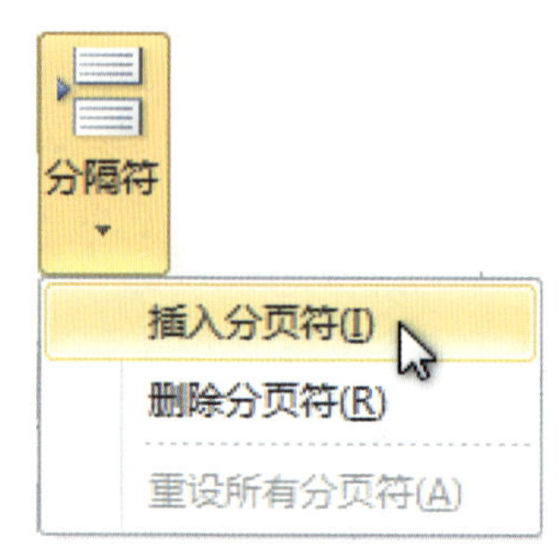

图 6—7 “分页符”设置

4. 背景的设置

选定整个工作表，单击“页面布局”|“页面设置”栏下的“背景”选项，打开如图 6—8 所示的对话框。在需设置背景的相应位置选择背景图片后，单击“插入”按钮，即可完成背景的设置，如图 6—9 所示。

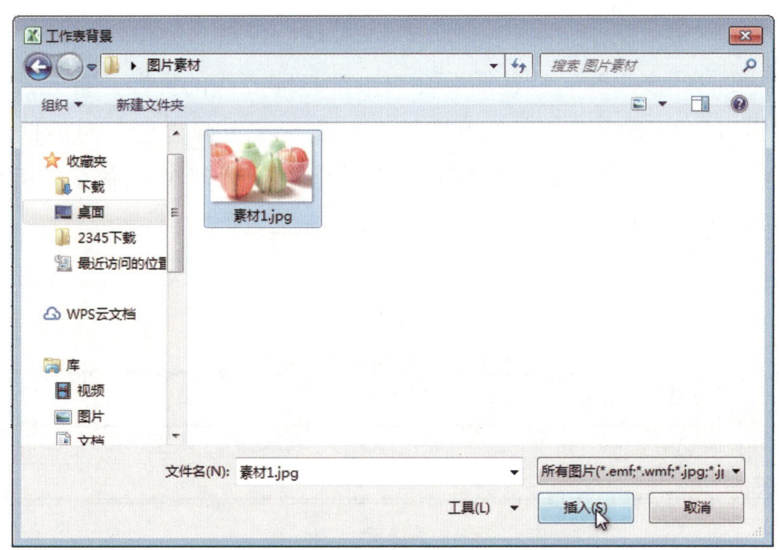

图 6—8 “工作表背景”对话框

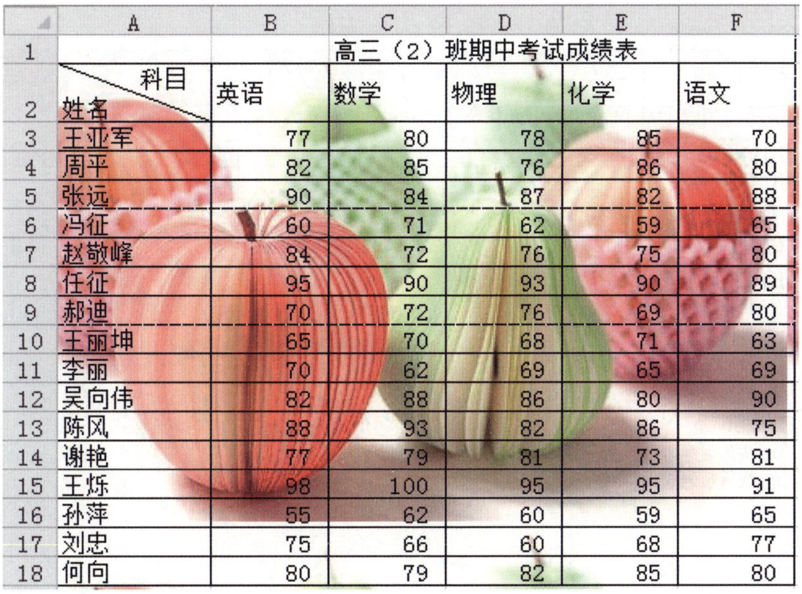

	A	B	C	D	E	F
1			高三（2）班期中考试成绩表			
2	科目 姓名	英语	数学	物理	化学	语文
3	王亚军	77	80	78	85	70
4	周平	82	85	76	86	80
5	张远	90	84	87	82	88
6	冯征	60	71	62	59	65
7	赵敬峰	84	72	76	75	80
8	任征	95	90	93	90	89
9	郝迪	70	72	76	69	80
10	王丽坤	65	70	68	71	63
11	李丽	70	62	69	65	69
12	吴向伟	82	88	86	80	90
13	陈风	88	93	82	86	75
14	谢艳	77	79	81	73	81
15	王烁	98	100	95	95	91
16	孙萍	55	62	60	59	65
17	刘忠	75	66	60	68	77
18	何向	80	79	82	85	80

图 6—9 背景设置完成后工作表

还可以通过“视图”菜单来对分页符的位置进行调整。单击“视图”|“工作簿视图”栏下的“分页视图”按钮，工作表则按分页的方式显示出来。如果需要移动分页符，则把分页线拖到指定的位置；删除则拖到屏幕以外；插入则选定插入位置的下一行，右击，选择“插入分页符”即可。单击“视图”|“工作簿视图”栏下的“普通”即可回到原来的显示格式。

5. 打印标题的设置

当工作表需要打印多页时，往往需要在每页都打印表头的标题。首先，在单击“页面布局”|“页面设置”栏下的“打印标题”按钮，出现“页面设置”对话框。在此对话框下的“工作表”选项下，单击“打印标题”下的“顶端标题行”中右侧的“折叠”图标，选择所需的打印标题所在的第 2 行，如图 6—10 所示。

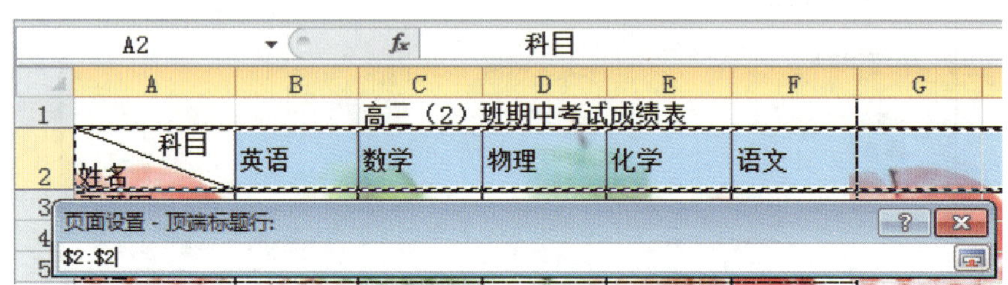

图 6—10 选择“打印标题”

再单击图标后，回到“页面设置”对话框，如图 6—11 所示，单击“确定”按钮即可。

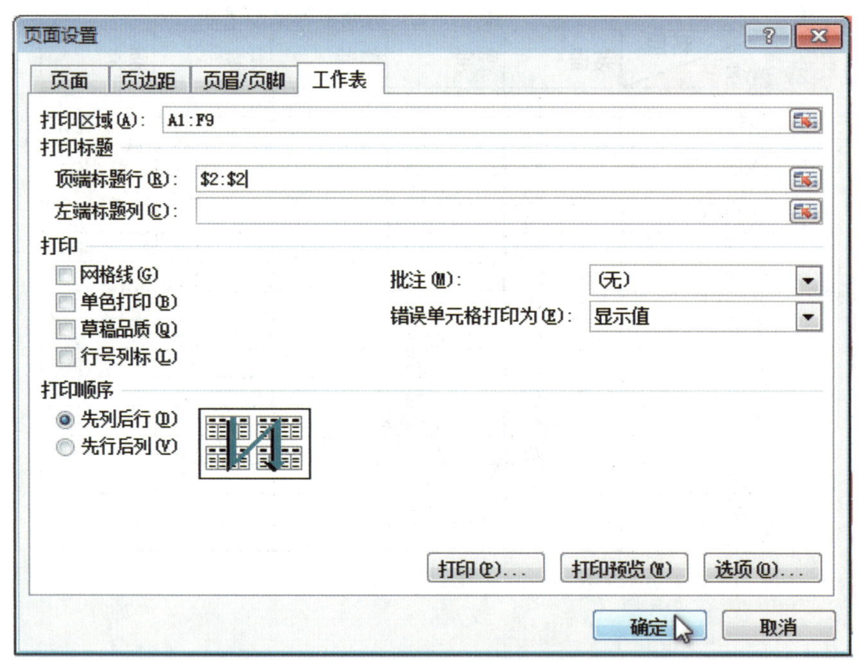

图 6—11 “打印标题”设置完成后示意图

如需打印左端标题列，则需设置“页面设置”对话框中的“左端标题列”，设置方法与前面一致。

6. 打印及预览

打开所要打印的工作表，单击“文件”选项卡，选择“打印”，在右侧展开的打印窗口中，如图 6—12 所示，可设置打印时的一些参数，在右侧还可显示是预览效果。

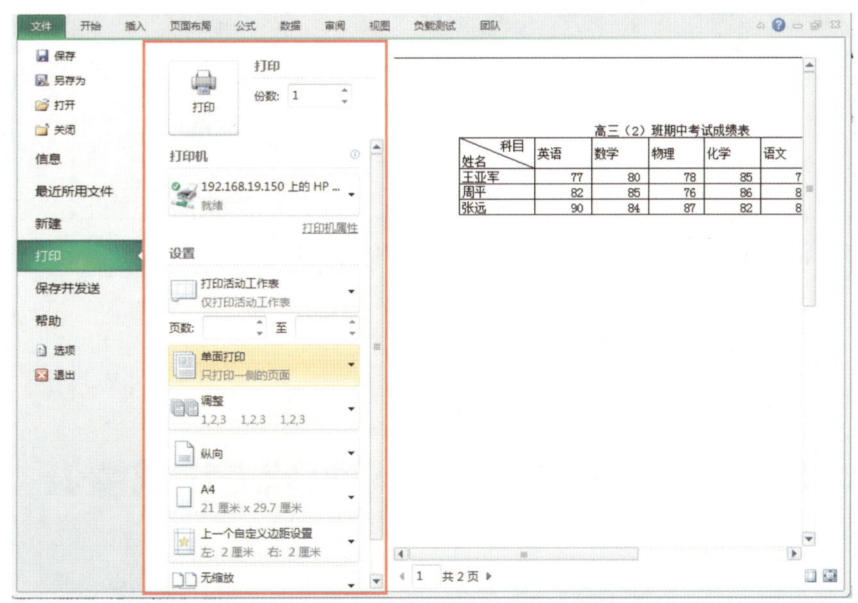

图 6—12 “打印预览”窗口

教学资源

“高三（2）班期中考试成绩表”素材可通过网站 http://jg.class.com.cn 下载，位于软件资源包“中文版 Excel 2010 基础与实训 / 项目六 / 任务 1”中。

操作演示

巩固练习

1. 把项目三中完成的“个人通讯录”工作表（见表 6—2）的打印参数设置为“B5”“横向”打印，页面边距为“宽”。

表 6-2　　个人通讯录

姓名	手机	固定电话	E-mail	家庭地址
王立	13057644238	010-65897233	wangli@163.com	北京海淀
王建平	13544426253	010-86932541	wangjianping@sohu.com	北京海淀
张扬	13057263584	010-88365737	zhangyang@163.com	北京海淀
吴迪	13872735927	020-72335985	wudi@yahoo.com	上海徐汇

续表

姓名	手机	固定电话	E-mail	家庭地址
赵辉	13839467132	010-59738851	zhaohui@sina.com	北京朝阳
马健	13767234536	0531-5723842	majian@163.com	山西太原
刘芳	13722159310	010-62345878	liufang@yahoo.com	北京石景山

2. 在第 4 行之上插入分页符，并且在两页分别打印标题。

任务 2　按特殊设置要求打印考试成绩表

学习目标

1. 能描述打印页面特殊设置的种类及各项含义。
2. 能完成各项特殊设置的操作。
3. 能完成打印输出设置的操作。

任务描述

本任务的内容是为表 6—1 的工作表添加页眉和页脚，在左上角页眉处添加日期，在右下角页脚处添加页码，并且对工作表进行打印批注、行列标号等的设置。

同时在本任务中还将练习多个工作表或工作簿同时打印的操作方法。

相关知识

页面的特殊设置是指在基本设置的基础上，对工作表的打印进行更详细的设置。这些操作可以在“页面设置”对话框中完成。其主要包括页眉和页脚的设置、页面的设置、工作表的设置。

而打印输出的设置是指在对打印的参数进行最后的设置，即完成了打印操作。

实践操作

1. 页眉和页脚的设置

单击“页面布局”|“页面设置”栏右下角的图标，打开“页面设置”对话框，并选择“页眉/页脚”选项，如图 6—13 所示。

图 6—13　“页面设置”对话框

对于页眉的设置，可以单击页眉下拉列表框右侧的下三角按钮，选择格式。也可以自定义页眉。单击“自定义页眉”选项，出现如图 6—14 所示的对话框。

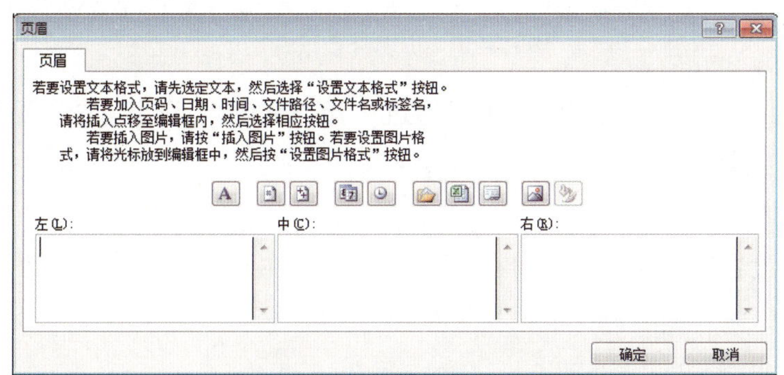

图 6—14　“页眉”对话框

可以对页眉的左、中、右三个区域分别进行设置。而且，可以利用图标选项进行快速的插入。各个图标的含义分别为：A：格式文本；：插入页码；：插入页数；：插入日期；：插入时间；：插入文件路径；：插入文件名；：插入数据表名称；：插入图片；：设置图片格式。

在本任务中，把“左”设置为日期，“中”设置为文件名，“右”不设置。设置完成后单击“确定”按钮。如图 6—15 所示。

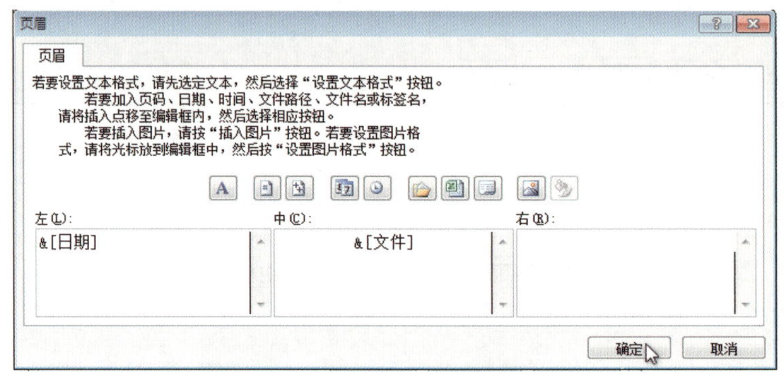

图 6—15　页眉设置示意图

对于页脚的设置，与页眉设置的操作一致。只需在页脚的选项中完成即可，在此设置为如图 6—16 所示的格式。

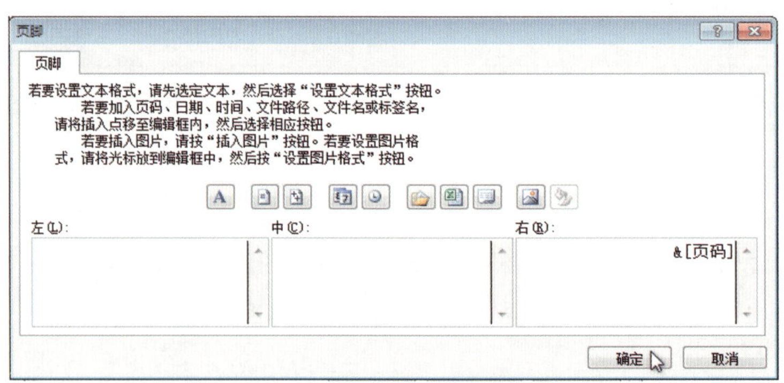

图 6—16　页脚设置示意图

在如图 6—13 所示的对话框中，可以通过选择“奇偶页不同”“首页不同”选项来进行不同的页眉和页脚设置。

2. 页面的设置

打开“页面设置”对话框，选择“页面”选项。在此栏下，除了可以设置页面方向以及大小外，还可以进行缩放打印的设置，如图 6—17 所示。

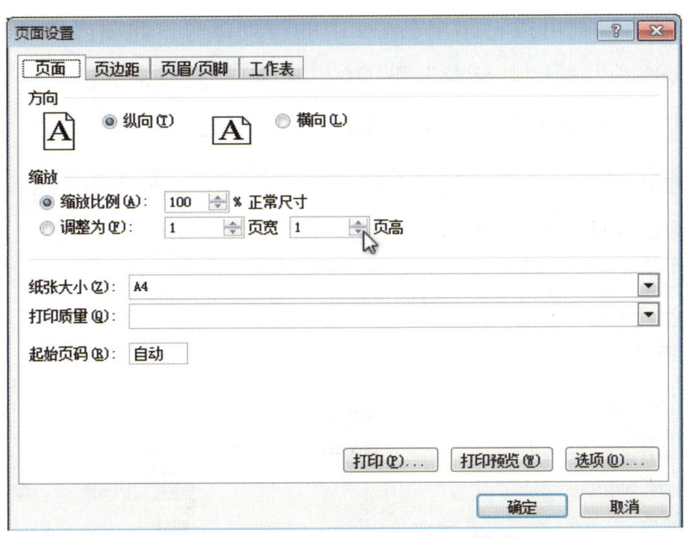

图 6—17　缩放设置示意图

所谓缩放打印，就是缩小或放大打印的比例。这种情况尤其适用于 Excel 默认打成两页，而需在一页打印工作表的情况。在如图 6—17 所示的对话框中，在“缩放比例”选项下输入比例值，或者在“调整为”选项下选择页数，单击“确定”按钮即可。

此项操作还可以在“页面布局”|“调整为合适大小”栏下进行操作。

3. 工作表的设置

在“页面设置”对话框中，选择“工作表”选项。在此栏下，除了可以进行打印区域、打印标题的设置外，还可进行其他特殊的打印设置，如图 6—18 所示。

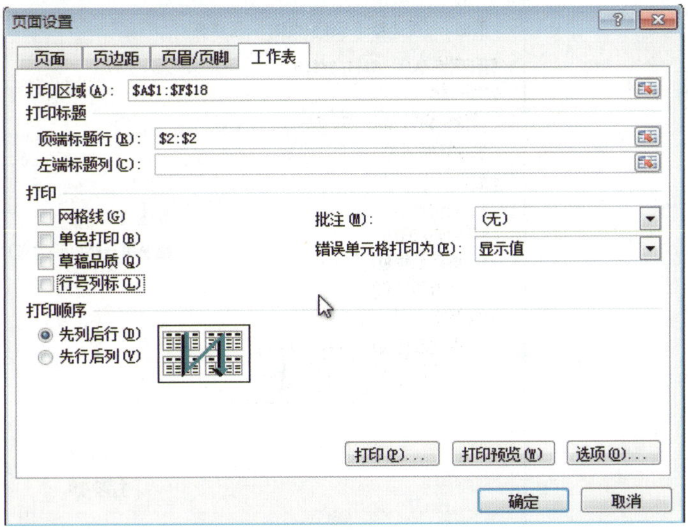

选择“单色打印”，则工作表以黑白的形式打印，不打印设置背景的颜色和图案。

选择“草稿品质”，则不打印出图形和边框。

图 6—18　打印设置示意图

选择“行号列标”，则可以打印出 Excel 中的行列标号。此项操作还可以通过选择“页面布局”|“工作表选项”栏中“标题”下面的“打印”操作来完成。

单击“错误单元格打印为”的下拉列表，如图 6—19 所示。

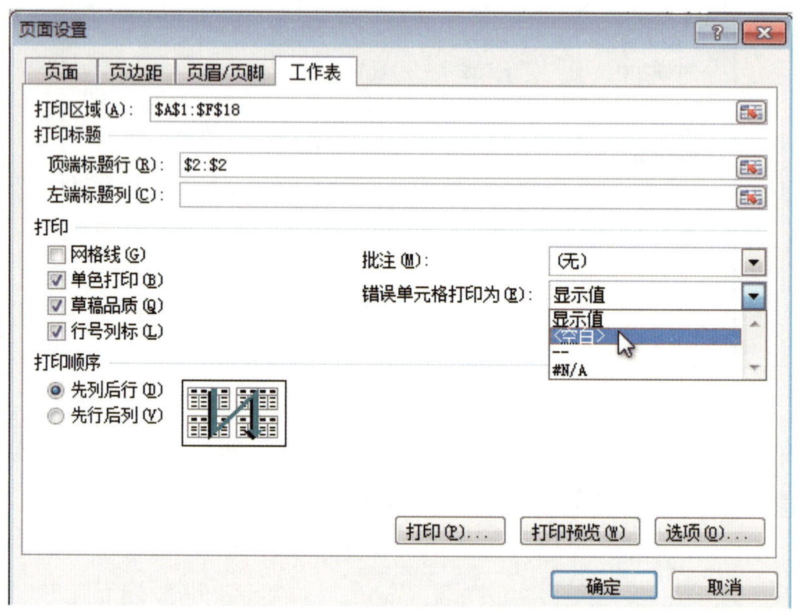

图 6—19 错误值打印设置示意图

单击“批注”的下拉列表，如图 6—20 所示。选择“工作表末尾”，则可以打印出设置的批注。

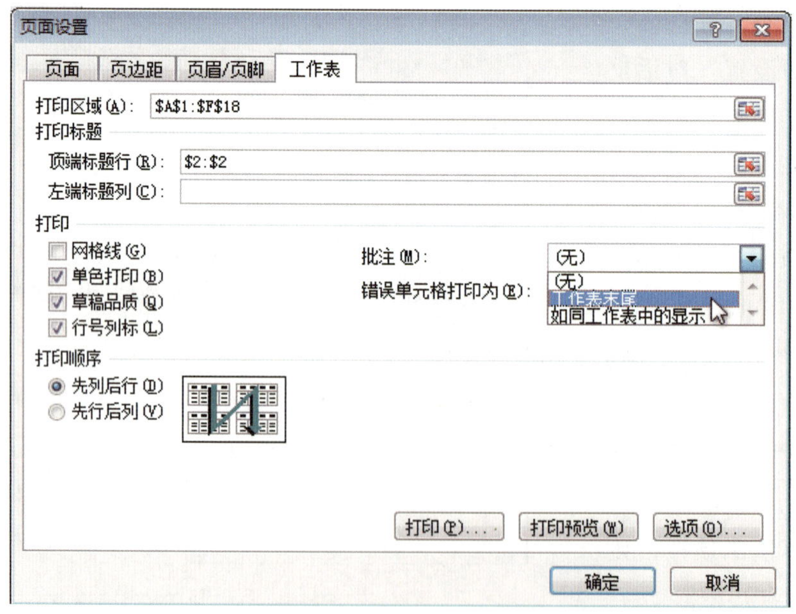

图 6—20 打印批注设置示意图

通常并不选择“如同工作表中的显示”，这样打印出的效果会影响工作表中的数据显示。

同时，还可以对打印的顺序进行设置，如“先列后行”或“先行后列”。

4. 不打印零值

打印时，如果用户不想让单元格内的“0”值打印出来，可进行如下操作。

单击“文件”选项卡，在下拉菜单中单击“选项”。在其对话框中选择“高级”，在“此工作表的显示选项”中清除“在具有零值的单元格中显示零”选项，如图 6—21 所示，单击“确定”按钮即可。

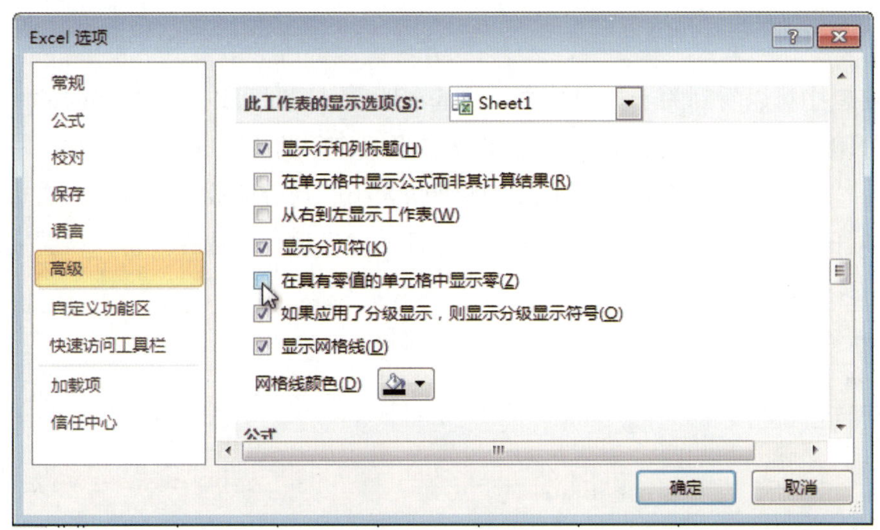

图 6—21　不打印零值设置示意图

5. 打印公式

在“Excel 选项”的“高级”对话框中选中“在单元格中显示公式而非其计算结果”选项，单击“确定”按钮或者同时按 Ctrl 键和“1”左侧的键。

6. 打印输出设置

在完成以上打印的设置后，还可以进行打印输出的设置，从而完成打印工作。单击“文件”选项卡，在其下拉菜单中单击“打印”，如图 6—22 所示，在右侧展开的打印窗口中，如图 6—23 所示。

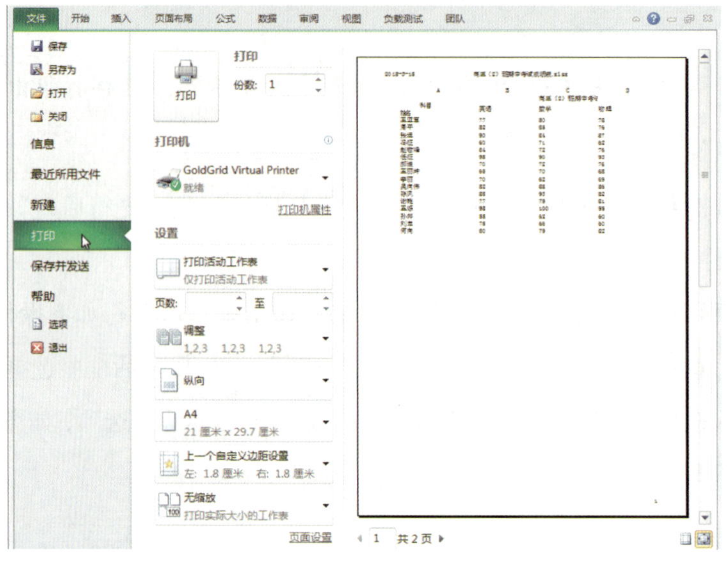

图 6—22 打开“打印内容”对话框

在此窗口中可以看到关于打印机的一些基本性质。同时可以设置打印时的一些参数。可以选择打印“份数”，选择打印机“属性”，设置打印的“区域”、“页数”、是否“单面打印”、“纵向”或“横向”打印、打印纸张大小、是否缩放打印等。而右边则是预览效果。在本任务中，选择“活动工作表”，并且在“份数”中选择 2 份，设置完成后示意图如图 6—24 所示。

图 6—23 “打印内容”对话框

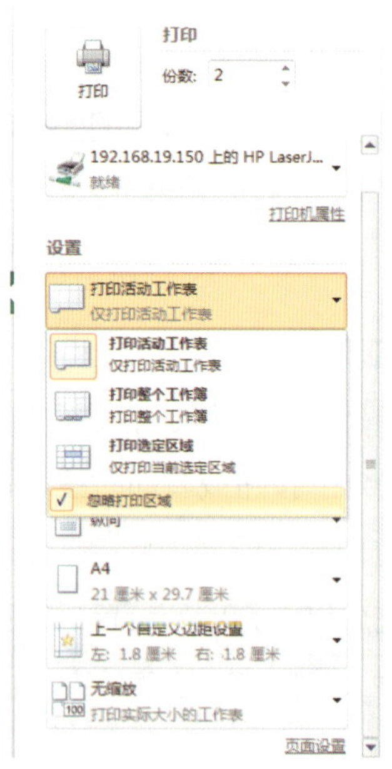

图 6—24 “打印内容”设置完成后示意图

提示　因为在前面已经设置了打印区域，那么此时在选择“活动工作表”的同时，还要选择“打印内容”中的“忽略打印区域”复选项。

设置完成后，单击“打印”按钮，打印机即按所设置的形式来打印工作表。

提示　如果不需对工作表进行上述的所有设置，则可单击“开始”选项卡，单击“打印”选项的“打印”按钮，即直接打印工作表。

7. 不同工作簿中多个工作表的打印

打开多个工作簿，单击要打印的第一个工作表，按住 Ctrl 键，同时单击其他工作簿中的工作表的标签。

单击“开始”选项卡，在其下拉菜单中单击“打印”，在其右侧展开的打印窗口中，选择“打印活动工作表”即可。

8. 多个工作簿的打印

（1）新建一个文件夹，把需要打印的工作簿都放到此文件夹中，如图 6—25 所示。

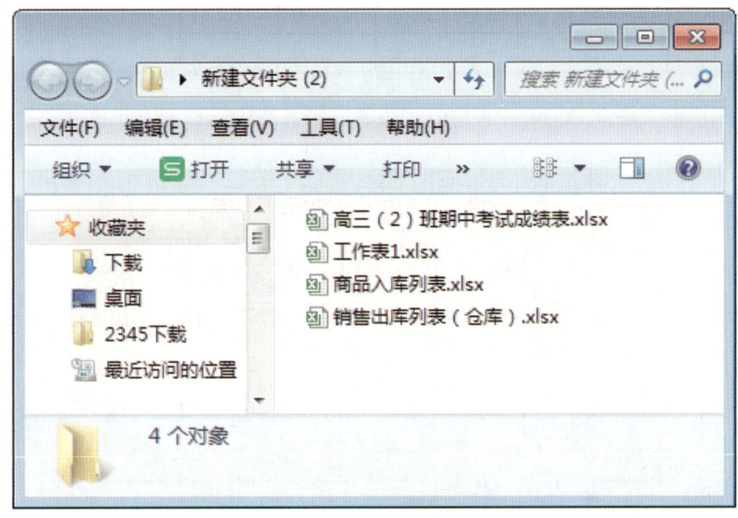

图 6—25　新建文件夹

（2）打开工作簿，单击工作表右下角的“分页预览”按钮，如图 6—26 所示，在分页预览模式下逐个查看工作表预览效果。

（3）页面格式需要调整的，直接拖动鼠标进行调整，如图 6—27 所示。

（4）需要调整纸张方向的，在“页面布局”菜单下的“纸

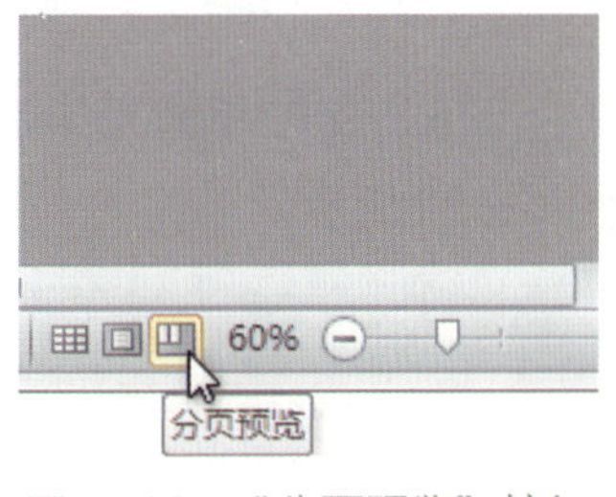

图 6-26　“分页预览”按钮

张方向”进行调整，如图 6—28 所示。

	A	B	C	D	E	F
1			高三（2）班期中考试成绩表			
2	科目 姓名	英语	数学	物理	化学	语文
3	王亚军	77	80	78	85	70
4	周平	82	85	76	86	80
5	张迪	90	84	87	82	88
6	冯征	60	71	62	59	65
7	赵敬峰	84	72	76	75	80
8	任征	95	90	93	90	89
9	郝迪	70	72	76	69	80
10	王丽坤	65	70	68	71	63
11	李丽	70	62	69	65	69
12	吴向伟	82	88	86	80	90
13	陈凤	88	93	82	86	75
14	谢艳	77	79	81	73	81
15	王烁	98	100	95	95	91
16	孙萍	55	62	60	59	65
17	刘忠	75	66	60	68	77
18	何向	80	79	82	85	80

图 6—27　调整页面格式

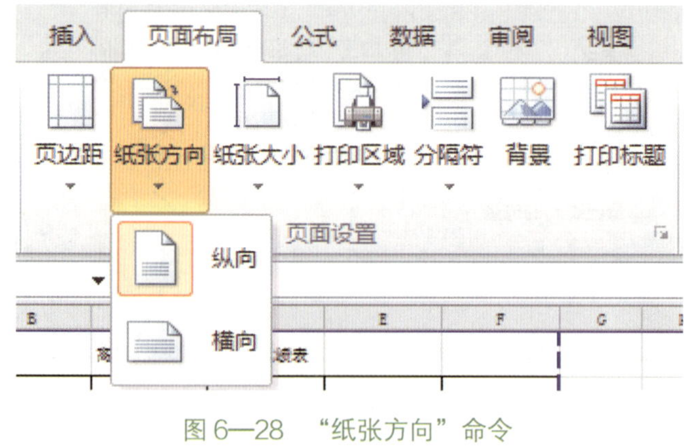

图 6—28　“纸张方向”命令

（5）格式调整完毕后，打开工作簿所在文件夹，选中所有需要打印的工作簿，如图 6—29 所示。

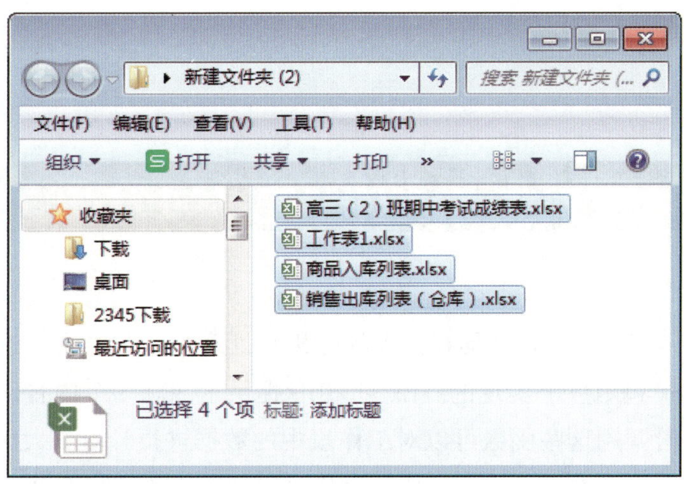

图 6—29　选中待打印文档

（6）右击，选择“打印”，如图 6—30 所示。

图 6—30　打印

打印前一定要预览，否则打印后才发现问题，只能重新打印，既浪费纸张，又浪费时间。

操作演示

1. 对“个人通讯录”工作表的打印设置“打印批注”“不打印错误值”“草稿打印”三项操作。

2. 将“个人通讯录”工作表打印 3 份，并且忽略任务 1 练习中设置的分页。

项目七　数值计算与分析

Excel 2010 具有强大的分析和处理数据的能力，这些主要是依靠公式和函数来实现的。Excel 2010 提供了 300 多个内置函数，在使用公式时调用这些函数可以对工作表中的数据进行计算，大大提高处理数据的能力。本项目将系统地学习公式和函数的基础知识以及应用方法。

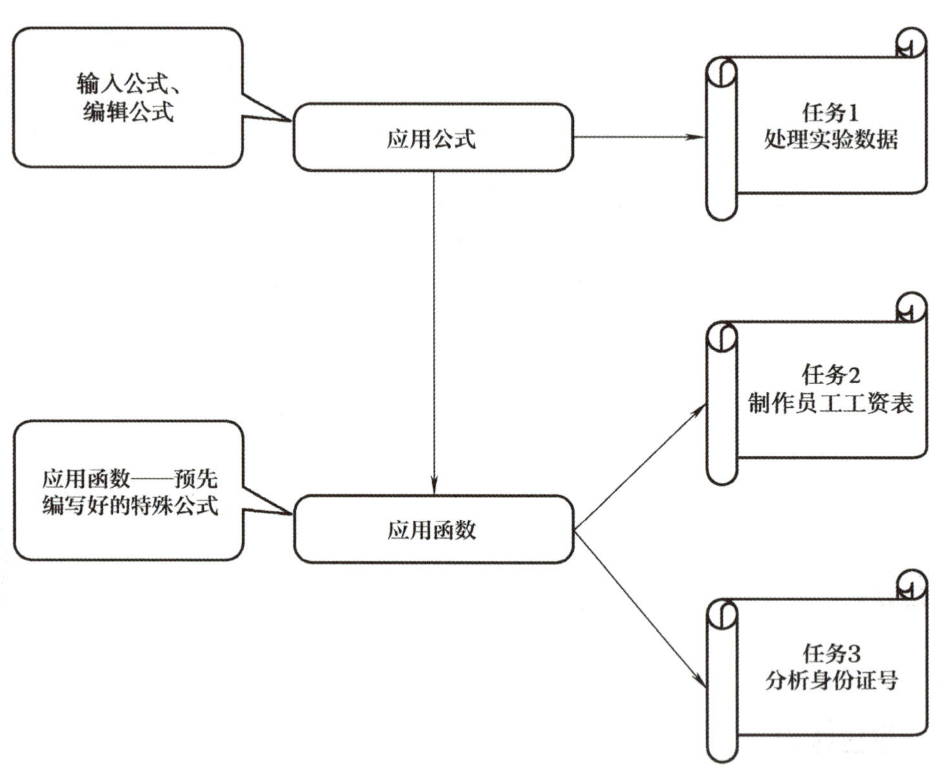

任务 1　处理实验数据

1. 能描述数据计算在 Excel 中的基础作用及公式的组成和作用。
2. 能完成公式处理数据的直接输入。

任务描述

本任务利用公式计算表 7—1 中实验数据的体积及密度。用到了公式包括：体积 = 长 × 宽 × 高，密度 = 质量 ÷ 体积。

表 7-1　　实验数据

	长 (cm)	宽 (cm)	高 (cm)	质量 (g)
试样 1	5.22	2.44	2.46	10.3
试样 2	6.54	2.43	2.65	23.2
试样 3	7/89	4.32	4.24	24.2
试样 4	3.43	2.46	3.55	3.52

1. 相关概念

公式：公式是对工作表中的数值执行计算的等式，以等号（ = ）开头。公式可以包括函数、引用、运算符和常量等。众所周知，圆的面积公式为：圆的面积 = π × 半径 ^{2}。公式的组成元素如图 7—1 所示的圆的面积公式。

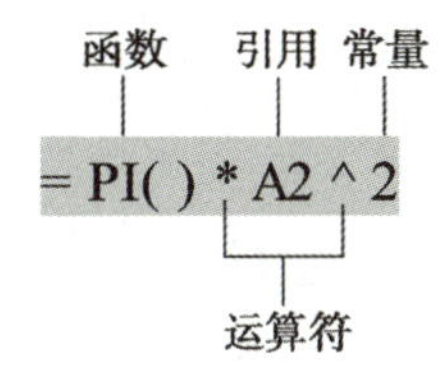

图 7—1　公式的组成

函数：函数是预先编写的公式，可以对一个或多个值执行运算，并且返回一个或多个值。函数可以简化和缩短公式，使用十分方便，尤其是在用公式执行

很长或者复杂的计算时。

引用：在图 7—1 所示的公式中，A2 返回单元格 A2 中的值，这里的 A2 就是引用。

运算符：运算符指一个标记或符号，指定表达式内执行的计算类型，包括数学、比较、逻辑和引用运算符等。例如，“∧”运算符表示将数字乘方，“*”表示数字相乘。

常量：常量是指在运算过程中不发生变化的量，也就是不用计算的值，如数字 20 及文本“收入”等都是常量。

2. 运算符

运算符用于对公式和函数中的元素进行特定的类型的运算。Excel 包含四种不同类型的计算运算符：算术运算符、比较运算符、文本连接运算符和引用运算符。

（1）算术运算符（见表 7—2）。若要完成基本的数学运算（如加法、减法或者乘法）、合并数字以及生成数值结果，就可以使用算术运算符。

表 7-2　　算术运算符

算术运算符	含义	示例
+（加号）	加法	3+3
–（减号）	减法或负数	3–1 或 –1
*（星号）	乘法	3*3
/（正斜杠）	除法	3/3
%（百分号）	百分比	20%
∧（脱字号）	乘方	3∧2

（2）比较运算符（见表 7—3）。比较运算符可以用于比较两个值，比较结果为逻辑值：TRUE 或者 FALSE。

表 7-3　　比较运算符

比较运算符	含义	示例
=（等号）	等于	A1=B1
>（大于号）	大于	A1>B
<（大于号）	小于	A1<B1
>=（大于等于号）	大于或等于	A1>=B1
<=（小于等于号）	小于或等于	A1<=B1
<>（不等号）	不等于	A1<>B1

（3）文本连接运算符（见表 7—4）。可以使用与号（&）连接或者连接一个或多个文本字符串，以生成一段文本。

表 7-4　　　　　　文本连接运算符

文本连接运算符	含义	示例
&（与号）	将两个值连接或串起来产生一个连续的文本值	North & wind

（4）引用运算符（见表 7—5）。可以利用引用运算符对单元格区域进行合并计算。

表 7-5　　　　　　引用运算符

文本连接运算符	含义	示例
:（冒号）	区域运算符，生成对两个引用之间所有单元格的引用（包括这两个引用）	B5:B15
,（逗号）	联合运算符，将多个引用合并为一个引用	SUM (B5:B15,D5:D15)
（空格）	交集运算符，生成对两个引用中共有的单元格的引用	B7:D7C6:C8

Excel 执行公式运算的次序包括计算次序和运算次序。公式按照特定的次序计算值。Excel 中的公式始终以等号（=）开头，等号后面是要计算的元素（元素数），各元素之间由运算符分隔。Excel 按照公式中每个运算符的特定次序从左至右计算公式。如果公式中含有多个运算符，Excel 将按照表 7—6 的顺序进行排列，如果公式中包含相同优先级的运算符，则 Excel 按照从左到右的顺序进行计算。

表 7-6　　　　　　运算符优先级

运算符	说明
:　,（空格）	引用运算符
–	负数（如 –5）
%	百分比
∧	乘方
*　/	乘和除
+　–	加和减
&	连接两个文本字符串（串连）
= < > < = > = < >	比较运算符

若要更改求值的顺序，请将公式中要先计算的部分用括号括起来。例如，“=5+4*2”

首先将 4 与 2 相乘，再用其乘积和 5 求和；但是加上括号对其语法更改，“=(5+4)*2”将先求出 5 和 4 的和，再用结果乘以 2 得值 18。

（1）启动 Excel 2010，新建空白工作簿，将其保存命名为“实验数据的处理”。

（2）在工作表中输入如图 7—2 所示的内容，“长”“宽”“高”“体积”等和试样名称。

	A	B	C	D	E	F	G
1		长（cm）	宽（cm）	高（cm）	体积（cm^3）	质量（g）	密度（g/cm^3）
2	试样1						
3	试样2						
4	试样3						
5	试样4						

图 7—2　输入表格元素

在输入单位“cm^3”时，可以选中需要上标的字符“3”，右击，在出现的快捷菜单中选择“设置单元格格式”，选择设置上标。

（3）在表格中将实验中用尺测得的试样的长、宽、高，天平测得的质量，分别输入表中相应位置，如图 7—3 所示。

	A	B	C	D	E	F	G
1		长（cm）	宽（cm）	高（cm）	体积（cm^3）	质量（g）	密度（g/cm^3）
2	试样1	5.22	2.44	2.46		10.3	
3	试样2	6.54	2.43	2.65		23.2	
4	试样3	7.89	4.32	3.24		24.2	
5	试样4	3.43	2.46	3.55		23.5	

图 7—3　输入实验测量的数据

（4）根据“体积 = 长 × 宽 × 高”，计算试样 1 的体积，在单元格 E2 中（或者编辑栏中）输入公式“=B2*C2*D2”（* 代表乘号），如图 7—4 所示，输入公式过程中引用单元格可以用单击。例如，单击单元格 B2，再键入“*”，用这种方法进行输入。输入完毕后，按回车键（或者单击编辑栏上的“输入”按钮 ☑）即可在单元格 E2 返回计算值，如图 7—5 所示。

SUM　=B2*C2*D2

	A	B	C	D	E	F	G
1		长（cm）	宽（cm）	高（cm）	体积（cm^3）	质量（g）	密度（g/cm^3）
2	试样1	5.22	2.44	2.46	=B2*C2*D2	10.3	
3	试样2	6.54	2.43	2.65		23.2	
4	试样3	7.89	4.32	3.24		24.2	
5	试样4	3.43	2.46	3.55		23.5	
6							

图 7—4　输入公式

E3						
	A	B	C	D	E	F	G

	A	B	C	D	E	F	G
1		长（cm）	宽（cm）	高（cm）	体积（cm^3）	质量（g）	密度（g/cm^3）
2	试样1	5.22	2.44	2.46	31.332528	10.3	
3	试样2	6.54	2.43	2.65		23.2	
4	试样3	7.89	4.32	3.24		24.2	
5	试样4	3.43	2.46	3.55		23.5	
6							

图 7—5　输入公式后计算值

这时想要将“体积”的小数位数设置为保留小数点后 2 位，需要选择单元格 E2 内的数值，右，在快捷菜单中选择“设置单元格格式”，在出现的“设置单元格格式”对话框中选择“数字”选项卡，“数值”选项，“小数位数”更改为 2，随后单击“确认”按钮，如图 7—6 所示。还可以选中单元格后，在功能区“开始”选项卡“数字”组中选择“减少小数位数”按钮 ，单击数次，直到小数点后为 2 位为止。

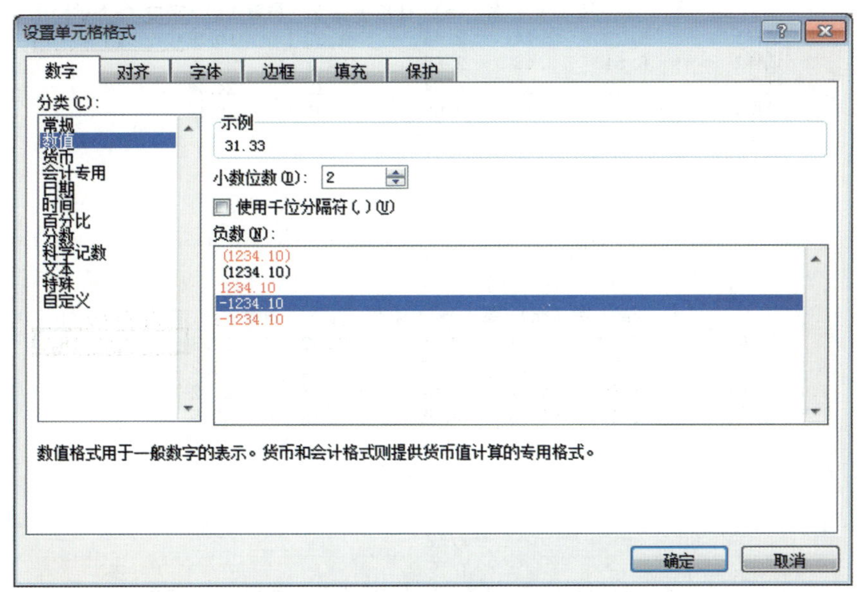

图 7—6　“设置单元格格式”对话框

鼠标指针放在单元格 E2 右下角，当鼠标指针变成黑色十字填充柄时，按住鼠标左键拖动选择单元格区域 E2:E5，如图 7—7 所示。然后释放鼠标左键，4 个试样的体积都被计算出了，填充公式后的表格如图 7—8 所示。

	A	B	C	D	E	F	G
1		长（cm）	宽（cm）	高（cm）	体积（cm^3）	质量（g）	密度（g/cm^3）
2	试样1	5.22	2.44	2.46	31.33	10.3	
3	试样2	6.54	2.43	2.65		23.2	
4	试样3	7.89	4.32	3.24		24.2	
5	试样4	3.43	2.46	3.55		23.5	
6							

图 7—7　填充柄填充公式

E2 =B2*C2*D2

	A	B	C	D	E	F	G
1		长（cm）	宽（cm）	高（cm）	体积（cm³）	质量（g）	密度（g/cm³）
2	试样1	5.22	2.44	2.46	31.33	10.3	
3	试样2	6.54	2.43	2.65	42.11	23.2	
4	试样3	7.89	4.32	3.24	110.43	24.2	
5	试样4	3.43	2.46	3.55	29.95	23.5	
6							
7							

图 7—8　填充公式的后效果

（5）根据“密度 = 质量 ÷ 体积”，在 G2 单元格内输入公式“=F2/E2”，如图 7—9 所示，密度计算值如图 7—10 所示。将密度计算值用 设置成保留小数点后 2 位，并且用填充柄填充结果到单元格区域 G3:G5，填充后的效果如图 7—11 所示。

SUM =F2/E2

	A	B	C	D	E	F	G
1		长（cm）	宽（cm）	高（cm）	体积（cm³）	质量（g）	密度（g/cm³）
2	试样1	5.22	2.44	2.46	31.33	10.3	=F2/E2
3	试样2	6.54	2.43	2.65	42.11	23.2	
4	试样3	7.89	4.32	3.24	110.43	24.2	
5	试样4	3.43	2.46	3.55	29.95	23.5	
6							

图 7—9　输入密度公式

G2 =F2/E2

	A	B	C	D	E	F	G
1		长（cm）	宽（cm）	高（cm）	体积（cm³）	质量（g）	密度（g/cm³）
2	试样1	5.22	2.44	2.46	31.33	10.3	0.328731853
3	试样2	6.54	2.43	2.65	42.11	23.2	
4	试样3	7.89	4.32	3.24	110.43	24.2	
5	试样4	3.43	2.46	3.55	29.95	23.5	

图 7—10　密度计算值

G2 =F2/E2

	A	B	C	D	E	F	G
1		长（cm）	宽（cm）	高（cm）	体积（cm³）	质量（g）	密度（g/cm³）
2	试样1	5.22	2.44	2.46	31.33	10.3	0.33
3	试样2	6.54	2.43	2.65	42.11	23.2	0.55
4	试样3	7.89	4.32	3.24	110.43	24.2	0.22
5	试样4	3.43	2.46	3.55	29.95	23.5	0.78
6							
7							

图 7—11　填充密度计算值

（6）编辑公式。若需要修改公式，则只需要单击需要修改的单元格 G3，单击编辑栏（或者双击单元格 G3，或者选中单元格后按 F2 键），出现插入点后，就可以修改（见图 7—12），修改公式完毕后，按回车键或者 Esc 键（或单击编辑栏中的“输入”按钮 ）即可退出编辑公式状态，修改公式后计算结果如图 7—13 所示。

若要复制和移动公式，操作与复制和移动单元格的方法基本相同。只是对于公式的移动和复制，会产生单元格地址的变化，也就是单元格引用位置发生变化，并同时会影响计算结果。例如，在本工作表中，选中单元格 G3，右击，选择“复制”（若要移动则选择“剪切”），在需要复制的目标地址单元格 H5 中右击，选择“粘贴”，即可完成操作。单元格 H5 的计算结果为 0.03，证明不仅复制了单元格 G3 的公式，还复制了单元格 G3 的公式的格式（保留小数点后两位），查看单元格 H3 的公式，如图 7—14 所示，可以看到公式的相对引用位置发生了变化。

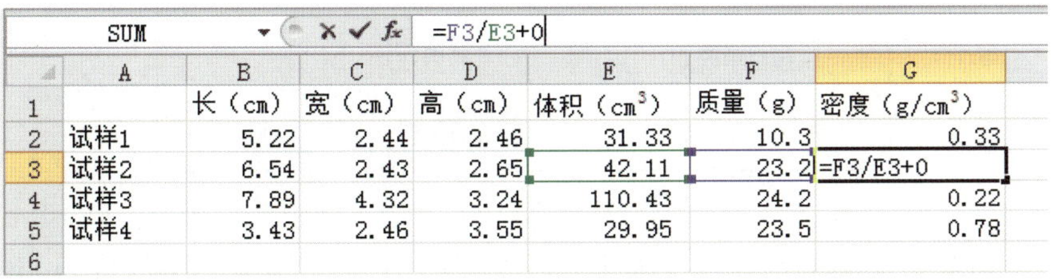

SUM　=F3/E3+0

	A	B	C	D	E	F	G
1		长（cm）	宽（cm）	高（cm）	体积（cm³）	质量（g）	密度（g/cm³）
2	试样1	5.22	2.44	2.46	31.33	10.3	0.33
3	试样2	6.54	2.43	2.65	42.11	23.2	=F3/E3+0
4	试样3	7.89	4.32	3.24	110.43	24.2	0.22
5	试样4	3.43	2.46	3.55	29.95	23.5	0.78
6							

图 7—12　修改公式

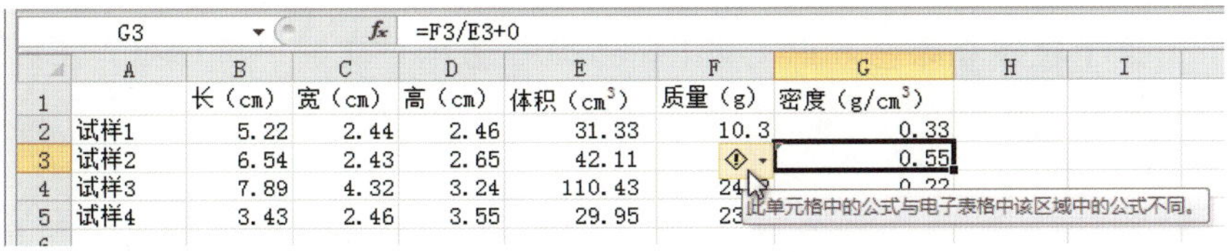

G3　=F3/E3+0

	A	B	C	D	E	F	G	H	I
1		长（cm）	宽（cm）	高（cm）	体积（cm³）	质量（g）	密度（g/cm³）		
2	试样1	5.22	2.44	2.46	31.33	10.3	0.33		
3	试样2	6.54	2.43	2.65	42.11		0.55		
4	试样3	7.89	4.32	3.24	110.43	24			
5	试样4	3.43	2.46	3.55	29.95	23			

此单元格中的公式与电子表格中该区域中的公式不同。

图 7—13　修改公式后的计算结果

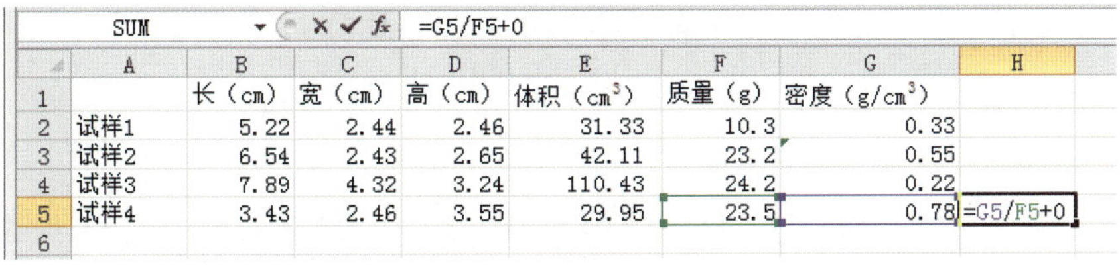

SUM　=G5/F5+0

	A	B	C	D	E	F	G	H
1		长（cm）	宽（cm）	高（cm）	体积（cm³）	质量（g）	密度（g/cm³）	
2	试样1	5.22	2.44	2.46	31.33	10.3	0.33	
3	试样2	6.54	2.43	2.65	42.11	23.2	0.55	
4	试样3	7.89	4.32	3.24	110.43	24.2	0.22	
5	试样4	3.43	2.46	3.55	29.95	23.5	0.78	=G5/F5+0
6								

图 7—14　公式的复制

若要删除公式，可以只删除公式保留计算结果，操作时，选中单元格 H5，右击选择“复制”，再保持对单元格 H5 的选定，右键选择“选择性粘贴”选项，在出现的“选择性粘贴”对话框中选择“数值”复选框，之后单击“确定”按钮即可，如图 7—15 所示。

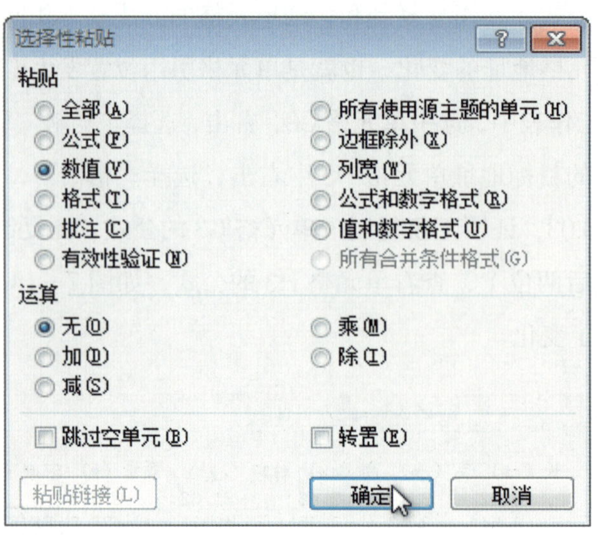

图 7—15 公式的删除

要将公式和单元格中的计算结果都删除，只要选中单元格 H5 后按 Delete 键即可删除。

"实验数据"素材可通过网站 http://jg.class.com.cn 下载，位于软件资源包"中文版 Excel 2010 基础与实训 / 项目七 / 任务 1"中。

操作演示

巩固练习

计算项目一中"学生成绩表"中各学生的总分和平均分。

任务 2 制作员工工资表

1. 能描述数据计算在 Excel 中的基础作用。
2. 能运用函数计算处理数据。

任务描述

本任务利用 VLOOKUP、IF 和 SUM 函数制作一个如图 7—16 所示的员工工资表。

工资表.xlsx - Microsoft Excel

	B	C	D
1	部门名称	类别编号	类别名称
2	办公室	L01	销售人员
3	技术部	L02	技术人员
4	销售部	L03	管理人员
5	人事部	L04	培训人员
6	财务部	L05	会计人员

	B	C	D	E	F	G	H	I	J	K	L	M
8	员工名称	部门编号	部门名称	类别编号	类别名称	基本工资	房屋补贴	通讯补贴	奖金	应发工资	个人所得税	实发工资
9	王华	B03	销售部	L01	销售人员	2000	135.5	50	2800	4985.5	0.00	4985.50
10	李蕾	B04	人事部	L04	培训人员	1800	135.5	50	2500	4485.5	0.00	4485.50
11	赵燕	B01	办公室	L03	管理人员	4000	800	100	2000	6900	57.00	6843.00
12	王积新	B04	人事部	L04	培训人员	1800	132	50	2500	4482	0.00	4482.00
13	刘涛	B05	财务部	L05	会计人员	1600	165	50	2000	3815	0.00	3815.00
14	杨晓芸	B03	销售部	L01	销售人员	2000	157	50	4000	6207	36.21	6170.79
15	周海燕	B02	技术部	L02	技术人员	3000	163.5	100	3000	6263.5	37.91	6225.60
16	郭欣欣	B04	人事部	L04	培训人员	2200	157	80	3500	5937	28.11	5908.89

图 7—16　员工工资表

VLOOKUP 函数可以在数组第 1 列中查找，然后在行之间移动以返回单元格的值，在员工工资表中利用 VLOOKUP 函数根据“部门编号”在数组数据中找到并返回相对应第 2 行的“部门名称”，同样的方法利用“类别编号”可以得到“类别名称”，减少了输入量，并提高了输入数据的正确率。SUM 函数可以求一系列数据的和，工资表中的加法可以利用此函数。IF 函数可以指定要执行的逻辑检测，在工资表个人所得税的计算中可以用它来检测是否需要纳税后进行计算。

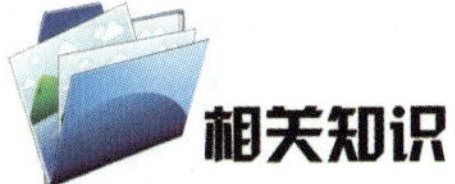

相关知识

函数是预先编写好的特殊公式，用于代替一些固定算法的公式。在 Excel 中，使用函数计算处理数据，可以简化公式，输入和处理都更加方便快捷。

函数由“=”“函数名”以及“参数”组成，每一个函数都有相应的语法规则，在函数的使用过程中必须遵守。函数参数的类型，根据函数类型的不同，常量、单元格引用、其他函数都可以作为函数的参数。

Excel 函数的类型包括数据库函数、财务、日期和时间、工程、信息、逻辑、查找和引用、数学和三角、统计、文本和数据、加载宏和自动化函数、多维数据集函数等。表 7—7 至表 7—18 分别介绍了 Excel 提供的数百种函数的语法规则和功能。

表 7-7　加载宏和自动化函数

函数	说明
CALL	调用动态链接库或代码源中的过程
EUROCONVERT	用于将数字转换为欧元形式，将数字由欧元形式转换为欧元成员国货币形式，或利用欧元作为中间货币，将数字由某一欧元成员国货币转化为另一欧元成员国货币形式（三角转换关系）
GETPIVOTDATA	返回存储在数据透视表中的数据
REGISTER.ID	返回已注册过的指定动态链接库（DLL）或代码源的注册号
SQL REQUEST	连接到一个外部的数据源并从工作表中运行查询，然后将查询结果以数组的形式返回，无须进行宏编程

表 7-8　多维数据集函数

函数	说明
CUBEKPIMEMBER	返回重要性能指标（KPI）名称、属性和度量，并显示单元格中的名称和属性。KPI 是一项用于监视单位业绩的可量化的指标，如每月总利润或每季度雇员调整
CUBEMEMBER	返回多维数据集层次结构中的成员或元组。用于验证多维数据集内是否存在成员或元组
CUBEMEMBERPROPERTY	返回多维数据集内成员属性的值。用于验证多维数据集内是否存在某个成员名并返回此成员的指定属性
CUBERANKEDMEMBER	返回集合中的第 *n* 个或排在一定名次的成员。用于返回集合中的一个或多个元素，如业绩排在前几名的销售人员或前 10 名学生
CUBESET	通过向服务器上的多维数据集发送集合表达式来定义一组经过计算的成员或元组（这会创建该集合），然后将该集合返回到 Microsoft Excel。用 CUBESETCOUNT 函数可返回集合中的项数
CUBEVALUE	返回多维数据集内的汇总值

表 7-9　数据库函数

函数	说明
DAVERAGE	返回所选数据库条目的平均值
DCOUNT	计算数据库中包含数字的单元格的数量
DCOUNTA	计算数据库中非空单元格的数量

续表

函数	说明
DGET	从数据库提取符合指定条件的单个记录
DMAX	返回所选数据库条目的最大值
DMIN	返回所选数据库条目的最小值
DPRODUCT	将数据库中符合条件的记录的特定字段中的值相乘
DSTDEV	基于所选数据库条目的样本估算标准偏差
DSTDEVP	基于所选数据库条目的样本总体计算标准偏差
DSUM	对数据库中符合条件的记录的字段列中的数字求和
DVAR	基于所选数据库条目的样本估算方差
DVARP	基于所选数据库条目的样本总体计算方差

表 7-10　日期和时间函数

函数	说明
DATE	返回特定日期的序列号
DATEVALUE	将文本格式的日期转换为序列号
DAY	将序列号转换为月份日期
DAYS360	以一年 360 天为基准计算两个日期间的天数
EDATE	返回用于表示开始日期之前或之后月数的日期的序列号
EOMONTH	返回指定月数之前或之后的月份的最后一天的序列号
HOUR	将序列号转换为小时
MINUTE	将序列号转换为分钟
MONTH	将序列号转换为月
NETWORKDAYS	返回两个日期间的全部工作日数
NOW	返回当前日期和时间的序列号
SECOND	将序列号转换为秒
TIME	返回特定时间的序列号
TIMEVALUE	将文本格式的时间转换为序列号

续表

函数	说明
TODAY	返回今天日期的序列号
WEEKDAY	将序列号转换为星期日期
WEEKNUM	将序列号转换为代表该星期为一年中第几周的数字
WORKDAY	返回指定的若干个工作日之前或之后的日期的序列号
YEAR	将序列号转换为年
YEARFRAC	返回代表 start_date 和 end_date 之间整天天数的年份数

表 7-11　　工程函数

函数	说明
BESSELI	返回修正的贝赛耳函数 $I_n(x)$
BESSELJ	返回贝赛耳函数 $J_n(x)$
BESSELK	返回修正的贝赛耳函数 $K_n(x)$
BESSELY	返回贝赛耳函数 $Y_n(x)$
BIN2DEC	将二进制数转换为十进制数
BIN2HEX	将二进制数转换为十六进制数
BIN2OCT	将二进制数转换为八进制数
COMPLEX	将实系数和虚系数转换为复数
CONVERT	将数字从一种度量系统转换为另一种度量系统续表函数说明
DEC2BIN	将十进制数转换为二进制数
DEC2HEX	将十进制数转换为十六进制数
DEC2OCT	将十进制数转换为八进制数
DELTA	检验两个值是否相等
ERF	返回误差函数
ERFC	返回互补错误函数
GESTEP	检验数字是否大于阈值
HEX2BIN	将十六进制数转换为二进制数
HEX2DEC	将十六进制数转换为十进制数

续表

函数	说明
HEX2OCT	将十六进制数转换为八进制数
IMABS	返回复数的绝对值（模数）
IMAGINARY	返回复数的虚系数
IMARGUMENT	返回参数 theta，即以弧度表示的角
IMCONJUGATE	返回复数的共轭复数
IMCOS	返回复数的余弦
IMDIV	返回两个复数的商
IMEXP	返回复数的指数
IMLN	返回复数的自然对数
IMLOG10	返回复数的以 10 为底的对数
IMLOG2	返回复数的以 2 为底的对数
IMPOWER	返回复数的整数幂
IMPRODUCT	返回从 2 到 29 的复数的乘积
IMREAL	返回复数的实系数
IMSIN	返回复数的正弦
IMSQRT	返回复数的平方根
IMSUB	返回两个复数的差
IMSUM	返回多个复数的和
OCT2BIN	将八进制数转换为二进制数
OCT2DEC	将八进制数转换为十进制数
OCT2HEX	将八进制数转换为十六进制数

表 7-12　　财务函数

函数	说明
ACCRINT	返回定期支付利息的债券的应计利息
ACCRINTM	返回在到期日支付利息的债券的应计利息
AMORDEGRC	返回使用折旧系数的每个记账期的折旧值

续表

函数	说明
AMORLINC	返回每个记账期的折旧值
COUPDAYBS	返回从付息期开始到成交日之间的天数
COUPDAYS	返回包含成交日的付息期天数
COUPDAYSNC	返回从成交日到下一付息日之间的天数
COUPNCD	返回成交日之后的下一个付息日
COUPNUM	返回成交日和到期日之间的应付利息次数
COUPPCD	返回成交日之前的上一付息日
CUMIPMT	返回两个付款期之间累积支付的利息
CUMPRINC	返回两个付款期之间为贷款累积支付的本金
DB	使用固定余额递减法，返回一笔资产在给定期间内的折旧值
DDB	使用双倍余额递减法或其他指定方法，返回一笔资产在给定期间内的折旧值
DISC	返回债券的贴现率
DOLLARDE	将以分数表示的价格转换为以小数表示的价格
DOLLARFR	将以小数表示的价格转换为以分数表示的价格
DURATION	返回定期支付利息的债券的每年期限
EFFECT	返回年有效利率
FV	返回一笔投资的未来值
FVSCHEDULE	返回应用一系列复利率计算的初始本金的未来值
INTRATE	返回完全投资型债券的利率
IPMT	返回一笔投资在给定期间内支付的利息
IRR	返回一系列现金流的内部收益率
ISPMT	计算特定投资期内要支付的利息
MDURATION	为假定面值为 100 元的债券返回麦考利修正持续时间
MIRR	返回正和负现金流以不同利率进行计算的内部收益率
NOMINAL	返回年度的名义利率
NPER	返回投资的期数

续表

函数	说明
NPV	返回基于一系列定期的现金流和贴现率计算的投资的净现值
ODDFPRICE	返回每张票面为 100 元且第一期为奇数的债券的现价
ODDFYIELD	返回第一期为奇数的债券的收益续表
ODDLPRICE	返回每张票面为 100 元且最后一期为奇数的债券的现价
ODDLYIELD	返回最后一期为奇数的债券的收益
PMT	返回年金的定期支付金额
PPMT	返回一笔投资在给定期间内偿还的本金
PRICE	返回每张票面为 100 元且定期支付利息的债券的现价
PRICEDISC	返回每张票面为 100 元的已贴现债券的现价
PRICEMAT	返回每张票面为 100 元且在到期日支付利息的债券的现价
PV	返回投资的现值，用 RATE 函数可返回年金的各期利率
RECEIVED	返回完全投资型债券在到期日收回的金额
SLN	返回固定资产的每期线性折旧费
SYD	返回某项固定资产按年限总和折旧法计算的每期折旧金额
TBILLEQ	返回国库券的等价债券收益
TBILLPRICE	返回面值 100 元的国库券的价格
TBILLYIELD	返回国库券的收益率
VDB	使用余额递减法，返回一笔资产在给定期间或部分期间内的折旧值
XIRR	返回一组现金流的内部收益率，这些现金流不一定定期发生
XNPV	返回一组现金流的净现值，这些现金流不一定定期发生
YIELD	返回定期支付利息的债券的收益
YIELDDISC	返回已贴现债券的年收益，例如，短期国库券
YIELDMAT	返回在到期日支付利息的债券的年收益

表 7-13 信息函数

函数	说明
CELL	返回有关单元格格式、位置或内容的信息
ERROR.TYPE	返回对应于错误类型的数字
INFO	返回有关当前操作环境的信息
ISBLANK	如果值为空，则返回 TRUE
ISERR	如果值为除 #N/A 以外的任何错误值，则返回 TRUE
ISERROR	如果值为任何错误值，则返回 TRUE
ISEVEN	如果数字为偶数，则返回 TRUE
ISLOGICAL	如果值为逻辑值，则返回 TRUE
ISNA	如果值为错误值 #N/A，则返回 TRUE
ISNONTEXT	如果值不是文本，则返回 TRUE
ISNUMBER	如果值为数字，则返回 TRUE
ISODD	如果数字为奇数，则返回 TRUE
ISREF	如果值为引用值，则返回 TRUE
ISTEXT	如果值为文本，则返回 TRUE，可用 N 函数返回转换为数字的值
NA	返回错误值 #N/A
TYPE	返回表示值的数据类型的数字

表 7-14 逻辑函数

函数	说明
AND	如果其所有参数均为 TRUE，则返回 TRUE
FALSE	返回逻辑值 FALSE
IF	指定要执行的逻辑检测
NOT	对其参数的逻辑求反
OR	如果任一参数为 TRUE，则返回 TRUE
TRUE	返回逻辑值 TRUE

表 7-15　查找和引用函数

函数	说明
ADDRESS	以文本形式将引用值返回到工作表的单个单元格
AREAS	返回引用中涉及的区域个数
CHOOSE	从值的列表中选择值
COLUMN	返回引用的列号
COLUMNS	返回引用中包含的列数
GETPIVOTDATA	返回存储在数据透视表中的数据
HLOOKUP	查找数组的首行，并返回指定单元格的值
HYPERLINK	创建快捷方式或跳转，以打开存储在网络服务器、Intranet 或 Internet 上的文档
INDEX	使用索引从引用或数组中选择值
INDIRECT	返回由文本值指定的引用
LOOKUP	在向量或数组中查找值
MATCH	在引用或数组中查找值续表
OFFSET	从给定引用中返回引用偏移量
ROW	返回引用中的行号
ROWS	返回引用中的行数
RTD	从支持 COM 自动化［自动化：从其他应用程序或开发工具使用应用程序的对象的方法。以前称为“OLE 自动化”，自动化是一种工业标准和组件对象模型（COM）功能］的程序中检索实时数据
TRANSPOSE	返回数组的转置
VLOOKUP	在数组第 1 列中查找，然后在行之间移动以返回单元格的值

表 7-16　数学和三角函数

函数	说明
ABS	返回数字的绝对值
ACOS	返回数字的反余弦值
ACOSH	返回数字的反双曲余弦值
ASIN	返回数字的反正弦值

续表

函数	说明
ASINH	返回数字的反双曲正弦值
ATAN	返回数字的反正切值
ATAN2	返回 X 和 Y 坐标的反正切值
ATANH	返回数字的反双曲正切值
CEILING	将数字舍入为最接近的整数或最接近的指定基数的倍数
COMBIN	返回给定数目对象的组合数
COS	返回数字的余弦值
COSH	返回数字的双曲余弦值
DEGREES	将弧度转换为度
EVEN	将数字向上舍入到最接近的偶数
EXP	返回 e 的 n 次方
FACT / FACTDOUBLE	返回数字的阶乘 / 双倍阶乘
FLOOR	向绝对值减小的方向舍入数字
GCD	返回最大公约数
INT	将数字向下舍入到最接近的整数
LCM	返回最小公倍数
LN	返回数字的自然对数
LOG	返回数字的以指定底为底的对数
LOG10	返回数字的以 10 为底的对数
MDETERM	返回数组的矩阵行列式的值
MINVERSE	返回数组的逆矩阵
MMULT	返回两个数组的矩阵乘积
MOD	返回除法的余数
MROUND	返回一个舍入到所需倍数的数字
MULTINOMIAL	返回一组数字的多项式
ODD	将数字向上舍入为最接近的奇数

续表

函数	说明
PI	返回 π 的值
POWER	返回数的乘幂
PRODUCT	将其参数相乘
QUOTIENT	返回除法的整数部分
RADIANS	将度转换为弧度
RAND	返回 0 和 1 之间的一个随机数
RANDBETWEEN	返回位于两个指定数之间的一个随机数
ROMAN	将阿拉伯数字转换为罗马数字
ROUND	将数字按指定位数舍入
ROUNDDOWN	向绝对值减小的方向舍入数字
ROUNDUP	向绝对值增大的方向舍入数字
SERIESSUM	返回基于公式的幂级数的和
SIGN	返回数字的符号
SIN	返回给定角度的正弦值
SINH	返回数字的双曲正弦值
SQRT	返回正平方根
SQRTPI	返回某数与 π 的乘积的平方根
SUB TOTAL	返回列表或数据库中的分类汇总
SUM	求参数的和
SUMIF	按给定条件对若干单元格求和
SUMIFS	在区域中添加满足多个条件的单元格
SUMPRODUCT	返回对应的数组元素的乘积和
SUMSQ	返回参数的平方和
SUMX2MY2	返回两数组中对应值平方差之和
SUMX2PY2	返回两数组中对应值的平方和之和
SUMXMY2	返回两个数组中对应值差的平方和

续表

函数	说明
TAN	返回数字的正切值
TANH	返回数字的双曲正切值
TRUNC	将数字截尾取整

表 7-17 统计函数

函数	说明
AVEDEV	返回数据点与它们的平均值的绝对偏差平均值
AVERAGE	返回其参数的平均值
AVERAGEA	返回其参数的平均值，包括数字、文本和逻辑值
AVERAGEIF	返回区域中满足给定条件的所有单元格的平均值（算术平均值）
AVERAGEIFS	返回满足多个条件的所有单元格的平均值（算术平均值）
BETADIST	返回 Beta 累积分布函数
BETAINV	返回指定 Beta 分布的累积分布函数的反函数
BINOMDIST	返回一元二项式分布的概率值
CHIDIST	返回 χ^2 分布的单尾概率
CHIINV	返回 γ^2 分布的单尾概率的反函数
CHITEST	返回独立性检验值
CONFIDENCE	返回总体平均值的置信区间
CORREL	返回两个数据集之间的相关系数
COUNT	计算参数列表中数字的个数
COUNTA	计算参数列表中值的个数
COUNTBLANK	计算区域内空白单元格的数量
COUNTIF	计算区域内非空单元格的数量
COVAR	返回协方差，成对偏差乘积的平均值
CRITBINOM	返回使累积二项式分布小于或等于临界值的最小值
DEVSQ	返回偏差的平方和

续表

函数	说明
EXPONDIST	返回指数分布
FDIST	返回 F 概率分布
FINV	返回 F 概率分布的反函数值
FISHER	返回 Fisher 变换值
FISHERINV	返回 Fisher 变换的反函数值
FORECAST	返回沿线性趋势的值
FREQUENCY	以垂直数组的形式返回频率分布
FTEST	返回 F 检验的结果
GAMMADIST	返回 γ 分布
GAMMAINV	返回 γ 累积分布函数的反函数
GAMMALN	返回 γ 函数的自然对数，$\Gamma(x)$
GEOMEAN	返回几何平均值
GROWTH	返回沿指数趋势的值
HARMEAN	返回调和平均值
HYPGEOMDIST	返回超几何分布
INTERCEPT	返回线性回归线的截距
KURT	返回数据集的峰值
LARGE	返回数据集中第 k 个最大值
LINEST	返回线性趋势的参数
LOGEST	返回指数趋势的参数
LOGINV	返回对数分布函数的反函数
LOGNORMDIST	返回对数累积分布函数
MAX	返回参数列表中的最大值
MAXA	返回参数列表中的最大值，包括数字、文本和逻辑值
MEDIAN	返回给定数值集合的中值
MIN	返回参数列表中的最小值

续表

函数	说明
MINA	返回参数列表中的最小值，包括数字、文本和逻辑值
MODE	返回在数据集内出现次数最多的值
NEGBINOMDIST	返回负二项式分布
NORMDIST	返回正态累积分布
NORMINV	返回标准正态累积分布的反函数
NORMSDIST	返回标准正态累积分布
NORMSINV	返回标准正态累积分布函数的反函数
PEARSON	返回 Pearson 乘积矩相关系数
PERCENTILE	返回区域中数值的第 *K* 个百分点的值
PERCENTRANK	返回数据集中值的百分比排位
PERMUT	返回给定数目对象的排列数
POISSON	返回泊松分布
PROB	返回区域中的数值落在指定区间内的概率
PROB	返回一列数字的数字排位
RANK	返回一列数字的数字排位
RSQ	返回 Pearson 乘积矩相关系数的平方
SKEW	返回分布的不对称度
SLOPE	返回线性回归线的斜率
SMALL	返回数据集中的第 *K* 个最小值
STANDARDIZE	返回正态化数值
STDEV	基于样本估算标准偏差
STDEVA	基于样本（包括数字、文本和逻辑值）估算标准偏差
STDEVP	基于整个样本总体计算标准偏差
STDEVPA	基于总体（包括数字、文本和逻辑值）计算标准偏差
STEYX	返回通过线性回归法预测每个 x 的 y 值时所产生的标准误差
TDIST	返回学生的 t 分布

续表

函数	说明
TINV	返回学生的 t 分布的反函数
TREND	返回沿线性趋势的值
TRIMMEAN	返回数据集的内部平均值
TTEST	返回与学生的 t 检验相关的概率
VAR	基于样本估算方差
VARA	基于样本（包括数字、文本和逻辑值）估算方差
VARP	计算基于样本总体的方差
VARPA	计算基于总体（包括数字、文本和逻辑值）的标准偏差
WEIBULL	返回 Weibull 分布
ZTEST	返回 z 检验的单尾概率值

表 7-18　文本函数

函数	说明
ASC	将字符串中的全角（双字节）英文字母或片假名更改为半角（单字节）字符
BAHTTEXT	使用 ฿（泰铢）货币格式将数字转换为文本
CHAR	返回由代码数字指定的字符
CLEAN	删除文本中所有非打印字符
CODE	返回文本字符串中第一个字符的数字代码
CONCATENATE	将几个文本项合并为一个文本项
DOLLAR	使用 $（美元）货币格式将数字转换为文本
EXACT	检查两个文本值是否相同
FIND、FINDB	在一个文本值中查找另一个文本值（区分大小写）
FIXED	将数字格式设置为具有固定小数位数的文本
JIS	将字符串中的半角（单字节）英文字母或片假名更改为全角（双字节）字符
LEFT、LEFTB	返回文本值中最左边的字符
LEN、LENB	返回文本字符串中的字符个数
LOWER	将文本转换为小写

续表

函数	说明
MID、MIDB	从文本字符串中的指定位置起返回特定个数的字符
PHONETI	C 提取文本字符串中的拼音（汉字注音）字符
PROPER	将文本值的每个字的首字母大写
REPLACE、REPLACEB	替换文本中的字符
REPT	按给定次数重复文本
RIGHT、RIGHTB	返回文本值中最右边的字符
SEARCH、SEARCHB	在一个文本值中查找另一个文本值（不区分大小写）
SUBSTITUTE	在文本字符串中用新文本替换旧文本
TEXT	设置数字格式并将其转换为文本
TRIM	删除文本中的空格
UPPER	将文本转换为大写形式
VALUE	将文本参数转换为数字

实践操作

（1）创建空白表格，输入工资表内容。在工作表的单元格 A1:D6 输入如图 7—17 所示的相关信息。

	A	B	C	D
1	部门编号	部门名称	类别编号	类别名称
2	B01	办公室	L01	销售人员
3	B02	技术部	L02	技术人员
4	B03	销售部	L03	管理人员
5	B04	人事部	L04	培训人员
6	B05	财务部	L05	会计人员

图 7—17 输入部门和人员相关信息

在单元格区域 A8:M8 输入相关项目名称（见图 7—18），分别为员工名称、部门编号、部门名称、类别编号、类别名称、基本工资、房屋补贴、通讯补贴、奖金、应发工资、个人所得税、实发工资。输入如图 7—19 所示的员工名称、部门编号、类别名称、基本工资、房屋补贴、通讯补贴、奖金等详细数据。

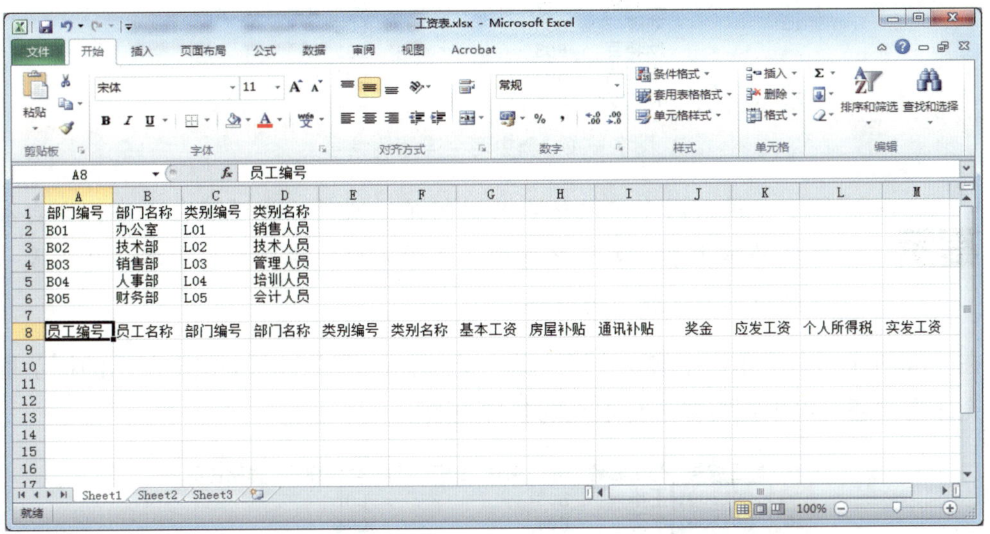

	A	B	C	D	E	F	G	H	I	J	K	L	M
1	部门编号	部门名称	类别编号	类别名称									
2	B01	办公室	L01	销售人员									
3	B02	技术部	L02	技术人员									
4	B03	销售部	L03	管理人员									
5	B04	人事部	L04	培训人员									
6	B05	财务部	L05	会计人员									
7													
8	员工编号	员工名称	部门编号	部门名称	类别编号	类别名称	基本工资	房屋补贴	通讯补贴	奖金	应发工资	个人所得税	实发工资

图 7—18　输入相关项目名称

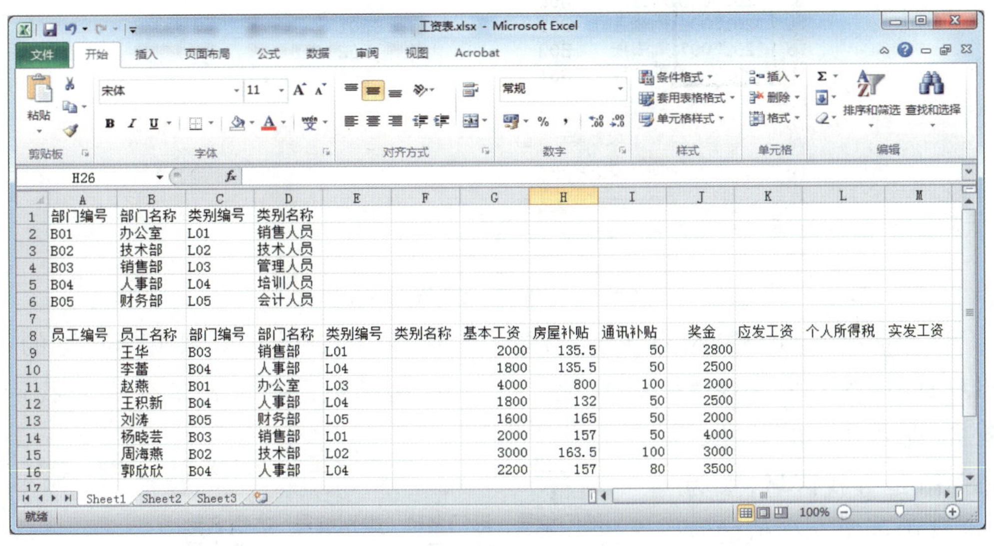

	A	B	C	D	E	F	G	H	I	J	K	L	M
1	部门编号	部门名称	类别编号	类别名称									
2	B01	办公室	L01	销售人员									
3	B02	技术部	L02	技术人员									
4	B03	销售部	L03	管理人员									
5	B04	人事部	L04	培训人员									
6	B05	财务部	L05	会计人员									
7													
8	员工编号	员工名称	部门编号	部门名称	类别编号	类别名称	基本工资	房屋补贴	通讯补贴	奖金	应发工资	个人所得税	实发工资
9		王华	B03	销售部	L01		2000	135.5	50	2800			
10		李蕾	B04	人事部	L04		1800	135.5	50	2500			
11		赵燕	B01	办公室	L03		4000	800	100	2000			
12		王积新	B04	人事部	L04		1800	132	50	2500			
13		刘涛	B05	财务部	L05		1600	165	50	2000			
14		杨晓芸	B03	销售部	L01		2000	157	50	4000			
15		周海燕	B02	技术部	L02		3000	163.5	100	3000			
16		郭欣欣	B04	人事部	L04		2200	157	80	3500			

图 7—19　输入部门和人员详细信息

（2）序列填充。在员工编号中“A9”和“A10”输入 2017001、2017002，选中这两个单元格，将鼠标指针放在单元格的右下角，待出现黑色十字（见图 7—20）后向下拖动鼠标，将选中框拉到“A16”释放，这时会发现，员工编号按照递增的顺序自动填充生成了，这样可以节省输入时间，在数据的输入中常常用到。

8	员工编号	员工名称	部门编号	部门名称	类别编号	类别名称
9	2017001	王华	B03		L01	
10	2017002	李蕾	B04		L04	
11		赵燕	B01		L03	
12		王积新	B04		L04	
13		刘涛	B05		L05	
14		杨晓芸	B03		L01	
15		周海燕	B02		L02	
16		郭欣欣	B04		L04	

图 7—20　选中两个连续的编号

提示

如果前两个单元格内的数据是递减的，拖动黑色十字，会自动生成递减的单元格；如果只选中一个单元格，拖动黑色十字，会生成一连串与选中单元格相同的数据。

在生成的序列右下角有个 按钮，单击此按钮，出现如图 7—21 所示的提示框，选择填充序列，还可以根据需要进行填充的条件更改。

8	员工编号	员工名称	部门编号	部门名称	类别编号	类别名称
9	2017001	王华	B03		L01	
10	2017002	李蕾	B04		L04	
11	2017003	赵燕	B01		L03	
12	2017004	王积新	B04		L04	
13	2017005	刘涛	B05		L05	
14	2017006	杨晓芸	B03		L01	
15	2017007	周海燕	B02		L02	
16	2017008	郭欣欣	B04		L04	
17						
18		复制单元格(C)				
19		填充序列(S)				
20		仅填充格式(F)				
21		不带格式填充(O)				
22						
23						

图 7—21　自动填充生成连续编号

（3）利用公式输入部门名称。在单元格 D9 输入利用函数的公式“=VLOOKUP(C9,$A$2:$B$6,2)”，其中“=”表示是函数，VLOOKUP 代表查找函数，C9 是待查找的单元格，$A$2:$B$6 是查找区域，2 为返回区域中的第 2 列值的意思。

输入公式过程中，可以直接键入函数，如图 7—22 所示，这种方法称为公式编辑法。按回车键确认，发现部门编号对应的部门名称“技术部”生成。

SUM　× ✓ fx　=VLOOKUP(C9, $A$2:$B$6, 2)

	A	B	C	D	E	F
1	部门编号	部门名称	类别编号	类别名称		
2	B01	办公室	L01	销售人员		
3	B02	技术部	L02	技术人员		
4	B03	销售部	L03	管理人员		
5	B04	人事部	L04	培训人员		
6	B05	财务部	L05	会计人员		
7						
8	员工编号	员工名称	部门编号	部门名称	类别编号	类别名称
9	2017001	王华	B03	=VLOOKUP(C9, $A$2:$B$6, 2)		
10	2017002	李蕾	B04		L04	

图 7—22　利用公式输入部门名称

提示

输入带有函数的公式，还可以采用函数调用法，单击编辑栏上的按钮，这时编辑栏出现“=”，同时弹出“插入函数”对话框，在“插入函数”对话框中“搜索函数”中键入“查找”后单击“转到”，在下面的列表中选择“VLOOKUP”函数（见图 7—23），这时会弹出“函数参数”对话框，在各参数中输入或者用鼠标选择相应区域，最后“确定”即可（见图 7—24）。

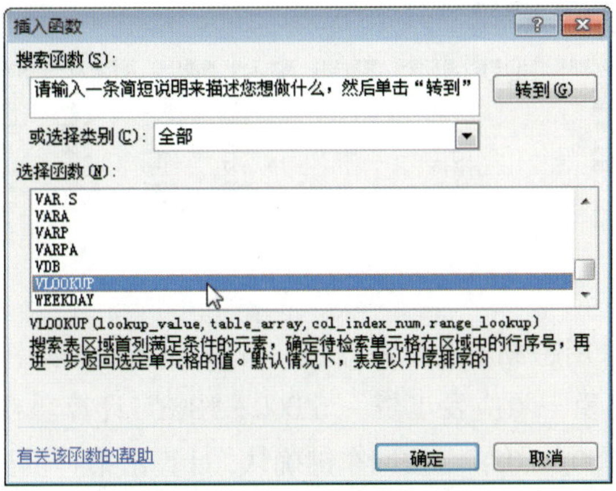

图 7—23　“插入函数”对话框

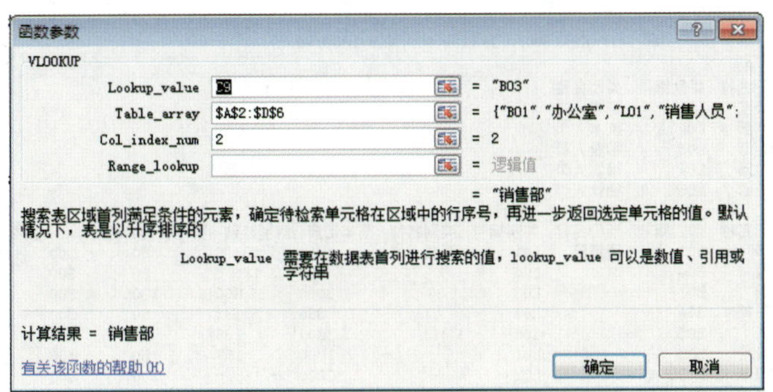

图 7—24　“函数参数”对话框

利用公式输入类别名称。方法同上，在“F9”单元格内输入公式“=VLOOKUP(E9,$C$2:$D$6,2)”，按 Enter 键确认即可生成“销售人员”，如图 7—25 所示。

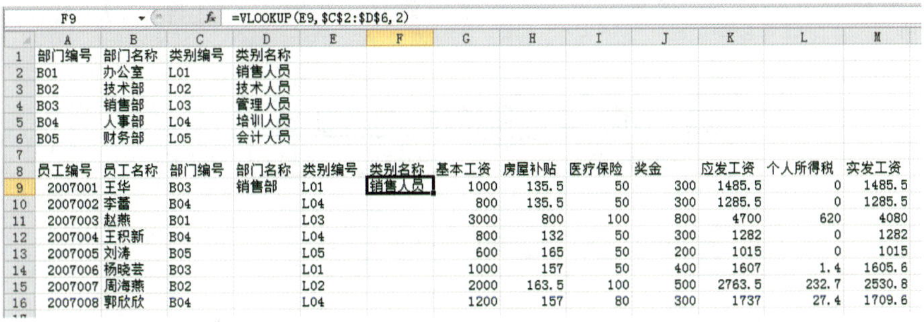

F9　　=VLOOKUP(E9, $C$2:$D$6, 2)

	A	B	C	D	E	F	G	H	I	J	K	L	M
1	部门编号	部门名称	类别编号	类别名称									
2	B01	办公室	L01	销售人员									
3	B02	技术部	L02	技术人员									
4	B03	销售部	L03	管理人员									
5	B04	人事部	L04	培训人员									
6	B05	财务部	L05	会计人员									
7													
8	员工编号	员工名称	部门编号	部门名称	类别编号	类别名称	基本工资	房屋补贴	医疗保险	奖金	应发工资	个人所得税	实发工资
9	2007001	王华	B03	销售部	L01	销售人员	1000	135.5	50	300	1485.5	0	1485.5
10	2007002	李蕾	B04		L04		800	135.5	50	300	1285.5	0	1285.5
11	2007003	赵燕	B01		L03		3000	800	100	800	4700	620	4080
12	2007004	王积新	B04		L04		800	132	50	300	1282	0	1282
13	2007005	刘涛	B05		L05		600	165	50	200	1015	0	1015
14	2007006	杨晓芸	B03		L01		1000	157	50	400	1607	1.4	1605.6
15	2007007	周海燕	B02		L02		2000	163.5	100	500	2763.5	232.7	2530.8
16	2007008	郭欣欣	B04		L04		1200	157	80	300	1737	27.4	1709.6

图 7—25　利用公式输入类别名称

（4）通过公式计算应发工资。应发工资 = 基本工资 + 房屋补贴 + 通讯补贴 + 奖金，因此在单元格 K9 内输入“=SUM(G9,H9,I9,J9)”（见图 7—26）或者“=G9+H9+I9+J9”的公式后按 Enter 键确认即可生成应发工资的数值 4 985.5。

K9　　fx　=SUM(G9, H9, I9, J9)

	A	B	C	D	E	F	G	H	I	J	K	L
1	部门编号	部门名称	类别编号	类别名称								
2	B01	办公室	L01	销售人员								
3	B02	技术部	L02	技术人员								
4	B03	销售部	L03	管理人员								
5	B04	人事部	L04	培训人员								
6	B05	财务部	L05	会计人员								
7												
8	员工编号	员工名称	部门编号	部门名称	类别编号	类别名称	基本工资	房屋补贴	通讯补贴	奖金	应发工资	个人所得税
9	2017001	王华	B03	销售部	L01	销售人员	2000	135.5	50	2800	4985.5	
10	2017002	李蕾	B04		L04		1800	135.5	50	2500		
11	2017003	赵燕	B01		L03		4000	800	100	2000		
12	2017004	王积新	B04		L04		1800	132	50	2500		
13	2017005	刘涛	B05		L05		1600	165	50	2000		
14	2017006	杨晓芸	B03		L01		2000	157	50	4000		
15	2017007	周海燕	B02		L02		3000	163.5	100	3000		
16	2017008	郭欣欣	B04		L04		2200	157	80	3500		

图 7—26　利用公式计算应发工资

（5）个人所得税采用超额累进税率计税，按照规定，本表中 8 为员工的个人所得税均可按公式“个人所得税 =（应发工资 - 5 000）*3%”计算。在单元格 L9 中输入公式“=IF(K9<5000,0,(K9−5000)*0.03)”，按回车键确认，计算出第一位员工的个人所得税为 0，如图 7—27 所示。

L9　　fx　=IF(K9<1600, 0, IF(K9>1600, (K9-1600)*0.2))

	A	B	C	D	E	F	G	H	I	J	K	L
1	部门编号	部门名称	类别编号	类别名称								
2	B01	办公室	L01	销售人员								
3	B02	技术部	L02	技术人员								
4	B03	销售部	L03	管理人员								
5	B04	人事部	L04	培训人员								
6	B05	财务部	L05	会计人员								
7												
8	员工编号	员工名称	部门编号	部门名称	类别编号	类别名称	基本工资	房屋补贴	医疗保险	奖金	应发工资	个人所得税
9	2007001	王华	B03	销售部	L01	销售人员	1000	135.5	50	300	1485.5	0
10	2007002	李蕾	B04		L04		800	135.5	50	300		
11	2007003	赵燕	B01		L03		3000	800	100	800		
12	2007004	王积新	B04		L04		800	132	50	300		
13	2007005	刘涛	B05		L05		600	165	50	200		
14	2007006	杨晓芸	B03		L01		1000	157	50	400		
15	2007007	周海燕	B02		L02		2000	163.5	100	500		
16	2007008	郭欣欣	B04		L04		1200	157	80	300		
17												

图 7—27　利用公式计算个人所得税

（6）计算实发工资。实发工资为应发工资减去个人所得税，在单元格 M9 中输入公式“=K9 - L9”，如图 7—28 所示。按 Enter 键确认，实发工资计算后得 4 985.5。

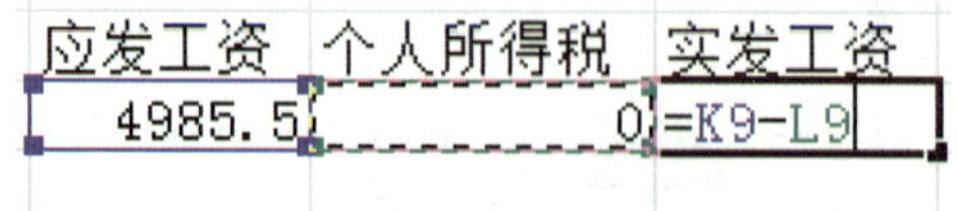

图 7—28　利用公式计算实发工资

（7）复制填充公式。想要使每个人的应发工资都采用与第一个人同样的计算公式，不必再重新输入公式，只需要选中需要复制公式的单元格单元格，将鼠标指针置于单元格右下角，当出现黑色十字的填充柄时向下拖动选中想要复制公式的区域即可，最后释放鼠标得到如图 7—29 所示的数据。

基本工资	房屋补贴	通讯补贴	奖金	应发工资	个人所得税	实发工资
2000	135.5	50	2800	4985.5	0.00	4985.50
1800	135.5	50	2500	4485.5	0.00	4485.50
4000	800	100	2000	6900	57.00	6843.00
1800	132	50	2500	4482	0.00	4482.00
1600	165	50	2000	3815	0.00	3815.00
2000	157	50	4000	6207	36.21	6170.79
3000	163.5	100	3000	6263.5	37.91	6225.60
2200	157	80	3500	5937	28.11	5908.89

图 7—29　复制公式填充应发工资

（8）全部工作完成后将工作表保存，命名为“工资表”。

操作演示

“工资表”素材可通过网站 http://jg.class.com.cn 下载，位于软件资源包中“中文版 Excel 2010 基础与实训 / 项目七 / 任务 2”中。

巩固练习

1. 利用 MAX 和 MIN 函数找出项目一中“学生成绩表”的各科成绩的最高分和最低分，利用 SUM 和 AVERAGE 函数计算各学生的总分和平均分。

2. 用 DCOUNT 函数统计项目一中“学生成绩表”各课程超过 80 分的人数。

任务 3　分析身份证号

学习目标

1. 能描述数据计算在 Excel 中的基础作用。
2. 能运用函数公式处理数据。

任务描述

在身份证号“110226196603232000”中第 7~14 位表示出生年月日，是 1966 年 03 月 23 日。

本任务利用 MID、YEAR 函数以及公式根据工作表中的身份证号分析出出生日期、出生年份和年龄。

利用 MID 函数可以从文本字符串中的指定位置开始返回特定数目的字符，利用 YEAR 函数可以返回某日期所对应的年份。

相关知识

如果公式不能正确计算出结果，Microsoft Office Excel 将显示一个错误值。每个错误类型都有不同的原因和解决方法。

1. 显示“#####”

错误原因：输入单元格中的数值太长或公式产生的结果太长，单元格容纳不下。

解决方法：适当增加列宽度。

2. 显示“# DIV/0”

错误原因：公式被 0(零) 除。

解决方法：修改单元格引用，或者在用作除数的单元格中输入不为零的值。

3. 显示“# N/A”

错误原因：当在函数或公式中没有可用的数值时，将产生错误值 # N/A。

解决方法：如果工作表中某些单元格暂时没有数值，在这些单元格中输入 # N/A，公式在引用这些单元格时，将不进行数值计算，而是返回 # N/A。

4. 显示“# NAME？”

错误原因：在公式中使用了 Microsoft Office Excel 不能识别的文本。

解决方法：确认使用的名称确实存在。如果所需的名称没有被列出，添加相应的名称。如果名称存在拼写错误，修改拼写错误。

5. 显示“# NULL！”

错误原因：试图为两个并不相交的区域指定交叉点。

解决方法：如果要引用两个不相交的区域，使用联合运算符（逗号）。

6. 显示“# NUM！”

错误原因：公式或函数中某些数字有问题。

解决方法：检查数字是否超出限定区域，确认函数中使用的参数类型是否正确。

7. 显示“# REF！”

错误原因：单元格引用无效。

解决方法：更改公式，或在删除或粘贴单元格之后，立即单击撤销按钮以恢复工作表中的单元格。

8. 显示“# VALUE！”

错误原因：使用错误的参数或运算对象类型，或自动更改公式功能，但不能更正公式。

解决方法：确认公式或函数所需的参数或运算符是否正确，并且确认公式引用的单元格所包含均为有效的数值。

实践操作

（1）启动 Excel 2010，建立空白工作簿，命名为“公司人员出生日期统计表”。

（2）在工作表中输入信息，如姓名、身份证号和待计算的出生日期、出生年、年龄，如图 7—30 所示。

（3）利用 MID 函数计算出生日期。MID 函数可以从文本字符串中的指定位置开始返回特定的数目的字符。在工作表的 C2 单元格中，输入公式（或者插入函数）“=MID(B2,8,4)&" 年 "&MID(B2,12,2)&" 月 "&MID(B2,14,2)&" 日 ""，按回车键，即可返回计算值，得到“张一”的出生日期，如图 7—31 所示。

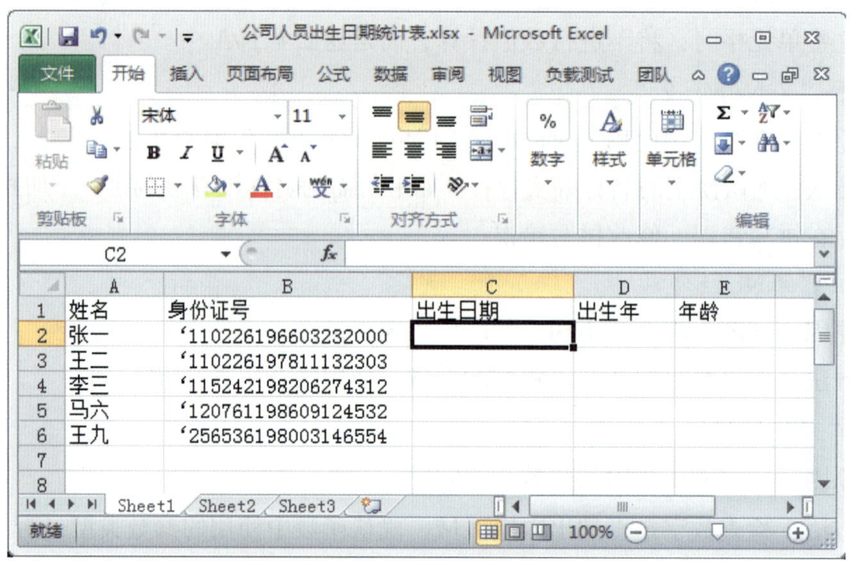

图 7—30　输入已知“身份证号”信息

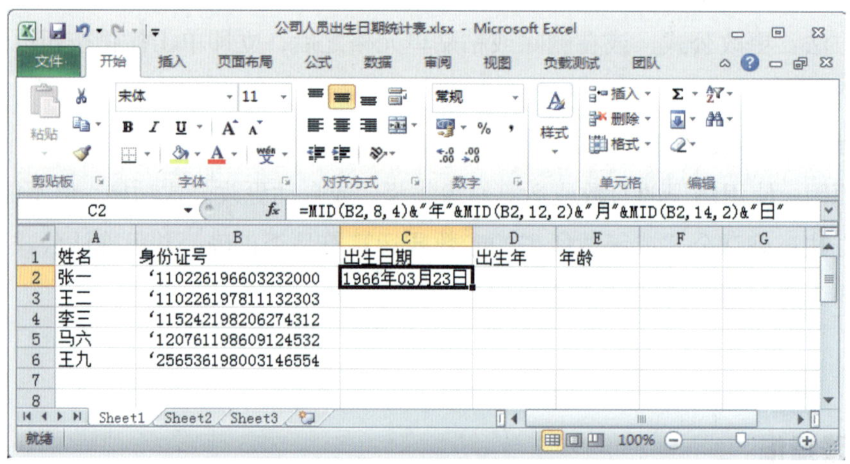

图 7—31　计算出生日期

提示　例如，在函数“=MID(B2,8,4)”中的 8 是身份证号中第 7 位开始，由于之前输入身份证号时加了“ ‘ ”，因此计算字符数目时要加上这一位。

利用“填充柄”，将单元格 C2 的公式复制填充至单元格区域 C2:C6，填充后的计算值如图 7—32 所示。

（4）计算出生年。在单元格 D2 内输入公式“=YEAR(C2)”，如图 7—33 所示。按 Enter 键确认后，得到“张一”的出生年计算结果，如图 7—34 所示。

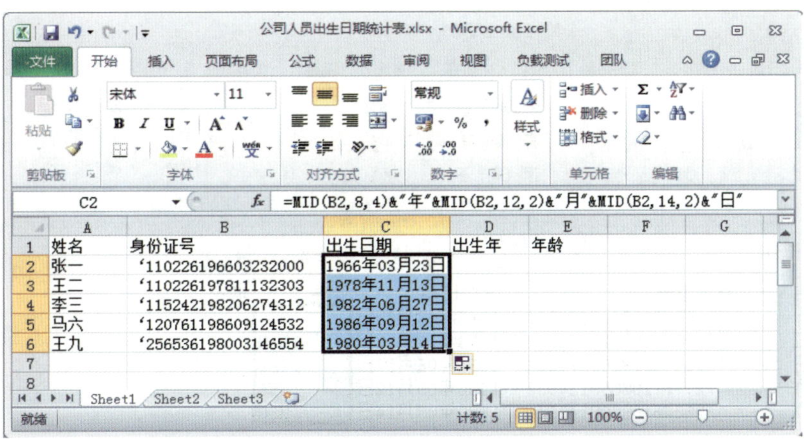

图 7—32　填充出生日期

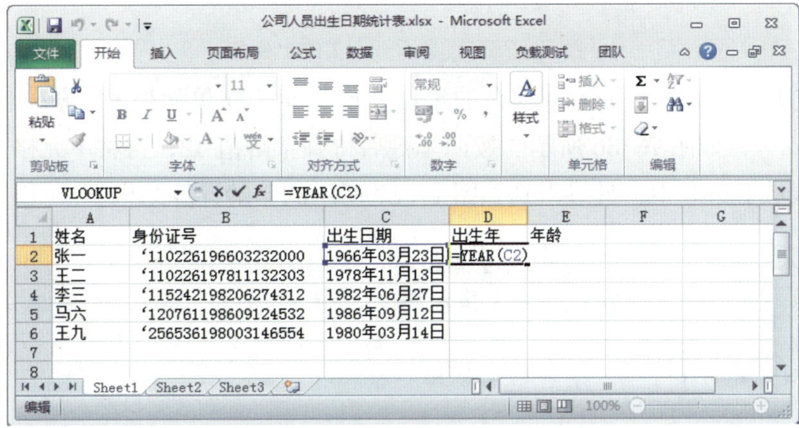

图 7—33　输入“出生年”计算公式

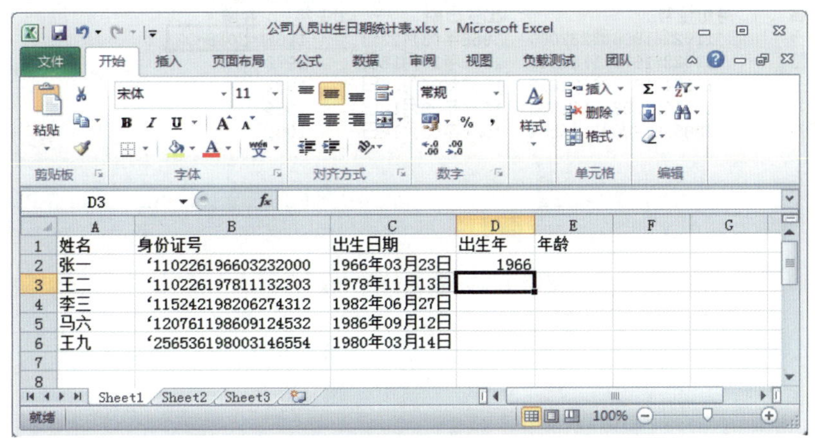

图 7—34　计算出生年

利用填充柄填充其他人的出生年计算公式，填充后的结果如图 7—35 所示。

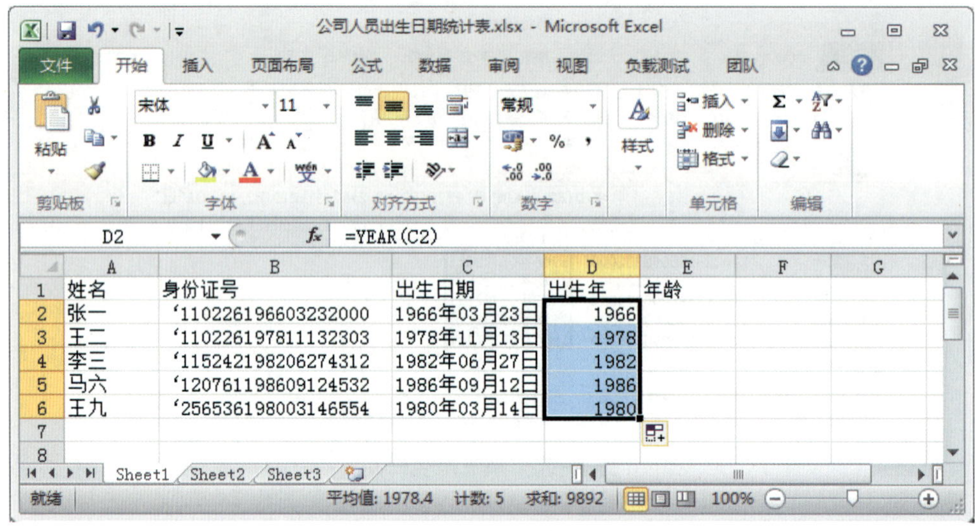

图 7—35 计算所有人员的出生年

（5）计算人员年龄。年龄 = 现在的年份 – 出生年，在单元格 E2 输入年龄的计算公式“=2018-D2”，如图 7—36 所示。按回车键后得到年龄值 42，再将单元格 E2 的公式填充到单元格区域 E2:E6 中，最终得到如图 7—37 所示的年龄计算结果。

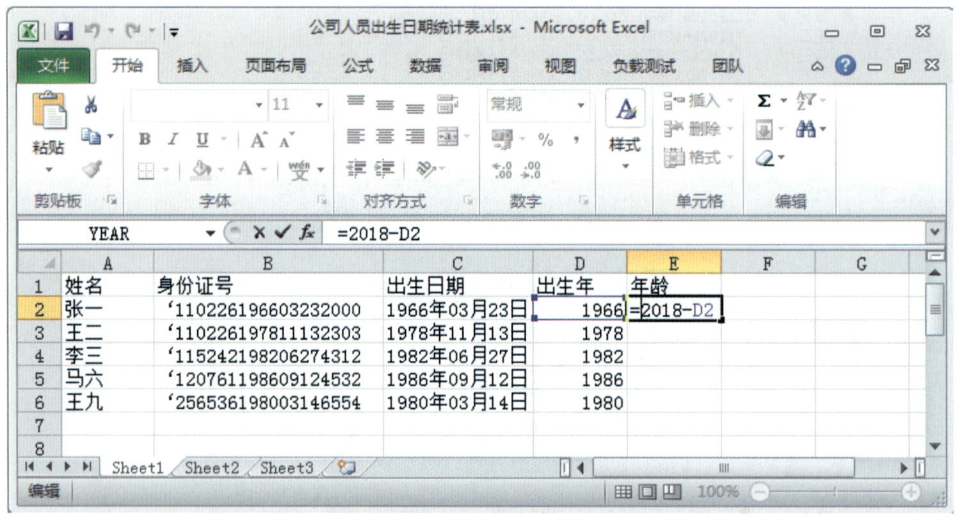

图 7—36 输入计算年龄公式

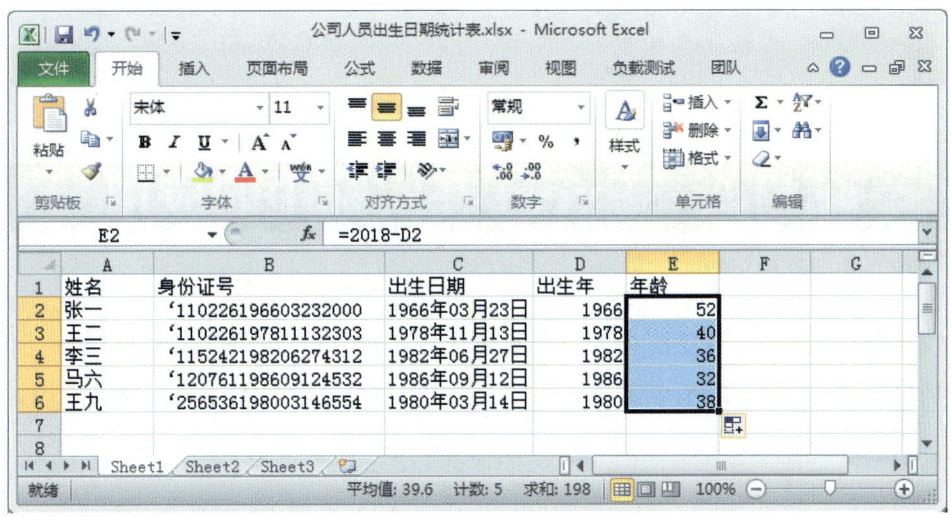

图 7—37　输入计算年龄公式

（6）将工作簿保存。

操作演示

“公司人员出生日期统计表”素材可通过网站 http://jg.class.com.cn 下载，位于软件资源包“中文版 Excel 2010 基础与实训 / 项目七 / 任务 3”中。

巩固练习

1. 利用 MONTH 和 DAY 函数提出任务 3 中的出生月和出生日。
2. 利用 WEEKDAY 函数返回任务 3 中各出生日期是星期几。

项目八 Excel 在实际中的应用

本项目给出了 Excel 在实际中的三个具体应用实例，通过这些实例可以进一步熟悉前面几个项目所讲的 Excel 的基本操作，同时了解 Excel 在办公、财务等领域的应用。

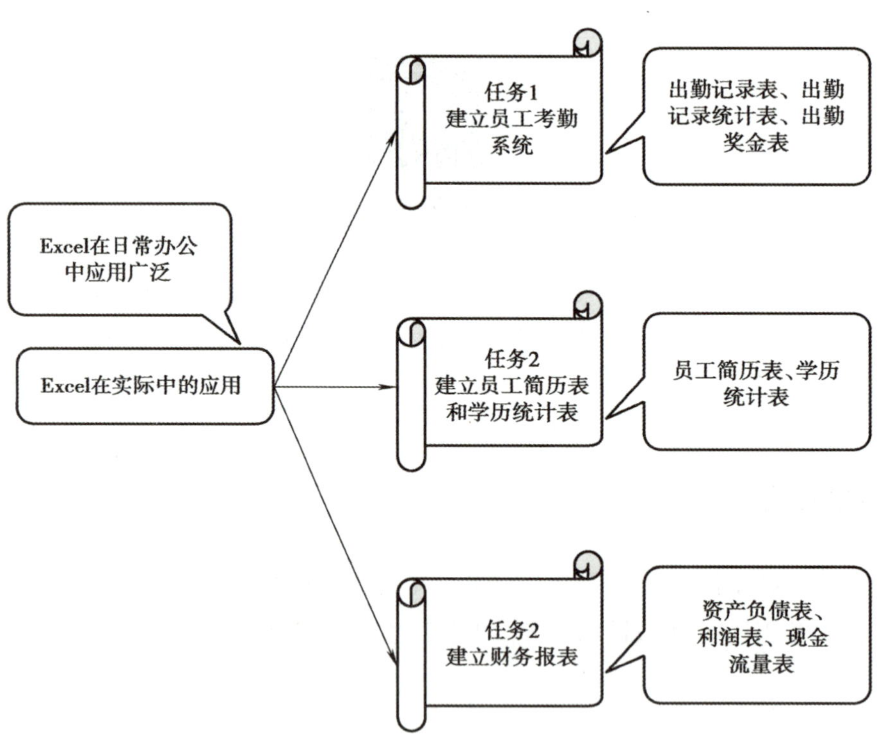

任务 1　建立员工考勤系统

学习目标

1. 能描述 Excel 在日常办公中的重要作用。
2. 能使用 Excel 2010 制作员工考勤系统表格。

任务描述

考勤系统的建立是为了强化公司的管理。对员工的考勤情况进行记录，可以更加便利地了解公司员工的出缺勤情况。而用 Excel 建立的考勤系统，可以实现根据月份不同，表格自动更新，以提高工作效率。另外，对出勤情况的改变，可以同时实现对系统中与其关联的多个表数据的改变。

员工2018年3月出缺勤记录表

日期	姓名	丁力	徐锦	邱正	赵东海	吴迪	常宽	李力	江洋	赵东	王梅	单芳	刘亚楠	戚贞	周亮	王一天
1号	上午	★	★	▽	×	★	☆	★	★	★	★	★	☆	★	★	★
	下午	★	★	▽	×	★	☆	★	★	★	★	★	☆	★	★	★
2号	上午	★	★	▽	★	★	★	★	★	★	★	★	★	★	★	★
	下午	★	★	▽	★	★	★	★	★	★	★	★	★	★	★	★
3号	上午	★	★	★	★	★	★	★	★	★	★	★	★	★	★	★
	下午	★	★	★	★	★	★	★	★	★	★	★	★	★	★	★
4号	上午	★	★	★	★	★	★	★	★	★	★	★	★	★	★	★
	下午	★	★	★	★	★	★	★	★	★	★	★	★	★	★	★
5号	上午															
	下午															
6号	上午															
	下午															
7号	上午	★	★	★	★	★	★	★	★	★	★	★	★	★	★	★
	下午	★	★	★	★	★	★	★	★	★	★	★	★	★	★	★
8号	上午	★	★	★	★	★	★	★	★	★	★	★	★	★	★	★
	下午	★	★	★	★	★	★	★	★	★	★	★	★	★	★	★
9号	上午	★	★	★	★	★	★	★	★	★	★	★	★	★	★	★
	下午	★	★	★	★	★	★	★	★	★	★	★	★	★	★	★
10号	上午	★	★	★	★	★	★	△	★	★	★	★	★	★	★	★
	下午	★	★	★	★	★	★	★	★	★	★	★	★	★	★	★
11号	上午	★	★	★	★	★	★	★	★	★	×	★	★	★	★	★
	下午	★	★	★	★	★	★	★	★	★	×	★	★	★	★	★
12号	上午															
	下午															
13号	上午															
	下午															
14号	上午	★	★	★	★	★	★	★	★	★	★	★	★	★	★	★
	下午	★	★	★	★	★	★	★	★	★	★	★	★	★	★	★
15号	上午	★	★	★	★	★	★	★	★	★	★	★	★	★	★	★
	下午	★	★	★	★	★	★	★	★	★	★	★	★	★	★	★
16号	上午	★	★	★	★	★	★	★	★	★	★	★	★	★	★	★
	下午	★	★	★	★	★	★	★	★	★	★	★	★	★	△	★
17号	上午	★	★	★	★	★	★	★	★	★	★	★	★	★	△	★
	下午	★	★	★	★	★	★	★	★	★	★	★	★	★	★	★
18号	上午	★	★	★	★	★	★	★	★	★	★	★	★	★	★	★
	下午	★	★	★	★	★	★	★	★	★	★	☆	★	★	★	▽
19号	上午															
	下午															
20号	上午															
	下午															
21号	上午	★	★	★	★	★	★	★	☆	★	★	★	★	☆	★	★
	下午	★	★	★	★	★	★	★	☆	★	★	★	★	☆	★	★
22号	上午	★	★	★	☆	★	▽	★	☆	★	★	★	★	☆	★	★
	下午	★	★	★	☆	★	▽	★	★	★	★	★	★	★	★	★
23号	上午	★	★	★	☆	★	▽	★	★	★	★	★	★	★	★	★
	下午	★	★	★	☆	★	★	★	★	★	★	★	★	★	★	★
24号	上午	★	☆	★	☆	★	★	★	★	★	★	★	★	★	★	★
	下午	★	☆	★	☆	★	★	★	▽	★	★	★	★	★	★	★
25号	上午	★	☆	★	★	★	★	☆	▽	★	★	★	★	★	★	★
	下午	★	☆	★	★	★	★	☆	★	★	★	★	★	★	★	★
26号	上午															
	下午															
27号	上午															
	下午															
28号	上午	★	★	★	★	★	★	★	★	★	★	★	★	★	★	★
	下午	★	★	★	★	★	★	★	★	★	★	★	★	★	★	★
29号	上午	★	★	★	★	★	★	★	★	★	★	★	★	★	★	★
	下午	★	★	★	★	★	★	★	★	★	★	★	★	★	★	★
30号	上午	★	★	★	★	★	★	★	★	★	★	★	★	★	★	★
	下午	★	★	★	★	★	★	★	★	★	★	★	★	★	★	★
31号	上午	★	★	★	★	★	★	★	★	★	★	★	★	★	★	★
	下午	★	★	★	★	★	★	★	★	★	★	★	★	★	★	★

注：△：事假；▽：病假；★：出勤；☆：出差；×：无故缺勤

图 8—1　出缺勤记录表

本任务建立的考勤系统，包括“出缺勤记录表”“出缺勤记录统计表”以及与之相关联的“出缺勤奖金表”三个部分。“出缺勤记录表”如图 8—1 所示，主要记录了员工在一个月的工作日内每天的出勤情况。“出缺勤记录统计表”如图 8—2 所示，主要是统计此月员工的出勤情况，包括出勤天数、请假天数、出勤率等。而“出缺勤奖金表”如图 8—3 所示，记录了与出缺勤情况相关联员工的出缺勤奖金金额。

	A	B	C	D	E	F	G	H	I	J	K	L	M	N	O	P
1	2018年3月出缺勤记录统计表															
2	姓名 / 日期	丁力	徐锦	邱正	赵东海	吴迪	常宽	李力	江洋	赵东	王梅	单芳	刘亚楠	戚贞	周亮	王一天
3	出勤	23	21	21	19	23	20.5	21.5	20.5	23	22	22.5	22	21.5	22	22.5
4	出差	0	2	0	3	0	1	1	1.5	0	0	0.5	1	1.5	0	0
5	出勤天数	23	23	21	22	23	21.5	22.5	22	23	22	23	23	23	22	22.5
6	事假	0	0	0	0	0	0	0.5	0	0	0	0	0	0	1	0
7	病假	0	0	2	0	0	1.5	0	1	0	0	0	0	0	0	0.5
8	请假天数	0	0	2	0	0	1.5	0.5	1	0	0	0	0	0	1	0.5
9	无故缺勤	0	0	0	1	0	0	0	0	0	1	0	0	0	0	0
10	出勤率	100%	100%	91%	96%	100%	93%	98%	96%	100%	96%	100%	100%	100%	96%	98%
11	全勤人数	7														

图 8—2　出缺勤记录统计表

	A	B	C	D	E	F	G	H	I	J	K	L	M	N	O	P
1	2018年3月出缺勤奖金表															
2	姓名 / 天数	丁力	徐锦	邱正	赵东海	吴迪	常宽	李力	江洋	赵东	王梅	单芳	刘亚楠	戚贞	周亮	王一天
3	奖金基数(元)	200	200	200	200	200	200	200	200	200	200	200	200	200	200	200
4	出勤天数	23	23	21	22	23	21.5	22.5	22	23	22	23	23	23	22	22.5
5	请假天数	0	0	2	0	0	1.5	0.5	1	0	0	0	0	0	1	0.5
6	无故缺席天数	0	0	0	1	0	0	0	0	0	1	0	0	0	0	0

图 8—3　出缺勤奖金表

相关知识

建立上述三个表格需要用到以下基本操作：

1. 公式的运用

在三个表格中都用到了公式。其中表的标题中的月份可以随着下月份的改变而改变，这样工作人员可以随时用这个模板来输入数据，不必每次都更改日期了。但需要注意的是，在输入完工作表数据后，工作表的题目需要无公式的保存，以免以后表标题的变化。其他的公式还包括求和数学函数和逻辑函数等。

2. 快速输入数据

出缺勤记录表中有很多重复的数据，这样可以利用快速输入数据的方法来输入出缺勤情况。

3. 合并单元格和数字格式更改

为了工作格式的需要，需要合并单元格操作以及对数字的显示格式进行更改。

4. 单元格背景颜色填充

为了突出显示重要的数据或者单元格，需要对特殊的单元格进行背景颜色填充，便于用户更直观、方便、有重点地查看工作表的内容。

1. 员工出缺勤记录表的建立

（1）打开 Excel，新建工作簿 book1。因为此表的日期格式随着时间的变化而变化。因此在单元格 A1 中输入公式：=“员工”&YEAR(TODAY())&“年”&MONTH(TODAY())&“月出缺勤记录表”。完成后按 Enter 键，结果如图 8—4 所示。

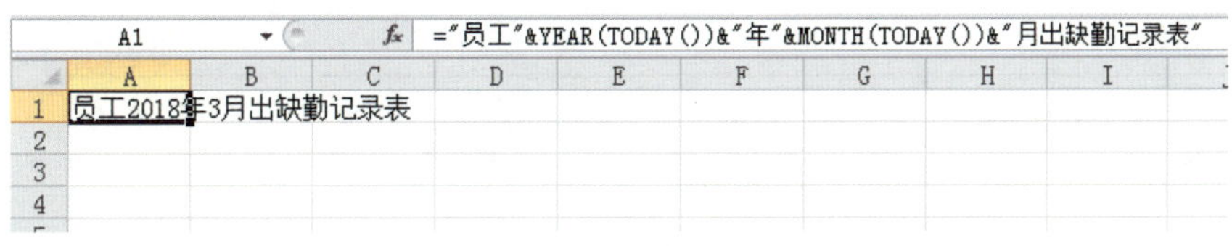

图 8—4　输入标题

输入公式时，一定要在英文状态下输入。

将单元格 A1：Q1 合并，并居中显示，同时将标题改为“宋体”“16”号，如图 8—5 所示。

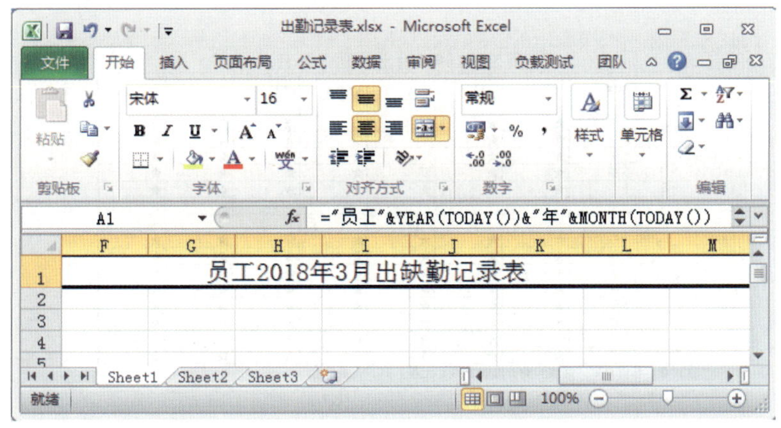

图 8—5　标题格式设置完成后示意图

（2）在第 2 行输入表头及各个员工的姓名，并选择自动调整列宽，如图 8—6 所示。

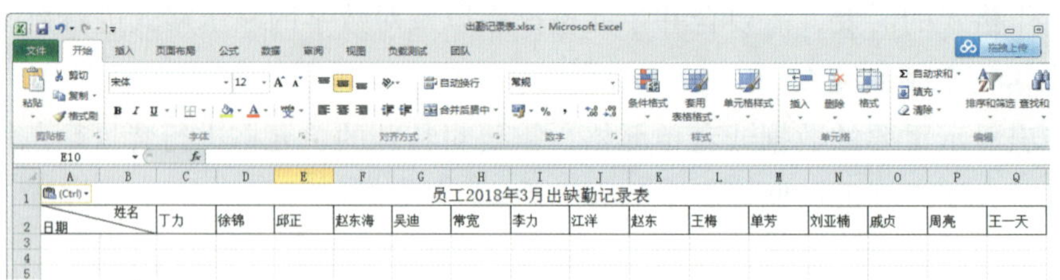

图 8—6　员工姓名输入完成后示意图

（3）将单元格 A3:A4 合并后，输入“1 号”，并居中。随后采用快速输入的方法，将鼠标指针移到单元格 A3 的右下角，按住鼠标左键，拖动至“31 号”。输入完成后，如图 8—7 所示。

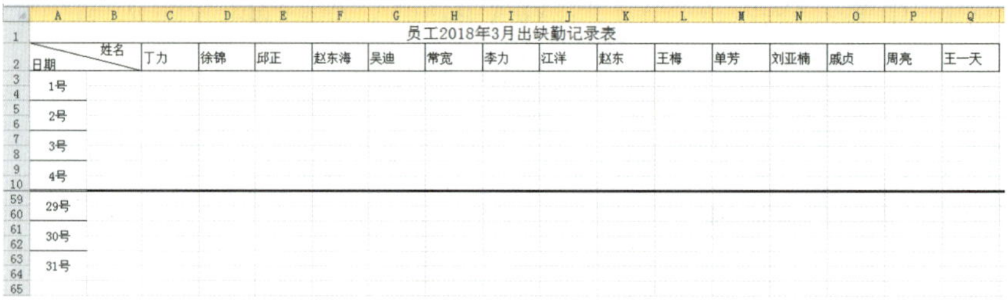

员工2018年3月出缺勤记录表															
姓名/日期	丁力	徐锦	邱正	赵东海	吴迪	常宽	李力	江洋	赵东	王梅	单芳	刘亚楠	戚贞	周亮	王一天
1号															
2号															
3号															
4号															
29号															
30号															
31号															

图 8—7　日期输入完成后示意图

为了显示方便，此处隐藏了部分单元格。具体方法是：选中要隐藏的单元格，单击鼠标右键，选择“隐藏”选项。如果要全部显示，则选择“取消隐藏”即可。

（4）输入各员工的出缺勤情况，将“Sheet1”的标签改名为“出勤记录”，并添加表格边框，如图 8—8 所示。

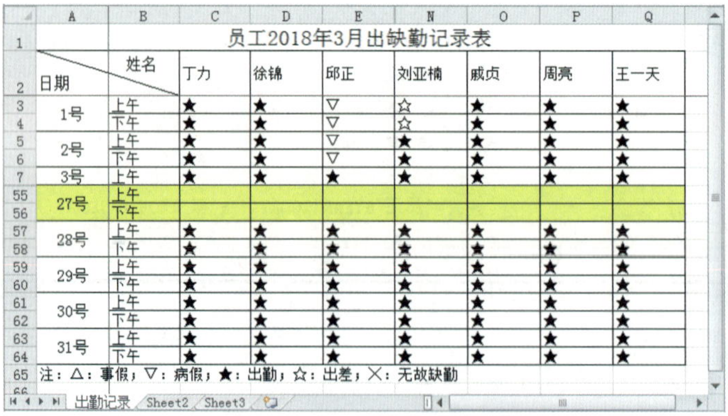

员工2018年3月出缺勤记录表								
日期	姓名	丁力	徐锦	邱正	刘亚楠	戚贞	周亮	王一天
1号	上午	★	★	▽	☆	★	★	★
	下午	★	★	▽	☆	★	★	★
2号	上午	★	★	▽	★	★	★	★
	下午	★	★	▽	★	★	★	★
3号	上午	★	★	★	★	★	★	★
27号	上午							
	下午							
28号	上午	★	★	★	★	★	★	★
	下午	★	★	★	★	★	★	★
29号	上午	★	★	★	★	★	★	★
	下午	★	★	★	★	★	★	★
30号	上午	★	★	★	★	★	★	★
	下午	★	★	★	★	★	★	★
31号	上午	★	★	★	★	★	★	★
	下午	★	★	★	★	★	★	★

注：△：事假；▽：病假；★：出勤；☆：出差；×：无故缺勤

出勤记录　Sheet2　Sheet3

图 8—8　数据输入完成后示意图

空白的日期代表此为工作日，用黄色的背景颜色填充。如图 8—8 所示同样隐藏了部分单元格。表格的具体内容请参看图 8—1。

至此，员工出缺勤记录表已经建立完毕。

2. 员工出缺勤记录统计表的建立

通常要对每月员工的出缺勤情况进行统计，这时在“Sheet2”中建立出缺勤记录统计表。

（1）在“Sheet2”中的单元格 A1 输入公式：=YEAR(TODAY())&“年”&MONTH(TODAY())&“出缺勤记录统计表”，按 Enter 键，则可以观察到单元格 A1 显示为“2018 年 3 月出缺勤记录统计表”，如图 8—9 所示。

A1　=YEAR(TODAY())&"年"&MONTH(TODAY())&"月出缺勤记录统计表"

	A	B	C	D	E	F	G	H	I
1	2018年3月出缺勤记录统计表								
2									

图 8—9　标题输入后示意图

（2）将单元格 A1:P1 合并，并居中显示，同时将标题改为“宋体”“12”号，如图 8—10 所示。

A1　=YEAR(TODAY())&"年"&MONTH(TODAY())&"月出缺勤记录统计表"

	E	F	G	H	I	J	K	L	M
1				2018年3月出缺勤记录统计表					

图 8—10　标题格式修改后示意图

（3）在第 2 行和第 1 列输入出勤天数的表头和员工的姓名，同时设置表格的边框及自动调整列宽，如图 8—11 所示。

	A	B	C	D	E	F	G	H	I	J	K	L	M	N	O	P
1	2018年3月出缺勤记录统计表															
2	姓名 日期	丁力	徐锦	邱正	赵东海	吴迪	常宽	李力	江洋	赵东	王梅	单芳	刘亚楠	戚贞	周亮	王一天
3	出勤															
4	出差															
5	出勤天数															
6	事假															
7	病假															
8	请假天数															
9	无故缺勤															
10	出勤率															
11	全勤人数															

图 8—11　输入各行列标题后示意图

（4）为了统计员工的出勤情况，在单元格 B3 中输入公式：=COUNTIF(出勤记录 !C3:C64,“★”)/2。按 Enter 键后，单元格即显示“丁力”出勤的天数，如图 8—12 所示。

B3 =COUNTIF(出勤记录!C3:C64,"★")/2

2018年3月出缺勤记录统计表

日期 \ 姓名	丁力	徐锦	邱正	赵东海	吴迪	常宽	李力	江洋	赵东	王梅	单芳	刘亚楠	戚贞	周亮	王一天
出勤	23														
出差															
出勤天数															
事假															
病假															
请假天数															
无故缺勤															
出勤率															
全勤人数															

图 8—12 “丁力”出勤天数计算

同样的方法在单元格 B4 中输入公式：=COUNTIF(出勤记录 !C2:C64,“☆”)/2，统计出差的天数。

（5）类似的方法，在其他单元格中分别输入公式，以统计各员工出勤、出差、事假、病假和无故缺勤的天数。

提示

当统计下面员工的出缺勤情况时，可以不必再输入每个公式。如输入单元格 C3 时，单击单元格 B3，把鼠标指针移至该单元格的右下角，当鼠标指针形状变为十字，按住鼠标左键，拖动至单元格 C3 即可，如图 8—13 所示。也可以拖至表末，即完成第 3 行的输入。其他项亦如此。

B3 =COUNTIF(出勤记录!C3:C64,"★")/2

2018年3月出缺勤记录统计表

日期 \ 姓名	丁力	徐锦	邱正	赵东海	吴迪	常宽	李力	江洋	赵东	王梅	单芳	刘亚楠	戚贞	周亮	王一天
出勤	23	21													
出差															
出勤天数															
事假															
病假															
请假天数															
无故缺勤															
出勤率															
全勤人数															

图 8—13 用拖动方法快速输入

（6）单击选中单元格 B5，输入公式：=(B3+B4)，按 Enter 键，即完成员工出勤天数的计算，如图 8—14 所示。

B5 =B3+B4

2018年3月出缺勤记录统计表

日期 \ 姓名	丁力	徐锦	邱正	赵东海	吴迪	常宽	李力	江洋	赵东	王梅	单芳	刘亚楠	戚贞	周亮	王一天
出勤	23	21	21	19	23	20.5	21.5	20.5	23	22	22.5	22	21.5	22	22.5
出差	0	2	0	3	0	1	1	1.5	0	0	0.5	1	1.5	0	0
出勤天数	23														
事假	0	0	0	0	0	0	0.5	0	0	0	0	0	0	1	0
病假	0	0	2	0	0	1.5	0	1	0	0	0	0	0	0	0.5
请假天数															
无故缺勤	0	0	0	1	0	0	0	0	0	1	0	0	0	0	0
出勤率															
全勤人数															

图 8—14 “丁力”出勤天数计算

（7）单击选中单元格 B8，输入公式：=(B6+B7)，按 Enter 键，即完成此月请假天数的计算，如图 8—15 所示。

B8　=B6+B7

	A	B	C	D	E	F	G	H	I	J	K	L	M	N	O	P
1	2018年3月出缺勤记录统计表															
2	日期＼姓名	丁力	徐锦	邱正	赵东海	吴迪	常宽	李力	江洋	赵东	王梅	单芳	刘亚楠	戚贞	周亮	王一天
3	出勤	23	21	21	19	23	20.5	21.5	20.5	23	22	22.5	22	21.5	22	22.5
4	出差	0	2	0	3	0	1	1	1.5	0	0	0.5	1	1.5	0	0
5	出勤天数	23	23	21	22	23	21.5	22.5	22	23	22	23	23	23	22	22.5
6	事假	0	0	0	0	0	0	0.5	0	0	0	0	0	0	1	0
7	病假	0	0	2	0	0	1.5	0	1	0	0	0	0	0	0	0.5
8	请假天数	0														
9	无故缺勤	0	0	0	1	0	0	0	0	0	1	0	0	0	0	0
10	出勤率															
11	全勤人数															

图 8—15　“丁力”请假天数计算

（8）选中单元格 A10，输入“出勤率”，然后选中单元格 B10，输入公式：=(B3+B4)/23，按 Enter 键，即计算出“丁力”在 3 月的出勤率，并将计算结果的格式改为百分数，如图 8—16 所示。

B10　=(B3+B4)/23

	A	B	C	D	E	F	G	H	I	J	K	L	M	N	O	P
1	2018年3月出缺勤记录统计表															
2	日期＼姓名	丁力	徐锦	邱正	赵东海	吴迪	常宽	李力	江洋	赵东	王梅	单芳	刘亚楠	戚贞	周亮	王一天
3	出勤	23	21	21	19	23	20.5	21.5	20.5	23	22	22.5	22	21.5	22	22.5
4	出差	0	2	0	3	0	1	1	1.5	0	0	0.5	1	1.5	0	0
5	出勤天数	23	23	21	22	23	21.5	22.5	22	23	22	23	23	23	22	22.5
6	事假	0	0	0	0	0	0	0.5	0	0	0	0	0	0	1	0
7	病假	0	0	2	0	0	1.5	0	1	0	0	0	0	0	0	0.5
8	请假天数	0	0	2	0	0	1.5	0.5	1	0	0	0	0	0	1	0.5
9	无故缺勤	0	0	0	1	0	0	0	0	0	1	0	0	0	0	0
10	出勤率	100%														
11	全勤人数															

图 8—16　“丁力”出勤率计算

（9）为了直观地观察员工出勤的总情况，在单元格 A11 计算了 3 月全勤的人数。单击选中单元格 B11，在编辑栏输入公式：=COUNTIF(B8:P8,100%)，按 Enter 键后，即在单元格 A9 显示 3 月员工达到全勤率的人数，并将数值对齐方式改为左对齐，如图 8—17 所示。

B11　=COUNTIF(B10:P10,100%)

	A	B	C	D	E	F	G	H	I	J	K	L	M	N	O	P
1	2018年3月出缺勤记录统计表															
2	日期＼姓名	丁力	徐锦	邱正	赵东海	吴迪	常宽	李力	江洋	赵东	王梅	单芳	刘亚楠	戚贞	周亮	王一天
3	出勤	23	21	21	19	23	20.5	21.5	20.5	23	22	22.5	22	21.5	22	22.5
4	出差	0	2	0	3	0	1	1	1.5	0	0	0.5	1	1.5	0	0
5	出勤天数	23	23	21	22	23	21.5	22.5	22	23	22	23	23	23	22	22.5
6	事假	0	0	0	0	0	0	0.5	0	0	0	0	0	0	1	0
7	病假	0	0	2	0	0	1.5	0	1	0	0	0	0	0	0	0.5
8	请假天数	0	0	2	0	0	1.5	0.5	1	0	0	0	0	0	1	0.5
9	无故缺勤	0	0	0	1	0	0	0	0	0	1	0	0	0	0	0
10	出勤率	100%	100%	91%	96%	100%	93%	98%	96%	100%	96%	100%	100%	100%	96%	98%
11	全勤人数	7														

图 8—17　全勤人数计算

（10）输入完成后，将“Sheet2”标签改为“出勤统计”，并将“出勤天数”与“请假天数”两行的背景填充颜色改为黄色，单元格内数据居中显示，如图 8—18 所示。

2018年3月出缺勤记录统计表															
姓名 / 日期	丁力	徐锦	邱正	赵东海	吴迪	常宽	李力	江洋	赵东	王梅	单芳	刘亚楠	戚贞	周亮	王一天
出勤	23	21	21	19	23	20.5	21.5	20.5	23	22	22.5	22	21.5	22	22.5
出差	0	2	0	3	0	1	1	1.5	0	0	0.5	1	1.5	0	0
出勤天数	23	23	21	22	23	21.5	22.5	22	23	22	23	23	23	22	22.5
事假	0	0	0	0	0	0	0.5	0	0	0	0	0	0	1	0
病假	0	0	2	0	0	1.5	0	1	0	0	0	0	0	0	0.5
请假天数	0	0	2	0	0	1.5	0.5	1	0	0	0	0	0	1	0.5
无故缺勤	0	0	0	1	0	0	0	0	0	1	0	0	0	0	0
出勤率	100%	100%	91%	96%	100%	93%	98%	96%	100%	96%	100%	100%	100%	96%	98%
全勤人数	7														

图 8—18　表格完成后示意图

至此，完成了员工“出缺勤记录统计表”的建立。

3. 员工出缺勤奖金表的建立

出缺勤奖金与员工的出缺勤情况是密切相关的，下面在“Sheet3”中建立出缺勤奖金表。

（1）单击选中单元格 A1，输入公式：=YEAR(TODAY())&“年”&MONTH(TODAY())&“月出缺勤奖金表”，按 Enter 键，即完成出缺勤奖金表标题的输入，同样合并单元格 A1:P1，居中，并将字体改为“16”号，“宋体”，如图 8—19 所示。

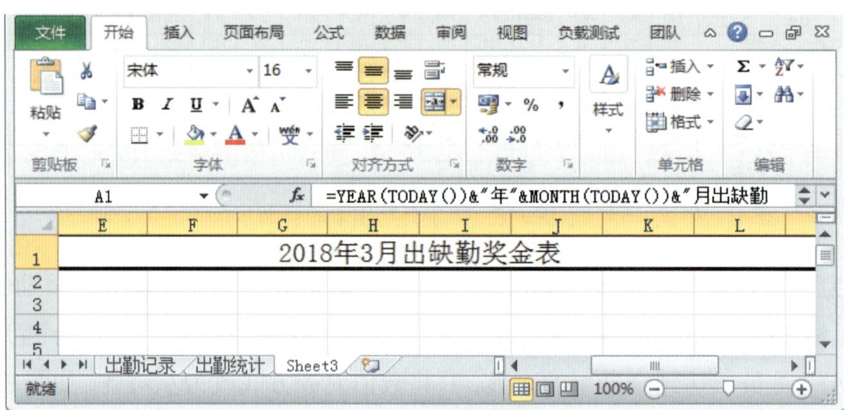

图 8—19　表标题输入

（2）输入各行、列标题，自动调整行高和列宽，并填充表格边框，如图 8—20 所示。

2018年3月出缺勤奖金表															
姓名 / 天数	丁力	徐锦	邱正	赵东海	吴迪	常宽	李力	江洋	赵东	王梅	单芳	刘亚楠	戚贞	周亮	王一天
奖金基数(元)															
出勤天数															
请假天数															
无故缺席天数															
应发奖金(元)															
本月奖金总额															

图 8—20　表格模板建立完成

（3）因为公司员工的出缺勤奖金基数为 200 元，采用快速输入的方法在单元格区域 B3:P3 输入 200，如图 8—21 所示。

B3 | 200

	A	B	C	D	E	F	G	H	I	J	K	L	M	N	O	P
1	2018年3月出缺勤奖金表															
2	姓名 / 天数	丁力	徐锦	邱正	赵东海	吴迪	常宽	李力	江洋	赵东	王梅	单芳	刘亚楠	戚贞	周亮	王一天
3	奖金基数(元)	200	200	200	200	200	200	200	200	200	200	200	200	200	200	200
4	出勤天数															
5	请假天数															
6	无故缺席天数															
7	应发奖金(元)															
8	本月奖金总额															

图 8—21 输入第 3 行数据

（4）由于奖金金额与员工的出缺勤情况关系密切，因此在“出勤天数”一行并不直接输入数据，而是采取公式，与前面的数据联系起来，这样如果前面表的数据有改动，此表的数据会自动更正。

单击选中单元格 B4，输入公式：= 出勤统计 !B5，按 Enter 键，如图 8—22 所示。

B4 | =出勤统计!B5

	A	B	C	D	E	F	G	H	I	J	K	L	M	N	O	P
1	2018年3月出缺勤奖金表															
2	姓名 / 天数	丁力	徐锦	邱正	赵东海	吴迪	常宽	李力	江洋	赵东	王梅	单芳	刘亚楠	戚贞	周亮	王一天
3	奖金基数(元)	200	200	200	200	200	200	200	200	200	200	200	200	200	200	200
4	出勤天数	23														
5	请假天数															
6	无故缺席天数															
7	应发奖金(元)															
8	本月奖金总额															

图 8—22 输入单元格 B4 数据

采用拖动鼠标快速输入的方法，完成 C4:P4 的输入。

（5）在单元格 B5 中输入公式：= 出勤统计 !B8，按 Enter 键，即完成了丁力“请假天数”的输入。同样采用鼠标拖动的方法，完成此行其他数据的输入，如图 8—23 所示。

B5 | =出勤统计!B8

	A	B	C	D	E	F	G	H	I	J	K	L	M	N	O	P
1	2018年3月出缺勤奖金表															
2	姓名 / 天数	丁力	徐锦	邱正	赵东海	吴迪	常宽	李力	江洋	赵东	王梅	单芳	刘亚楠	戚贞	周亮	王一天
3	奖金基数(元)	200	200	200	200	200	200	200	200	200	200	200	200	200	200	200
4	出勤天数	23	23	21	22	23	21.5	22.5	22	23	22	23	23	23	22	22.5
5	请假天数	0	0	2	0	0	1.5	0.5	1	0	0	0	0	0	1	0.5
6	无故缺席天数															
7	应发奖金(元)															
8	本月奖金总额															

图 8—23 输入“请假天数”

（6）在单元格 B6 输入公式：= 出勤统计 !B9，按 Enter 键，并采用上述相同的方法完成此行数据的输入，如图 8—24 所示。

B6 =出勤统计!B9

	A	B	C	D	E	F	G	H	I	J	K	L	M	N	O	P
1	2018年3月出缺勤奖金表															
2	姓名 天数	丁力	徐锦	邱正	赵东海	吴迪	常宽	李力	江洋	赵东	王梅	单芳	刘亚楠	戚贞	周亮	王一天
3	奖金基数(元)	200	200	200	200	200	200	200	200	200	200	200	200	200	200	200
4	出勤天数	23	23	21	22	23	21.5	22.5	22	23	22	23	23	23	22	22.5
5	请假天数	0	0	2	0	0	1.5	0.5	1	0	0	0	0	0	1	0.5
6	无故缺席天数	0	0	0	1	0	0	0	0	0	1	0	0	0	0	0
7	应发奖金(元)															
8	本月奖金总额															

图 8—24 输入第 6 行数据

（7）由于公司采用请假一天扣 30 元，无故缺席一天扣 100 元的制度，因此应发奖金的金额 = 奖金基数 - 请假天数 ×30 - 无故缺席天数 ×100，但如果计算结果小于 0，则应发奖金金额应为 0。所以，对于单元格 B7 的输入，采用如下公式：=IF(B3 - B5*30 - B6*100>0,B3 - B5*30 - B6*100,0)，输入完成按 Enter 键后，如图 8—25 所示。

B7 =IF(B3-B5*30-B6*100>0,B3-B5*30-B6*100,0)

	A	B	C	D	E	F	G	H	I	J	K	L	M	N	O	P
1	2018年3月出缺勤奖金表															
2	姓名 天数	丁力	徐锦	邱正	赵东海	吴迪	常宽	李力	江洋	赵东	王梅	单芳	刘亚楠	戚贞	周亮	王一天
3	奖金基数(元)	200	200	200	200	200	200	200	200	200	200	200	200	200	200	200
4	出勤天数	23	23	21	22	23	21.5	22.5	22	23	22	23	23	23	22	22.5
5	请假天数	0	0	2	0	0	1.5	0.5	1	0	0	0	0	0	1	0.5
6	无故缺席天数	0	0	0	1	0	0	0	0	0	1	0	0	0	0	0
7	应发奖金(元)	200														
8	本月奖金总额															

图 8—25 输入单元格 B7 数据

采用鼠标拖动快速输入的方法，完成 C7:P7 的输入。

（8）单击单元格 B8，输入公式：=SUM(B7:P7)，按 Enter 键，即完成了 B7:P7 的求和，即本月奖金总额的输入，将数字格式居左显示，并把此表标签改为“出勤奖金”，如图 8—26 所示。

	A	B	C	D	E	F	G	H	I	J	K	L	M	N	O	P
1	2018年3月出缺勤奖金表															
2	姓名 天数	丁力	徐锦	邱正	赵东海	吴迪	常宽	李力	江洋	赵东	王梅	单芳	刘亚楠	戚贞	周亮	王一天
3	奖金基数(元)	200	200	200	200	200	200	200	200	200	200	200	200	200	200	200
4	出勤天数	23	23	21	22	23	21.5	22.5	22	23	22	23	23	23	22	22.5
5	请假天数	0	0	2	0	0	1.5	0.5	1	0	0	0	0	0	1	0.5
6	无故缺席天数	0	0	0	1	0	0	0	0	0	1	0	0	0	0	0
7	应发奖金(元)	200	200	140	100	200	155	185	170	200	100	200	200	200	170	185
8	本月奖金总额	2605														
9																

出勤记录 出勤统计 出勤奖金

图 8—26 输入单元格 B8 数据

至此，完成了考勤系统的建立以及 3 月考勤各项内容的输入。同时，可以保留各个表的模板，以供其他月份的数据记录。

教学资源

“出缺勤记录表”素材可通过网站 http://jg.class.com.cn 下载，位于软件资源包“中文版 Excel 2010 基础与实训 / 项目八 / 任务 1”中。

操作演示

巩固练习

1. 在“王一天”后加入“周永”，输入此月的出勤情况。
2. 在“出勤统计”表中加入“周永”一列，采用拖动的方法将各项的数据输入。
3. 相应地在“出勤奖金”工作表中加入周永的数据。

任务 2　建立员工简历表和学历统计表

学习目标

1. 能建立格式相对复杂的表格。
2. 能通过简历表来建立员工的学历信息统计表。

任务描述

本任务首先要建立一个简单的简历表，如图 8—27 所示。

为了避免发生员工的简历表输入错误，这里采用填写“记录单”的方法来建立“员工学历信息统计表”，然后对公司员工的学历信息进行分类汇总，以统计员工的学历情况。

简历表						
姓名		性别		出生日期		照片
籍贯		民族		参加工作时间		
学历		毕业时间		毕业学校		
在校主修课程						
工作经历						
自我评价						
期望职业						

图 8—27 所建简历表示意图

相关知识

简历在现代企事业单位中有着不可替代的作用，它是用人单位对应聘者的第一印象。在本任务所建的简历表中，只是记录了员工的一些最基本信息，以供用人单位进行学历统计。

所谓记录单，简单说就是一个窗口，通过此窗口可以进行数据的输入、查询、删除等。

实践操作

1. 简历表的建立

单击选中单元格 B1，并输入内容“简历表”。在单元格区域 B2:F4 区域内分别输入姓名、性别等标题内容。合并单元格 I2:I4，并输入“照片”。合并单元格 B1:I1，并将“简历表”居中显示，字体为“宋体”“28”号。然后将单元格 G2:H2、G3:H3、G4:H5 分别合并，并居中显示。将单元格区域 B2:I4 的字体修改为“宋体”“16”号居中显示，并调整列宽。完成后如图 8—28 所示。

	A	B	C	D	E	F	G	H	I
1		简历表							
2		姓名		性别		出生日期			照片
3		籍贯		民族		参加工作时间			
4		学历		毕业时间		毕业学校			
5									

图 8—28 表格上半部分输入完成后示意图

合并单元格 B6:B12，B13:22，B23:B32，B33:B42，C6:I12，C13:I22，C23:I32，C33:I42，在相应位置输入“在校主修课程”“自我评价”“工作经历”“期望职业”，并将其改为“宋体”“16”号，居中显示。注意此处内容的输入用到了在同一单元格内强制换行操作，即同时按 Alt+Enter 键。输入完成后调整行高、列宽。

选择单元格区域 B2:I4，对其添加所有实线框线，选择单元格区域 B5:I41，对其上框线及内部横线添加双实线边框，对其他线添加实线边框。完成后如图 8—27 所示。

至此，已完成简历表的制作。当填此表时，员工只需把相应的信息填入即可。以丁力输入简历表为例：首先在各栏里填入自己的基本情况。对于照片的插入，单击“插入”|“插图”栏中的“图片”按钮，找到相应图片的位置，选中后，单击“插入”按钮，如图 8—29 所示。

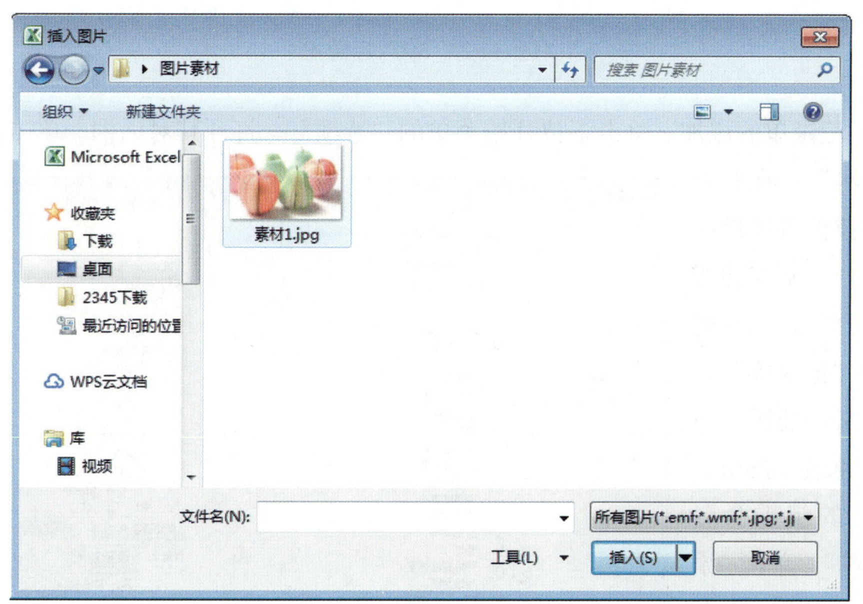

图 8—29 “插入图片”对话框

插入后，调整图片的尺寸至所需要的大小。完成后如图 8—30 所示。

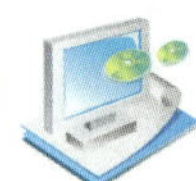

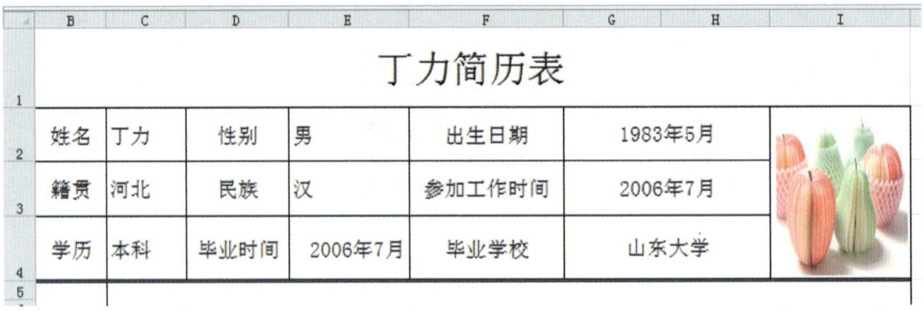

丁力简历表
姓名 丁力 性别 男 出生日期 1983年5月
籍贯 河北 民族 汉 参加工作时间 2006年7月
学历 本科 毕业时间 2006年7月 毕业学校 山东大学

图 8—30　输入信息

2. 学历信息统计表的建立

对所有员工的信息进行汇总，要建立学历信息统计表。由于有时输入的信息量较多，为了避免发生错误，常采用记录单的方法逐条输入。

（1）表标题和各列标题的输入。在“Sheet2”工作表下，首先输入表标题，并将其设置为“宋体”“16”号居中显示。各列标题为“宋体”“11”号，居中显示，并调整各列宽，如图 8—31 所示。

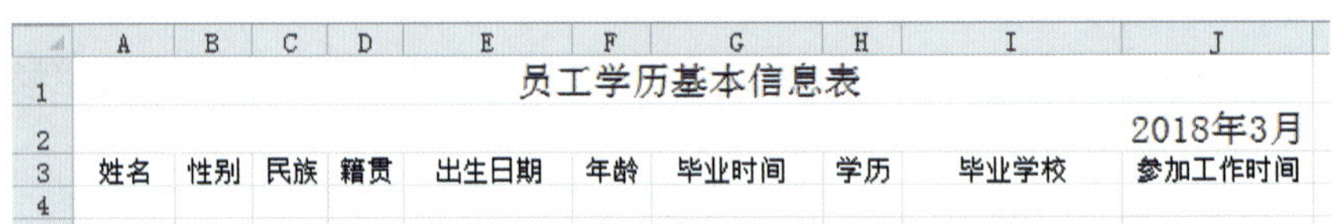

员工学历基本信息表
2018年3月
姓名 性别 民族 籍贯 出生日期 年龄 毕业时间 学历 毕业学校 参加工作时间

图 8—31　输入标题完

（2）记录单的添加。单击下拉开始菜单的“选项”，打开其对话框。单击左侧的“自定义功能区”，在右侧的“从下拉位置选择命令”中选择“不在功能区中的命令”，在其列表中选择“记录单”，在“自定义功能区”中单击“新建组”按钮，并将新建的组重命名为“记录单”。单击“添加”按钮，如图 8—32 所示，单击“确定”按钮即完成记录单的添加。

Excel 选项
常规
公式
校对
保存
语言
高级
自定义功能区
快速访问工具栏
加载项
信任中心
自定义功能区。
从下列位置选择命令(C):
不在功能区中的命令
自定义功能区(B):
所有选项卡
记录单...
添加(A) >>
<< 删除(R)
开始
记录单 (自定义)
记录单
插入
新建选项卡(W)
新建组(N)
重命名(M)...
自定义:
重置(E)
导入/导出(P)
确定
取消

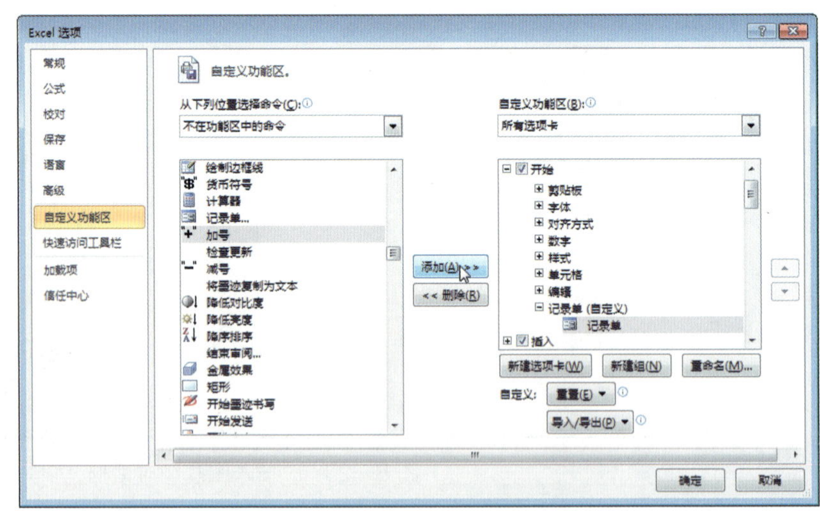

图 8—32　添加“记录单”按钮

（3）输入数据。选中所有列标题单元格，单击“开始”选项卡中的“记录单”按钮，并打开其对话框，如图 8—33 所示。在各个栏下输入各列的基本信息，如图 8—34 所示。输入完成后，单击“新建”按钮，即完成“丁力”相关信息的输入，如图 8—35 所示。

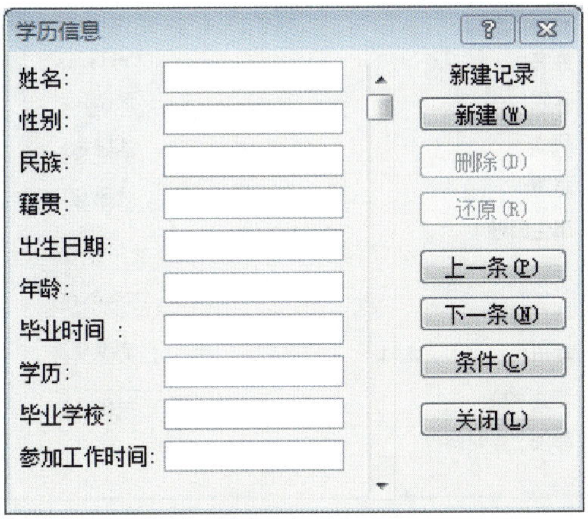

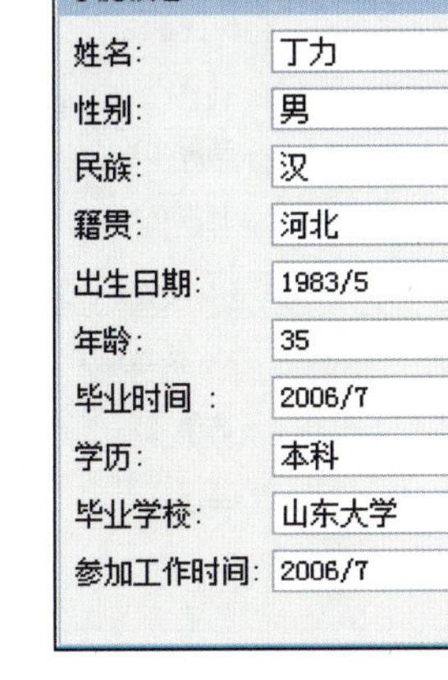

图 8—33　“学历信息”工作表记录单对话框 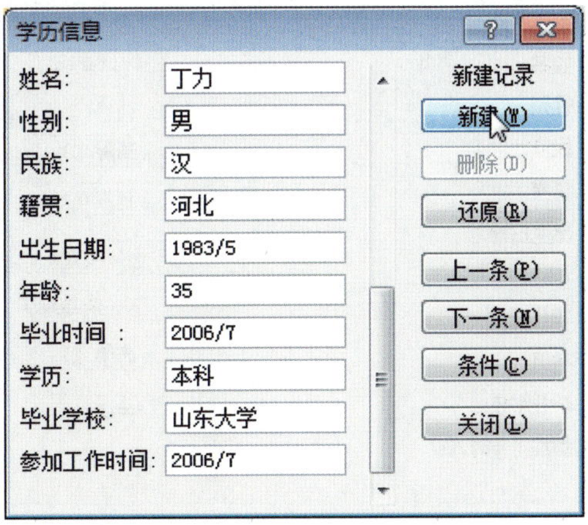　　　图 8—34　“丁力”相关信息的输入

员工学历基本信息表

2018年3月

姓名	性别	民族	籍贯	出生日期	年龄	毕业时间	学历	毕业学校	参加工作时间
丁力	男	汉	河北	1983年5月	35	**2006年7月**	本科	山东大学	2006年7月

图 8—35　单击“新建”后工作表示意图

在记录单对话框内完成其他信息的输入。输入完成后工作表示意图如图 8—36 所示。

员工学历基本信息表

2018年3月

姓名	性别	民族	籍贯	出生日期	年龄	毕业时间	学历	毕业学校	参加工作时间
丁力	男	汉	河北	1983年5月	35	**2006年7月**	本科	山东大学	2006年7月
徐锦	女	汉	河北	1975年2月	33	1997年7月	大专	华北电力	1998年7月
邱正	男	汉	北京	1975年10月	32	1997年7月	本科	北京科技大学	1997年7月
赵东海	男	汉	天津	1970年4月	38	1997年12月	博士	清华大学	1997年12月
吴迪	男	汉	山东	1982年2月	26	2006年7月	本科	四川大学	2006年7月
常宽	男	汉	江苏	1980年3月	28	2004年7月	本科	河海大学	2004年7月
李力	女	满	江苏	1980年7月	28	2004年7月	本科	苏州大学	2004年7月
江洋	男	汉	山东	1979年1月	29	2004年7月	硕士	北京理工大学	2004年7月
赵东	男	汉	辽宁	1974年5月	34	1997年7月	本科	北京科技大学	1997年7月
王梅	女	汉	山西	1983年12月	24	2006年7月	本科	哈尔滨理工大学	2006年7月
单芳	女	汉	湖南	1979年12月	28	2002年7月	本科	华北科技大学	2002年7月
刘亚楠	女	汉	上海	1983年1月	25	2006年7月	本科	华北理工大学	2006年7月
戚贞	女	汉	江西	1982年6月	26	2006年7月	硕士	华北理工大学	2006年7月
周亮	男	汉	河北	1975年4月	33	1997年7月	本科	北京师范大学	1997年7月
王一天	男	汉	山西	1982年9月	25	2006年7月	本科	天津大学	2006年7月

图 8—36　输入完成后工作表示意图

（4）查询和修改数据。单击“记录单”对话框中左侧的“条件”按钮，出现如图 8—37 所示对话框。在此对话框中输入要查询或修改的数据内容，如图 8—38 所示。输入后，按 Enter 键，则工作表将定位到第一条符合此条件的数据。继续查询可单击“下一条”按钮。

学历信息
姓名:
性别:
民族:
籍贯:
出生日期:
年龄:
毕业时间：
学历:
毕业学校:
参加工作时间:
Criteria
新建(W)
清除(C)
还原(R)
上一条(P)
下一条(N)
表单(F)
关闭(L)

学历信息
姓名:
性别:
民族:
籍贯:
出生日期:
年龄:
毕业时间：
学历: 本科
毕业学校:
参加工作时间:
Criteria
新建(W)
清除(C)
还原(R)
上一条(P)
下一条(N)
表单(F)
关闭(L)

图 8—37　查询和修改数据的对话框

图 8—38　查询或修改条件的输入

如果用户要修改数据，则首先查询定位到数据单元格上，直接修改即可，完成后按 Enter 键。单击“删除”按钮则在提示信息对话框的提示下，删除此行数据。

应注意，以上这些操作都是不可撤销的。

3. 分类汇总学历信息表

进行分类汇总前，首先对数据进行排序。这里按照“大专、本科、硕士、博士”的顺序排列，如图 8—39 所示。

	A	B	C	D	E	F	G	H	I	J
1	员工学历基本信息表									
2										2018年3月
3	姓名	性别	民族	籍贯	出生日期	年龄	毕业时间	学历	毕业学校	参加工作时间
4	徐锦	女	汉	河北	1975年2月	33	1997年7月	大专	华北电力	1998年7月
5	丁力	男	汉	河北	1983年5月	35	2006年7月	本科	山东大学	2006年7月
6	邱正	男	汉	北京	1975年10月	32	1997年7月	本科	北京科技大学	1997年7月
7	吴迪	男	汉	山东	1982年2月	26	2006年7月	本科	四川大学	2006年7月
8	常宽	男	汉	江苏	1980年3月	28	2004年7月	本科	河海大学	2004年7月
9	李力	女	满	江苏	1980年7月	28	2004年7月	本科	苏州大学	2004年7月
10	赵东	男	汉	辽宁	1974年5月	34	1997年7月	本科	北京科技大学	1997年7月
11	王梅	女	汉	山西	1983年12月	24	2006年7月	本科	哈尔滨理工大学	2006年7月
12	单芳	女	汉	湖南	1979年12月	28	2002年7月	本科	华北科技大学	2002年7月
13	刘亚楠	女	汉	上海	1983年1月	25	2006年7月	本科	华北理工大学	2006年7月
14	周亮	男	汉	河北	1975年4月	33	1997年7月	本科	北京师范大学	1997年7月
15	王一天	男	汉	山西	1982年9月	25	2006年7月	本科	天津大学	2006年7月
16	江洋	男	汉	山东	1979年1月	29	2004年7月	硕士	北京理工大学	2004年7月
17	戚贞	女	汉	江西	1982年6月	26	2006年7月	硕士	华北理工大学	2006年7月
18	赵东海	男	汉	天津	1970年4月	38	1997年12月	博士	清华大学	1997年12月

图 8—39　排序后工作表示意图

选定数据区域，单击“数据” | “分级显示”栏下的“分类汇总”选项，把“学历”按“计数”进行汇总，如图 8—40 所示。完成后的效果如图 8—41 所示。

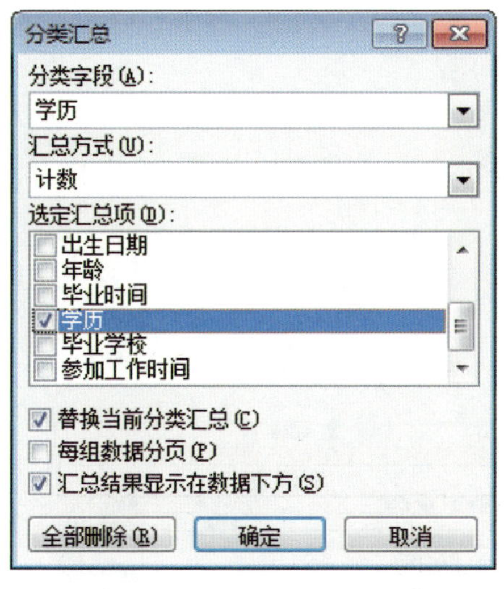

图 8—40　“分类汇总”对话框

员工学历基本信息表

2018年3月

姓名	性别	民族	籍贯	出生日期	年龄	毕业时间	学历	毕业学校	参加工作时间
徐锦	女	汉	河北	1975年2月	33	1997年7月	大专	华北电力	1998年7月
						大专 计数	1		
丁力	男	汉	河北	1983年5月	35	2006年7月	本科	山东大学	2006年7月
邱正	男	汉	北京	1975年10月	32	1997年7月	本科	北京科技大学	1997年7月
吴迪	男	汉	山东	1982年2月	26	2006年7月	本科	四川大学	2006年7月
常宽	男	汉	江苏	1980年3月	28	2004年7月	本科	河海大学	2004年7月
李力	女	满	江苏	1980年7月	28	2004年7月	本科	苏州大学	2004年7月
赵东	男	汉	辽宁	1974年5月	34	1997年7月	本科	北京科技大学	1997年7月
王梅	女	汉	山西	1983年12月	24	2006年7月	本科	哈尔滨理工大学	2006年7月
单芳	女	汉	湖南	1979年12月	28	2002年7月	本科	华北科技大学	2002年7月
刘亚楠	女	汉	上海	1983年1月	25	2006年7月	本科	华北理工大学	2006年7月
周亮	男	汉	河北	1975年4月	33	1997年7月	本科	北京师范大学	1997年7月
王一天	男	汉	山西	1982年9月	25	2006年7月	本科	天津大学	2006年7月
						本科 计数	11		
江洋	男	汉	山东	1979年1月	29	2004年7月	硕士	北京理工大学	2004年7月
戚贞	女	汉	江西	1982年6月	26	2006年7月	硕士	华北理工大学	2006年7月
						硕士 计数	2		
赵东海	男	汉	天津	1970年4月	38	1997年12月	博士	清华大学	1997年12月
						博士 计数	1		
						总计数	15		

图 8—41　按学历分类汇总后示意图

“简历表”素材可通过网站 http://jg.class.com.cn 下载，位于软件资源包“中文版 Excel 2010 基础与实训 / 项目八 / 任务 2”中。

操作演示

巩固练习

1. 在简历表中输入邱正的信息，自选一张图片作为照片插入。
2. 对“学历基本信息表”的性别一列进行计数分类汇总。

任务 3　建立财务报表

学习目标

1. 能描述 Excel 在财务报表中的重要作用。
2. 能描述财务报表的组成及其相互关系。
3. 能建立财务报表，同时熟练运用前七个项目的相关操作方法。

任务描述

财务报表由资产负债表、利润表和现金流量表组成。本任务就是要建立这三个工作表，分别如图 8—42、图 8—43、图 8—44 所示。

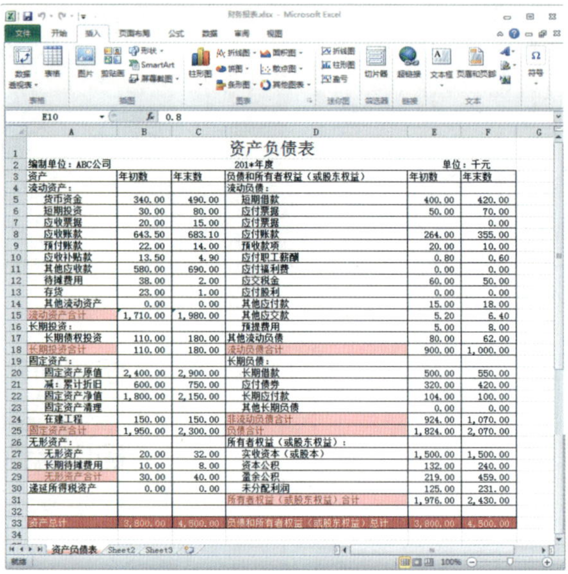

资产负债表

编制单位：ABC公司　　201*年度　　单位：千元

资产	年初数	年末数	负债和所有者权益（或股东权益）	年初数	年末数
流动资产：			流动负债：		
货币资金	340.00	490.00	短期借款	400.00	420.00
短期投资	30.00	80.00	应付票据	50.00	70.00
应收票据	20.00	15.00	应付票据		0.00
应收账款	643.50	683.10	应付账款	264.00	355.00
预付账款	22.00	14.00	预收款项	20.00	10.00
应收补贴款	13.50	4.90	应付职工薪酬	0.80	0.60
其他应收款	580.00	690.00	应付福利费	0.00	0.00
待摊费用	38.00	2.00	应交税金	60.00	50.00
存货	23.00	1.00	应付股利	0.00	0.00
其他流动资产	0.00	0.00	其他应付款	15.00	18.00
流动资产合计	1,710.00	1,980.00	其他应交款	5.20	6.40
长期投资：			预提费用	5.00	8.00
长期债权投资	110.00	180.00	其他流动负债	80.00	62.00
长期投资合计	110.00	180.00	流动负债合计	900.00	1,000.00
固定资产：			长期负债：		
固定资产原值	2,400.00	2,900.00	长期借款	500.00	550.00
减：累计折旧	600.00	750.00	应付债券	320.00	420.00
固定资产净值	1,800.00	2,150.00	长期应付款	104.00	100.00
固定资产清理			其他长期负债	0.00	0.00
在建工程	150.00	150.00	非流动负债合计	924.00	1,070.00
固定资产合计	1,950.00	2,300.00	负债合计	1,824.00	2,070.00
无形资产：			所有者权益（或股东权益）：		
无形资产	20.00	32.00	实收资本（或股本）	1,500.00	1,500.00
长期待摊费用	10.00	8.00	资本公积	132.00	240.00
无形资产合计	30.00	40.00	盈余公积	219.00	459.00
递延所得税资产	0.00	0.00	未分配利润	125.00	231.00
			所有者权益（或股东权益）合计	1,976.00	2,430.00
资产总计	3,800.00	4,500.00	负债和所有者权益（或股东权益）总计	3,800.00	4,500.00

图 8—42　资产负债表示意图

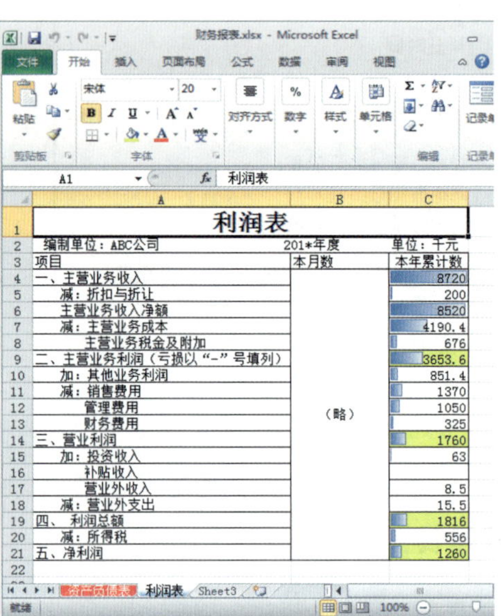

利润表

编制单位：ABC公司　　201*年度　　单位：千元

项目	本月数	本年累计数
一、主营业务收入	（略）	8720
减：折扣与折让		200
主营业务收入净额		8520
减：主营业务成本		4190.4
主营业务税金及附加		676
二、主营业务利润（亏损以“-”号填列）		3653.6
加：其他业务利润		851.4
减：销售费用		1370
管理费用		1050
财务费用		325
三、营业利润		1760
加：投资收入		63
补贴收入		
营业外收入		8.5
减：营业外支出		15.5
四、利润总额		1816
减：所得税		556
五、净利润		1260

图 8—43　利润表示意图

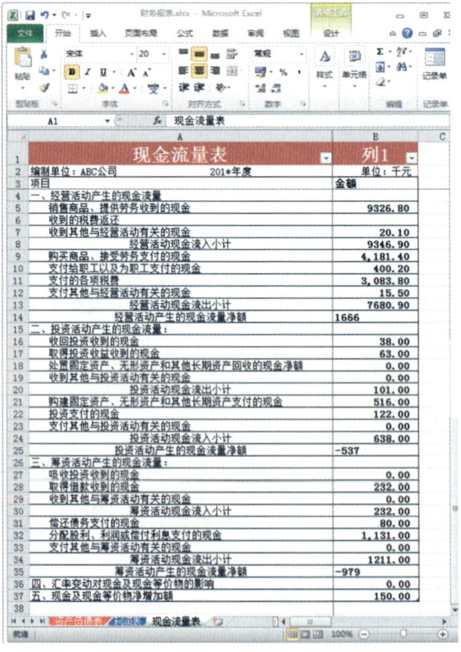

现金流量表	列1
编制单位：ABC公司　　201*年度	单位：千元
项目	金额
一、经营活动产生的现金流量	
销售商品、提供劳务收到的现金	9326.80
收到的税费返还	
收到其他与经营活动有关的现金	20.10
经营活动现金流入小计	9346.90
购买商品、接受劳务支付的现金	4,181.40
支付给职工以及为职工支付的现金	400.20
支付的各项税费	3,083.80
支付其他与经营活动有关的现金	15.50
经营活动现金流出小计	7680.90
经营活动产生的现金流量净额	1666
二、投资活动产生的现金流量：	
收回投资收到的现金	38.00
取得投资收益收到的现金	63.00
处置固定资产、无形资产和其他长期资产回收的现金净额	0.00
收到其他与投资活动有关的现金	0.00
投资活动现金流出小计	101.00
购建固定资产、无形资产和其他长期资产支付的现金	516.00
投资支付的现金	122.00
支付其他与投资活动有关的现金	0.00
投资活动现金流入小计	638.00
投资活动产生的现金流量净额	-537
三、筹资活动产生的现金流量：	
吸收投资收到的现金	0.00
取得借款收到的现金	232.00
收到其他与筹资活动有关的现金	0.00
筹资活动现金流入小计	232.00
偿还债务支付的现金	80.00
分配股利、利润或偿付利息支付的现金	1,131.00
支付其他与筹资活动有关的现金	0.00
筹资活动现金流出小计	1211.00
筹资活动产生的现金流量净额	-979
四、汇率变动对现金及现金等价物的影响	0.00
五、现金及现金等价物净增加额	150.00

图 8—44　现金流量表示意图

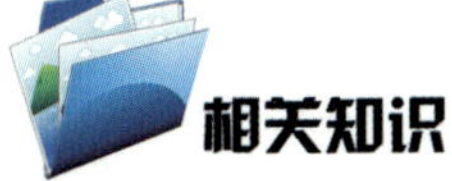

相关知识

财务报表是记录企业财务状况的主要形式，它有一个月、一季度、一年等多种类型，主要由资产负债表、利润表和现金流量表三部分组成。下面对其进行简单介绍。

资产负债表根据“资产 = 负债 + 所有者权益”这个会计等式编制。也就是资产负债表中最后两项应该是相等的。资产反映了企业所拥有的资产，包括固定、无形、流动等项目。负债反映了企业的债务。所有者权益反映了投资者和所有者的权益。

利润表可以直接反映企业的财务成果。本表分为实现利润、利润分配和补充资料三个部分。在此只介绍实现利润部分，它主要反映了利润总额的情况。

现金流量表则通过现金的流入和流出的值反映现金的变化。依据《企业会计准则》，现金流量表包括两个部分：

（1）提供企业一定时期内现金收支详细资料的现金流量信息的报表，采用直接法编制。

（2）“补充资料”部分，主要提供不涉及现金流量的重要经济事项和提示净利润和经营活动现金流量关系的报表，采用间接法编制。这里介绍的是第一部分主表。

实践操作

1. 资产负债表的建立

（1）新建工作簿 Book1，在 A1 中输入“资产负债表”，合并单元格 A1:F1，将“资产负债表”修改为“宋体”“20”号，并居中显示。在单元格 A2 中输入图 8—42 所示中相应的内容，合并 A2:F2。同时在单元格区域 A3:F33 输入所有的文本数据，字体格式为“宋体”“11”号。输入完成后如图 8—45 所示。

	A	B	C	D	E	F
1	资产负债表					
2	编制单位：ABC公司			201*年度		单位：千元
3	资产	年初数	年末数	负债和所有者权益（或股东权益）	年初数	年末数
4	流动资产：			流动负债：		
5	货币资金			短期借款		
6	短期投资			应付票据		
7	应收票据			应付票据		
8	应收账款			应付账款		
9	预付账款			预收款项		
10	应收补贴款			应付职工薪酬		
11	其他应收款			应付福利费		
12	待摊费用			应交税金		
13	存货			应付股利		
14	其他流动资产			其他应付款		
15	流动资产合计			其他应交款		
16	长期投资：			预提费用		
17	长期债权投资			其他流动负债		
18	长期投资合计			流动负债合计		
19	固定资产：			长期负债：		
20	固定资产原值			长期借款		
21	减：累计折旧			应付债券		
22	固定资产净值			长期应付款		
23	固定资产清理			其他长期负债		
24	在建工程			非流动负债合计		
25	固定资产合计			负债合计		
26	无形资产：			所有者权益（或股东权益）：		
26	无形资产：			所有者权益（或股东权益）：		
27	无形资产			实收资本（或股本）		
28	长期待摊费用			资本公积		
29	无形资产合计			盈余公积		
30	递延所得税资产			未分配利润		
31				所有者权益（或股东权益）合计		
32						
33	资产总计			负债和所有者权益（或股东权益）总计		
34						
35						

图 8—45 文本输入完成后示意图

（2）选择数据区域 A3:F33，单击“开始”|“字体”栏下的“边框”图标，在其下拉菜单中选择“所有框线”，即完成了边框的设置，

如图 8—46 所示。

	A	B	C	D	E	F
1	资产负债表					
2	编制单位：ABC公司			201*年度		单位：千元
3	资产	年初数	年末数	负债和所有者权益（或股东权益）	年初数	年末数
4	流动资产：			流动负债：		
5	货币资金			短期借款		
6	短期投资			应付票据		
7	应收票据			应付票据		
8	应收账款			应付账款		
9	预付账款			预收款项		
10	应收补贴款			应付职工薪酬		
11	其他应收款			应付福利费		
12	待摊费用			应交税金		
13	存货			应付股利		
14	其他流动资产			其他应付款		
15	流动资产合计			其他应交款		
16	长期投资：			预提费用		
17	长期债权投资			其他流动负债		
18	长期投资合计			流动负债合计		
19	固定资产：			长期负债：		
20	固定资产原值			长期借款		
21	减：累计折旧			应付债券		
22	固定资产净值			长期应付款		
23	固定资产清理			其他长期负债		
24	在建工程			非流动负债合计		
25	固定资产合计			负债合计		
26	无形资产：			所有者权益（或股东权益）：		
27	无形资产			实收资本（或股本）		
28	长期待摊费用			资本公积		
29	无形资产合计			盈余公积		
30	递延所得税资产			未分配利润		
31				所有者权益（或股东权益）合计		
32						
33	资产总计			负债和所有者权益（或股东权益）总计		
34						

图 8—46 边框设置完成后示意图

（3）选定 B、C、E、F 四列，单击“开始”|“数字”栏右下角的图标，在打开的“设置单元格格式”对话框的“数字”选项下，选择左侧“分类”中的“数值”，把右侧的小数位数设为“2”，并选中“千分位分隔符”，单击“确定”按钮，即完成了数字格式的设置。按照图 8—42 所示输入数字的内容。其中 B15:C15，B18:F18，B21:C21，B25:C25，B29:C29，B33:C33，E24:F25，E31:F31 需要输入公式，在这里暂不输入。输入完成后如图 8—47 所示。

	A	B	C	D	E	F
1	资产负债表					
2	编制单位：ABC公司			201*年度		单位：千元
3	资产	年初数	年末数	负债和所有者权益（或股东权益）	年初数	年末数
4	流动资产：			流动负债：		
5	货币资金	340.00	490.00	短期借款	400.00	420.00
6	短期投资	30.00	80.00	应付票据	50.00	70.00
7	应收票据	20.00	15.00	应付票据		0.00
8	应收账款	643.50	683.10	应付账款	264.00	355.00
9	预付账款	22.00	14.00	预收款项	20.00	10.00
10	应收补贴款	13.50	4.90	应付职工薪酬	0.80	0.60
11	其他应收款	580.00	690.00	应付福利费	0.00	0.00
12	待摊费用	38.00	2.00	应交税金	60.00	50.00
13	存货	23.00	1.00	应付股利	0.00	0.00
14	其他流动资产	0.00	0.00	其他应付款	15.00	18.00
15	流动资产合计			其他应交款	5.20	6.40
16	长期投资：			预提费用	5.00	8.00
17	长期债权投资	110.00	180.00	其他流动负债	80.00	62.00
18	长期投资合计			流动负债合计		
19	固定资产：			长期负债：		
20	固定资产原值	2,400.00	2,900.00	长期借款	500.00	550.00
21	减：累计折旧	600.00	750.00	应付债券	320.00	420.00
22	固定资产净值	1,800.00	2,150.00	长期应付款	104.00	100.00
23	固定资产清理			其他长期负债	0.00	0.00
24	在建工程	150.00	150.00	非流动负债合计		
25	固定资产合计			负债合计		
26	无形资产：			所有者权益（或股东权益）：		
27	无形资产	20.00	32.00	实收资本（或股本）	1,500.00	1,500.00
28	长期待摊费用	10.00	8.00	资本公积	132.00	240.00
29	无形资产合计			盈余公积	219.00	459.00
30	递延所得税资产	0.00	0.00	未分配利润	125.00	231.00
31				所有者权益（或股东权益）合计		
32						
33	资产总计			负债和所有者权益（或股东权益）总计		
34						

图 8—47 数值输入完成后示意图

（4）在其他剩余的单元格内分别需要输入公式：

B15：=SUM(B5:B13)；C15：=SUM(C5:C13)；B18：=SUM(B17)；C18：=SUM(C17)；B25：=SUM(B22,B23,B24)；C25：=SUM(C22,C23,C24)；B29：=SUM(B27:B28)；C29：=SUM(C27:C28)；B33：=SUM(B15,B17,B25,B27,B28,B30)；

C33：=SUM(C15,C17,C25,C27,C28,C30)；E18：=SUM(E5:E17)；F18：=SUM(F5:F17)；E24：=SUM(E20:E23)；F24：=SUM(F20:F23)；E25 =SUM(E18,E24)；F25：=SUM(F18,F24)；E31:=SUM(E27:E30) ；F31:=SUM(F27:F30) ；E33：=SUM(E25,E31)；F33：=SUM(F25,F31)；

每输入完一个公式，按 Enter 键即可。所有单元格输入完成后，如图 8—48 所示。

	A	B	C	D	E	F
1				资产负债表		
2	编制单位：ABC公司			201*年度		单位：千元
3	资产	年初数	年末数	负债和所有者权益（或股东权益）	年初数	年末数
4	流动资产：			流动负债：		
5	货币资金	340.00	490.00	短期借款	400.00	420.00
6	短期投资	30.00	80.00	应付票据	50.00	70.00
7	应收票据	20.00	15.00	应付票据		0.00
8	应收账款	643.50	683.10	应付账款	264.00	355.00
9	预付账款	22.00	14.00	预收款项	20.00	10.00
10	应收补贴款	13.50	4.90	应付职工薪酬	0.80	0.60
11	其他应收款	580.00	690.00	应付福利费	0.00	0.00
12	待摊费用	38.00	2.00	应交税金	60.00	50.00
13	存货	23.00	1.00	应付股利	0.00	0.00
14	其他流动资产	0.00	0.00	其他应付款	15.00	18.00
15	流动资产合计	1,710.00	1,980.00	其他应交款	5.20	6.40
16	长期投资：			预提费用	5.00	8.00
17	长期债权投资	110.00	180.00	其他流动负债	80.00	62.00
18	长期投资合计	110.00	180.00	流动负债合计	900.00	1,000.00
19	固定资产：			长期负债：		
20	固定资产原值	2,400.00	2,900.00	长期借款	500.00	550.00
21	减：累计折旧	600.00	750.00	应付债券	320.00	420.00
22	固定资产净值	1,800.00	2,150.00	长期应付款	104.00	100.00
23	固定资产清理			其他长期负债	0.00	0.00
24	在建工程	150.00	150.00	非流动负债合计	924.00	1,070.00
25	固定资产合计	1,950.00	2,300.00	负债合计	1,824.00	2,070.00
26	无形资产：			所有者权益（或股东权益）：		
27	无形资产	20.00	32.00	实收资本（或股本）	1,500.00	1,500.00
28	长期待摊费用	10.00	8.00	资本公积	132.00	240.00
29	无形资产合计	30.00	40.00	盈余公积	219.00	459.00
30	递延所得税资产	0.00	0.00	未分配利润	125.00	231.00
31				所有者权益（或股东权益）合计	1,976.00	2,430.00
32						
33	资产总计	3,800.00	4,500.00	负债和所有者权益（或股东权益）总计	3,800.00	4,500.00
34						

图 8—48　输入完成后示意图

（5）将通过合计得到的单元格进行格式设置。

选定数据区域，单击“开始”|“样式”栏中的“条件格式”。在其下拉菜单中单击“突出显示单元格规则”，单击其右侧的“文本包含”选项，在其对话框中填入如图 8—49 所示的内容，单击“确定”按钮，工作表如图 8—50 所示。

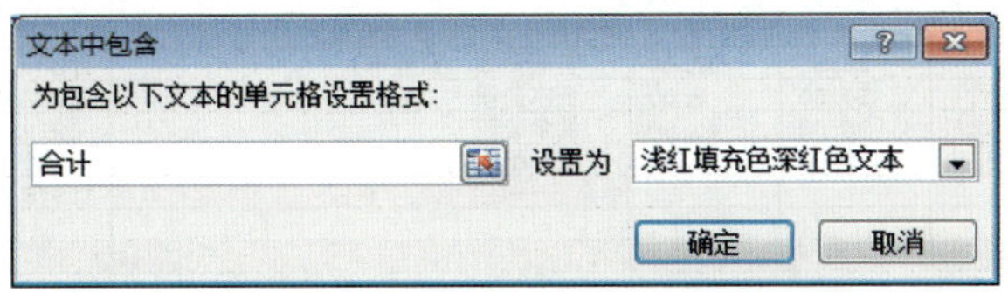

图 8—49　“文本中包含”对话框

	A	B	C	D	E	F
1	资产负债表					
2	编制单位：ABC公司			201*年度	单位：千元	
3	资产	年初数	年末数	负债和所有者权益（或股东权益）	年初数	年末数
4	流动资产：			流动负债：		
5	货币资金	340.00	490.00	短期借款	400.00	420.00
6	短期投资	30.00	80.00	应付票据	50.00	70.00
7	应收票据	20.00	15.00	应付票据		0.00
8	应收账款	643.50	683.10	应付账款	264.00	355.00
9	预付账款	22.00	14.00	预收款项	20.00	10.00
10	应收补贴款	13.50	4.90	应付职工薪酬	0.80	0.60
11	其他应收款	580.00	690.00	应付福利费	0.00	0.00
12	待摊费用	38.00	2.00	应交税金	60.00	50.00
13	存货	23.00	1.00	应付股利	0.00	0.00
14	其他流动资产	0.00	0.00	其他应付款	15.00	18.00
15	流动资产合计	1,710.00	1,980.00	其他应交款	5.20	6.40
16	长期投资：			预提费用	5.00	8.00
17	长期债权投资	110.00	180.00	其他流动负债	80.00	62.00
18	长期投资合计	110.00	180.00	流动负债合计	900.00	1,000.00
19	固定资产：			长期负债：		
20	固定资产原值	2,400.00	2,900.00	长期借款	500.00	550.00
21	减：累计折旧	600.00	750.00	应付债券	320.00	420.00
22	固定资产净值	1,800.00	2,150.00	长期应付款	104.00	100.00
23	固定资产清理			其他长期负债	0.00	0.00
24	在建工程	150.00	150.00	非流动负债合计	924.00	1,070.00
25	固定资产合计	1,950.00	2,300.00	负债合计	1,824.00	2,070.00
26	无形资产：			所有者权益（或股东权益）：		
27	无形资产	20.00	32.00	实收资本（或股本）	1,500.00	1,500.00
28	长期待摊费用	10.00	8.00	资本公积	132.00	240.00
29	无形资产合计	30.00	40.00	盈余公积	219.00	459.00
30	递延所得税资产	0.00	0.00	未分配利润	125.00	231.00
31				所有者权益（或股东权益）合计	1,976.00	2,430.00
32						
33	资产总计	3,800.00	4,500.00	负债和所有者权益（或股东权益）总计	3,800.00	4,500.00

图 8—50　条件格式设置完成后示意图

（6）选择工作表最后一行数据单元格区域 A33:F33。单击“开始”|“样式”栏下的“单元格样式”按钮，在其下拉菜单中选择“主题单元格样式”下的“强调文字颜色 2”选项。完成后如图 8—51 所示。

	A	B	C	D	E	F
1	资产负债表					
2	编制单位：ABC公司			201*年度	单位：千元	
3	资产	年初数	年末数	负债和所有者权益（或股东权益）	年初数	年末数
4	流动资产：			流动负债：		
5	货币资金	340.00	490.00	短期借款	400.00	420.00
6	短期投资	30.00	80.00	应付票据	50.00	70.00
7	应收票据	20.00	15.00	应付票据		0.00
8	应收账款	643.50	683.10	应付账款	264.00	355.00
9	预付账款	22.00	14.00	预收款项	20.00	10.00
10	应收补贴款	13.50	4.90	应付职工薪酬	0.80	0.60
11	其他应收款	580.00	690.00	应付福利费	0.00	0.00
12	待摊费用	38.00	2.00	应交税金	60.00	50.00
13	存货	23.00	1.00	应付股利	0.00	0.00
14	其他流动资产	0.00	0.00	其他应付款	15.00	18.00
15	流动资产合计	1,710.00	1,980.00	其他应交款	5.20	6.40
16	长期投资：			预提费用	5.00	8.00
17	长期债权投资	110.00	180.00	其他流动负债	80.00	62.00
18	长期投资合计	110.00	180.00	流动负债合计	900.00	1,000.00
19	固定资产：			长期负债：		
20	固定资产原值	2,400.00	2,900.00	长期借款	500.00	550.00
21	减：累计折旧	600.00	750.00	应付债券	320.00	420.00
22	固定资产净值	1,800.00	2,150.00	长期应付款	104.00	100.00
23	固定资产清理			其他长期负债	0.00	0.00
24	在建工程	150.00	150.00	非流动负债合计	924.00	1,070.00
25	固定资产合计	1,950.00	2,300.00	负债合计	1,824.00	2,070.00
26	无形资产：			所有者权益（或股东权益）：		
27	无形资产	20.00	32.00	实收资本（或股本）	1,500.00	1,500.00
28	长期待摊费用	10.00	8.00	资本公积	132.00	240.00
29	无形资产合计	30.00	40.00	盈余公积	219.00	459.00
30	递延所得税资产	0.00	0.00	未分配利润	125.00	231.00
31				所有者权益（或股东权益）合计	1,976.00	2,430.00
32						
33	资产总计	3,800.00	4,500.00	负债和所有者权益（或股东权益）总计	3,800.00	4,500.00

图 8—51　单元格样式设置完成后示意图

（7）输入完成后，右击 Sheet1 的标签，选择“重命名”选项，将“Sheet1”改为“资产负债表”。然后用右击“资产负债表”，单击“工作表标签颜色”选项，并在其列表中选择红色。完成后如图 8—52 所示。

	A	B	C	D	E
1				资产负债表	
2	编制单位：ABC公司			201*年度	单位：
3	资产	年初数	年末数	负债和所有者权益（或股东权益）	年初数
4	流动资产：			流动负债：	
5	货币资金	340.00	490.00	短期借款	400.00
6	短期投资	30.00	80.00	应付票据	50.00
7	应收票据	20.00	15.00	应付票据	
8	应收账款	643.50	683.10	应付账款	264.00
9	预付账款	22.00	14.00	预收款项	20.00
10	应收补贴款	13.50	4.90	应付职工薪酬	0.80
11	其他应收款	580.00	690.00	应付福利费	0.00
12	待摊费用	38.00	2.00	应交税金	60.00
13	存货	23.00	1.00	应付股利	0.00
14	其他流动资产	0.00	0.00	其他应付款	15.00
15	流动资产合计	1,710.00	1,980.00	其他应交款	5.20
16	长期投资：			预提费用	5.00
17	长期债权投资	110.00	180.00	其他流动负债	80.00
18	长期投资合计	110.00	180.00	流动负债合计	900.00
19	固定资产：			长期负债：	
20	固定资产原值	2,400.00	2,900.00	长期借款	500.00

图 8—52　标签修改完成后示意图

（8）完成后，选定所有数据区域 A1:F33。用右击此工作表标签，选择“保护工作表”选项，在其对话框中进行如图 8—53 的设置，其中密码用户可以自己设定，单击“确定”按钮，即完成对工作表的保护设置。

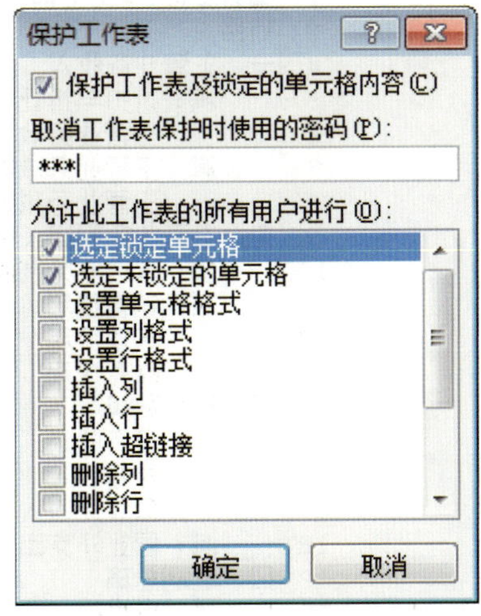

图 8—53　“保护工作表”对话框

至此，资产负债表制作完成。

2. 利润表的建立

（1）双击 Sheet2 工作表标签，将其重命名为“利润表”。在右键快捷菜单中将工作表标签设置成“蓝色”。

（2）在“利润表”的工作表中，按照《企业会计准则》中的相关要求，输入如图 8—54 所示的文本。

	A	B	C
1	利润表		
2	编制单位：ABC公司	201*年度	单位：千元
3	项目	本月数	本年累计数
4	一、主营业务收入	（略）	
5	减：折扣与折让		
6	主营业务收入净额		
7	减：主营业务成本		
8	主营业务税金及附加		
9	二、主营业务利润（亏损以“-”号填列）		
10	加：其他业务利润		
11	减：销售费用		
12	管理费用		
13	财务费用		
14	三、营业利润		
15	加：投资收入		
16	补贴收入		
17	营业外收入		
18	减：营业外支出		
19	四、利润总额		
20	减：所得税		
21	五、净利润		

图 8—54 输入文本后示意图

本例将“本月数”忽略不讲，输入过程中将单元格区域 B4:B21 选中后，单击“开始”|“对齐”栏中的按钮，或者选择“设置单元格格式”，在弹出的“设置单元格格式”对话框中选择“对齐”选项卡内“文本控制”中的“合并单元格”复选框后确定，将文字居中，输入文字“（略）”。完成后如图 8—55 所示。

	A	B	C
1	利润表		
2	编制单位：ABC公司	201*年度	单位：千元
3	项目	本月数	本年累计数
4	一、主营业务收入		
5	减：折扣与折让		
6	主营业务收入净额		
7	减：主营业务成本		
8	主营业务税金及附加		
9	二、主营业务利润（亏损以“-”号填列）		
10	加：其他业务利润		
11	减：销售费用		
12	管理费用	（略）	
13	财务费用		
14	三、营业利润		
15	加：投资收入		
16	补贴收入		
17	营业外收入		
18	减：营业外支出		
19	四、利润总额		
20	减：所得税		
21	五、净利润		

图 8—55 合并单元格 B4:B21 后示意图

（3）选择单元格区域 A1:C1，单击合并后居中，将“利润表”字体设置为宋体加粗 20 号。

选择单元格区域 A2:C2，单击合并后居中。

选中第 3 列，单击“开始”|“对齐方式”中的“文本居中”按钮。

按住 Ctrl 键，并选中单元格 A4、A9、A14、A19、A21，单击“开始”|“对齐方式”中的“文本左对齐”按钮。

按住 Ctrl 键，并选中单元格 A5、A6，A7、A10、A11、A15、A18、A20，单击“开始”|“对齐方式”中的“增加缩进量”按钮。

按住 Ctrl 键，并选中单元格 A8、A12、A13、A16、A17，单击两次“开始”|“对齐方式”中的“增加缩进量”按钮，并设置数据区域边框。

设置后的效果如图 8—56 所示。

	A	B	C
1	利润表		
2	编制单位：ABC公司	201*年度	单位：千元
3	项目	本月数	本年累计数
4	一、主营业务收入		
5	减：折扣与折让		
6	主营业务收入净额		
7	减：主营业务成本		
8	主营业务税金及附加		
9	二、主营业务利润（亏损以“-”号填列）		
10	加：其他业务利润		
11	减：销售费用		
12	管理费用	（略）	
13	财务费用		
14	三、营业利润		
15	加：投资收入		
16	补贴收入		
17	营业外收入		
18	减：营业外支出		
19	四、利润总额		
20	减：所得税		
21	五、净利润		

图 8—56 格式设置完成后示意图

（4）在工作表中选中单元格 C9，输入公式“=C6-C7-C8”，输入后，单击“开始”|“字体”中的填充颜色按钮，在其下拉颜色列表中选择将单元格填充为黄色。这样输入公式的单元格就和其他的单元格区别开了。

在工作表中选中单元格 C14，输入公式“=C9+C10-C11-C12-C13”，输入后，单击“开始”|“字体”中的填充颜色按钮，将单元格填充为黄色。

在工作表中选中单元格 C19，输入公式“=C14+C15+C17-C18”，输入后，单击“开始”|“字

体”中的填充颜色按钮，将单元格填充为黄色。

在工作表中选中单元格 C21，输入公式“=C19-C20”，输入后，单击“开始”|“字体”中的填充颜色按钮，将单元格填充为黄色。

输入公式后的效果如图 8—57 所示。

	A	B	C
1	利润表		
2	编制单位：ABC公司	201*年度	单位：千元
3	项目	本月数	本年累计数
4	一、主营业务收入		
5	减：折扣与折让		
6	主营业务收入净额		
7	减：主营业务成本		
8	主营业务税金及附加		
9	二、主营业务利润（亏损以“-”号填列）		0
10	加：其他业务利润		
11	减：销售费用		
12	管理费用	（略）	
13	财务费用		
14	三、营业利润		0
15	加：投资收入		
16	补贴收入		
17	营业外收入		
18	减：营业外支出		
19	四、 利润总额		0
20	减：所得税		
21	五、净利润		0

图 8—57 公式输入完成后示意图

（5）输入其他数值数据，完成后如图 8—58 所示。

	A	B	C
1	利润表		
2	编制单位：ABC公司	201*年度	单位：千元
3	项目	本月数	本年累计数
4	一、主营业务收入		8720
5	减：折扣与折让		200
6	主营业务收入净额		8520
7	减：主营业务成本		4190.4
8	主营业务税金及附加		676
9	二、主营业务利润（亏损以“-”号填列）		3653.6
10	加：其他业务利润		851.4
11	减：销售费用		1370
12	管理费用	（略）	1050
13	财务费用		325
14	三、营业利润		1760
15	加：投资收入		63
16	补贴收入		
17	营业外收入		8.5
18	减：营业外支出		15.5
19	四、利润总额		1816
20	减：所得税		556
21	五、净利润		1260

图 8—58 数值输入后工作表示意图

（6）选择“利润表”表格中单元格区域 C4:C21，单击“开始”|“样式”|“条件格式”下拉列表中的“数据条”中的“渐变填充”中的蓝色数据条，这样数据大小就可以直观显示，如图 8—59 所示。

	A	B	C
2	编制单位：ABC公司	201*年度	单位：千元
3	项目	本月数	本年累计数
4	一、主营业务收入		8720
5	减：折扣与折让		200
6	主营业务收入净额		8520
7	减：主营业务成本		4190.4
8	主营业务税金及附加		676
9	二、主营业务利润（亏损以“-”号填列）		3653.6
10	加：其他业务利润		851.4
11	减：销售费用		1370
12	管理费用	（略）	1050
13	财务费用		325
14	三、营业利润		1760
15	加：投资收入		63
16	补贴收入		
17	营业外收入		8.5
18	减：营业外支出		15.5
19	四、利润总额		1816
20	减：所得税		556
21	五、净利润		1260

图 8—59　“条件格式”设置完成后示意图

（7）右击此表的标签，选择“保护工作表”选项，进行保护设置。

至此，利润表制作完成。

3. 现金流量表的建立

（1）在工作表 Sheet3 工作表的标签上右击选择“重命名”，将工作表标签重命名为“现金流量表”。在右键快捷菜单中将工作表标签设置成“绿色”，如图 8—60 所示。

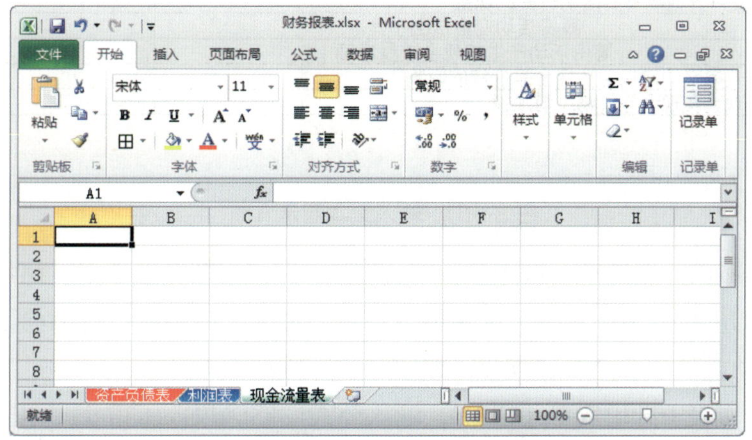

图 8—60　重命名 Sheet3 示意图

（2）在“现金流量表”工作表中，按照《企业会计准则》中的相关要求，输入如图 8—61 所示的文本。其中“现金流量表”为“宋体”“20”号。每个大标题下的副项目的格式为“增加一个缩进量”。“小计”和“净额”单元格为居中显示。

	A	B
1	现金流量表	
2	编制单位：ABC公司　　201*年度	单位：千元
3	项目	金额
4	一、经营活动产生的现金流量	
5	销售商品、提供劳务收到的现金	
6	收到的税费返还	
7	收到其他与经营活动有关的现金	
8	经营活动现金流入小计	
9	购买商品、接受劳务支付的现金	
10	支付给职工以及为职工支付的现金	
11	支付的各项税费	
12	支付其他与经营活动有关的现金	
13	经营活动现金流出小计	
14	经营活动产生的现金流量净额	
15	二、投资活动产生的现金流量：	
16	收回投资收到的现金	
17	取得投资收益收到的现金	
18	处置固定资产、无形资产和其他长期资产回收的现金净额	
19	收到其他与投资活动有关的现金	
20	投资活动现金流出小计	
21	购建固定资产、无形资产和其他长期资产支付的现金	
22	投资支付的现金	
23	支付其他与投资活动有关的现金	
24	投资活动现金流入小计	
25	投资活动产生的现金流量净额	
26	三、筹资活动产生的现金流量：	
27	吸收投资收到的现金	
28	取得借款收到的现金	
29	收到其他与筹资活动有关的现金	
30	筹资活动现金流入小计	
31	偿还债务支付的现金	
32	分配股利、利润或偿付利息支付的现金	
33	支付其他与筹资活动有关的现金	
34	筹资活动现金流出小计	
35	筹资活动产生的现金流量净额	
36	四、汇率变动对现金及现金等价物的影响	
37	五、现金及现金等价物净增加额	
38		

图 8—61　输入文本后示意图

（3）冻结窗口。选择单元格区域区域 A1:B4，在“视图”选项卡“窗口”组中的“冻结窗格”按钮的下拉列表中选择“冻结拆分窗格”命令。冻结窗口后滚动工作表，可以使前三行保持不动，其余部分滚动查看，如图 8—62 所示。

（4）在工作表中选中定单元格 B8，输入公式“=SUM(B5:B7)”后，按右击 Enter 键确认，完成单元格 B8 的输入，如图 8—63 所示。

	A	B
1	现金流量表	
2	编制单位：ABC公司　　　　201*年度	单位：千元
3	项目	金额
4	一、经营活动产生的现金流量	
5	销售商品、提供劳务收到的现金	
6	收到的税费返还	
7	收到其他与经营活动有关的现金	
8	经营活动现金流入小计	
9	购买商品、接受劳务支付的现金	
10	支付给职工以及为职工支付的现金	
11	支付的各项税费	
12	支付其他与经营活动有关的现金	
13	经营活动现金流出小计	
14	经营活动产生的现金流量净额	
15	二、投资活动产生的现金流量：	
16	收回投资收到的现金	
17	取得投资收益收到的现金	
18	处置固定资产、无形资产和其他长期资产回收的现金净额	
19	收到其他与投资活动有关的现金	
20	投资活动现金流出小计	
21	购建固定资产、无形资产和其他长期资产支付的现金	
22	投资支付的现金	
23	支付其他与投资活动有关的现金	
24	投资活动现金流入小计	
25	投资活动产生的现金流量净额	
26	三、筹资活动产生的现金流量：	
27	吸收投资收到的现金	
28	取得借款收到的现金	
29	收到其他与筹资活动有关的现金	
30	筹资活动现金流入小计	
31	偿还债务支付的现金	
32	分配股利、利润或偿付利息支付的现金	
33	支付其他与筹资活动有关的现金	
34	筹资活动现金流出小计	
35	筹资活动产生的现金流量净额	
36	四、汇率变动对现金及现金等价物的影响	
37	五、现金及现金等价物净增加额	
38		

图 8—62　冻结操作后示意图

B8　=SUM(B5:B7)

	A	B
1	现金流量表	
2	编制单位：ABC公司　　　　201*年度	单位：千元
3	项目	金额
4	一、经营活动产生的现金流量	
5	销售商品、提供劳务收到的现金	
6	收到的税费返还	
7	收到其他与经营活动有关的现金	
8	经营活动现金流入小计	0
9	购买商品、接受劳务支付的现金	

图 8—63　单元格 B8 公式输入完成后示意图

（5）在工作表中选定单元格 B13，输入公式“=SUM(B9:B12)”后，按 Enter 键确认即可。在工作表中选中单元格 B14，输入公式“=B8-B13”后，按 Enter 键确认即可。在工作表中选中单元格 B20，输入公式“=SUM(B16:B19)”后，按 Enter 键确认即可。在工作表中选中单元格 B24，输入公式“=SUM(B21:B23)”后，按 Enter 键确认即可。在工作表中选中单元格 B25，输入公式“=B20-B24”后，按 Enter 键确认即可。在工作表中选中单元格 B30，输入公式“=SUM(B27:B29)”后，按 Enter 键确认即可。在工作表中选中单元格 B34，输入公式“=SUM(B31:B33)”后，按 Enter 键确认即可。在工作表中选中单元格 B35，输入公式“=B30-B34”后，按 Enter 键确认即可。所有公式输入完成后的工作表如图 8—64 所示。

	A	B
1	现金流量表	
2	编制单位：ABC公司　　201*年度	单位：千元
3	项目	金额
4	一、经营活动产生的现金流量	
5	销售商品、提供劳务收到的现金	
6	收到的税费返还	
7	收到其他与经营活动有关的现金	
8	经营活动现金流入小计	0.00
9	购买商品、接受劳务支付的现金	
10	支付给职工以及为职工支付的现金	
11	支付的各项税费	
12	支付其他与经营活动有关的现金	
13	经营活动现金流出小计	0.00
14	经营活动产生的现金流量净额	0
15	二、投资活动产生的现金流量：	
16	收回投资收到的现金	
17	取得投资收益收到的现金	
18	处置固定资产、无形资产和其他长期资产回收的现金净额	
19	收到其他与投资活动有关的现金	
20	投资活动现金流出小计	0.00
21	购建固定资产、无形资产和其他长期资产支付的现金	
22	投资支付的现金	
23	支付其他与投资活动有关的现金	
24	投资活动现金流入小计	0.00
25	投资活动产生的现金流量净额	0
26	三、筹资活动产生的现金流量：	
27	吸收投资收到的现金	
28	取得借款收到的现金	
29	收到其他与筹资活动有关的现金	
30	筹资活动现金流入小计	0.00
31	偿还债务支付的现金	
32	分配股利、利润或偿付利息支付的现金	
33	支付其他与筹资活动有关的现金	
34	筹资活动现金流出小计	0.00
35	筹资活动产生的现金流量净额	0
36	四、汇率变动对现金及现金等价物的影响	
37	五、现金及现金等价物净增加额	0
38		

图 8—64　公式输入完成后示意图

（6）将数据资料录入现金流量表中，如图 8—65 所示。

	A	B
1	现金流量表	
2	编制单位：ABC公司　　　　　　201*年度	单位：千元
3	项目	金额
4	一、经营活动产生的现金流量	
5	销售商品、提供劳务收到的现金	9326.80
6	收到的税费返还	
7	收到其他与经营活动有关的现金	20.10
8	经营活动现金流入小计	9346.90
9	购买商品、接受劳务支付的现金	4,181.40
10	支付给职工以及为职工支付的现金	400.20
11	支付的各项税费	3,083.80
12	支付其他与经营活动有关的现金	15.50
13	经营活动现金流出小计	7680.90
14	经营活动产生的现金流量净额	1666
15	二、投资活动产生的现金流量：	
16	收回投资收到的现金	38.00
17	取得投资收益收到的现金	63.00
18	处置固定资产、无形资产和其他长期资产回收的现金净额	0.00
19	收到其他与投资活动有关的现金	0.00
20	投资活动现金流出小计	101.00
21	购建固定资产、无形资产和其他长期资产支付的现金	516.00
22	投资支付的现金	122.00
23	支付其他与投资活动有关的现金	0.00
24	投资活动现金流入小计	638.00
25	投资活动产生的现金流量净额	-537
26	三、筹资活动产生的现金流量：	
27	吸收投资收到的现金	0.00
28	取得借款收到的现金	232.00
29	收到其他与筹资活动有关的现金	0.00
30	筹资活动现金流入小计	232.00
31	偿还债务支付的现金	80.00
32	分配股利、利润或偿付利息支付的现金	1,131.00
33	支付其他与筹资活动有关的现金	0.00
34	筹资活动现金流出小计	1211.00
35	筹资活动产生的现金流量净额	-979
36	四、汇率变动对现金及现金等价物的影响	0.00
37	五、现金及现金等价物净增加额	150.00

图 8—65　数据输入完成后示意图

（7）对现金流量表进行格式化。选中工作表中的现金流量表区域，在“开始”选项卡的“样式”组中单击“套用表格式”，选择需要的表样式为“浅色 10”，设置“套用表格格式”对话框（见图 8—66）中“表数据的来源”为“=$A$1:$B$37”后单击“确定”按钮即可，生成后的表如图 8—67 所示。

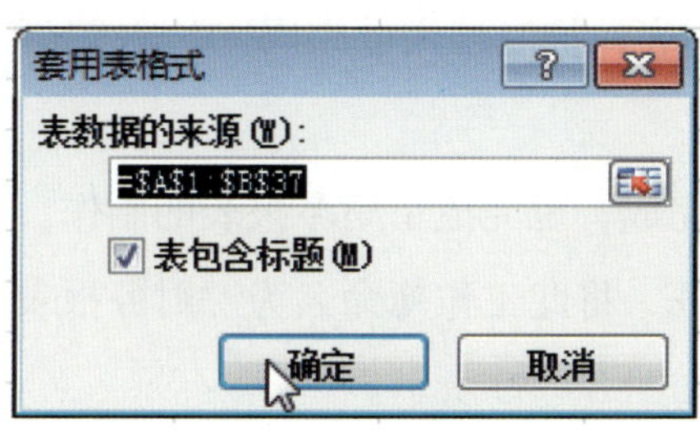

图 8—66　“套用表格式”设置

	A	B
1	现金流量表	列1
2	编制单位：ABC公司　　　　201*年度	单位：千元
3	项目	金额
4	一、经营活动产生的现金流量	
5	销售商品、提供劳务收到的现金	9326.80
6	收到的税费返还	
7	收到其他与经营活动有关的现金	20.10
8	经营活动现金流入小计	9346.90
9	购买商品、接受劳务支付的现金	4,181.40
10	支付给职工以及为职工支付的现金	400.20
11	支付的各项税费	3,083.80
12	支付其他与经营活动有关的现金	15.50
13	经营活动现金流出小计	7680.90
14	经营活动产生的现金流量净额	1666
15	二、投资活动产生的现金流量：	
16	收回投资收到的现金	38.00
17	取得投资收益收到的现金	63.00
18	处置固定资产、无形资产和其他长期资产回收的现金净额	0.00
19	收到其他与投资活动有关的现金	0.00
20	投资活动现金流出小计	101.00
21	购建固定资产、无形资产和其他长期资产支付的现金	516.00
22	投资支付的现金	122.00
23	支付其他与投资活动有关的现金	0.00
24	投资活动现金流入小计	638.00
25	投资活动产生的现金流量净额	-537
26	三、筹资活动产生的现金流量：	
27	吸收投资收到的现金	0.00
28	取得借款收到的现金	232.00
29	收到其他与筹资活动有关的现金	0.00
30	筹资活动现金流入小计	232.00
31	偿还债务支付的现金	80.00
32	分配股利、利润或偿付利息支付的现金	1,131.00
33	支付其他与筹资活动有关的现金	0.00
34	筹资活动现金流出小计	1211.00
35	筹资活动产生的现金流量净额	-979
36	四、汇率变动对现金及现金等价物的影响	0.00
37	五、现金及现金等价物净增加额	150.00

图 8—67　工作表完成后示意图

在弹出的“表工具”功能区的“设计”选项卡中“表样式选项”中选择“标题行”“镶边行”，再选择“镶边列”和“最后一列”，这样表格的竖线边框就显示了，B 列的文本就被加粗显示了，完成后的效果如图 8—68 所示。

（8）在“现金流量表”的工作表标签处，右击选择“保护工作表”选项，在“保护工作表”对话框中“取消工作表保护时使用的密码”中输入密码，确认并重新输入密码后，这时工作表被保护。

至此，现金流量表制作完成，也完成了财务报表的制作。单击快速工具栏的“保存”按钮，弹出“另存为”对话框，将此工作簿命名为“财务报表”，并单击“保存”按钮，工作簿即保存到指定位置，如图 8—69 所示。

	A	B
1	现金流量表	列1
2	编制单位：ABC公司 201*年度	单位：千元
3	项目	金额
4	一、经营活动产生的现金流量	
5	销售商品、提供劳务收到的现金	9326.80
6	收到的税费返还	
7	收到其他与经营活动有关的现金	20.10
8	经营活动现金流入小计	9346.90
9	购买商品、接受劳务支付的现金	4,181.40
10	支付给职工以及为职工支付的现金	400.20
11	支付的各项税费	3,083.80
12	支付其他与经营活动有关的现金	15.50
13	经营活动现金流出小计	7680.90
14	经营活动产生的现金流量净额	1666
15	二、投资活动产生的现金流量：	
16	收回投资收到的现金	38.00
17	取得投资收益收到的现金	63.00
18	处置固定资产、无形资产和其他长期资产回收的现金净额	0.00
19	收到其他与投资活动有关的现金	0.00
20	投资活动现金流出小计	101.00
21	购建固定资产、无形资产和其他长期资产支付的现金	516.00
22	投资支付的现金	122.00
23	支付其他与投资活动有关的现金	0.00
24	投资活动现金流入小计	638.00
25	投资活动产生的现金流量净额	-537
26	三、筹资活动产生的现金流量：	
27	吸收投资收到的现金	0.00
28	取得借款收到的现金	232.00
29	收到其他与筹资活动有关的现金	0.00
30	筹资活动现金流入小计	232.00
31	偿还债务支付的现金	80.00
32	分配股利、利润或偿付利息支付的现金	1,131.00
33	支付其他与筹资活动有关的现金	0.00
34	筹资活动现金流出小计	1211.00
35	筹资活动产生的现金流量净额	-979
36	四、汇率变动对现金及现金等价物的影响	0.00
37	五、现金及现金等价物净增加额	150.00

图 8—68 “设计”工作表示意图

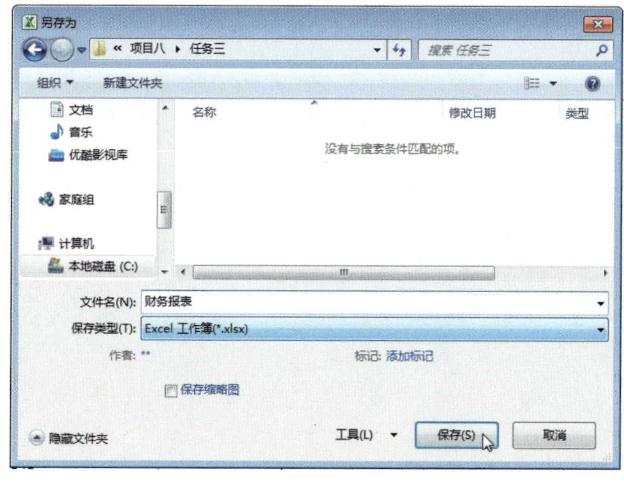

图 8—69 “另存为”对话框

操作演示

“财务报表”素材可通过网站 http://jg.class.com.cn 下载，位于软件资源包“中文版 Excel 2010 基础与实训 / 项目八 / 任务 3”中。

巩固练习

1. 取消“现金流量表”中的“冻结单元格”选项，即三个工作表的保护功能。
2. 对“利润表”设置与“现金流量表”相同的自动套用格式。